AF329984

ALGÉRIE.

STATISTIQUE

ET

DOCUMENTS RELATIFS AU SÉNATUS-CONSULTE

SUR

LA PROPRIÉTÉ ARABE.

1863.

STATISTIQUE

ET

DOCUMENTS RELATIFS AU SÉNATUS-CONSULTE

SUR

LA PROPRIÉTÉ ARABE.

1863.

PARIS.

IMPRIMERIE IMPÉRIALE.

M DCCC LXIII.

INTRODUCTION.

Des faits récents et considérables ont modifié l'état des choses en Algérie.

La lettre de l'Empereur au Duc de Malakoff, le renvoi aux Ministres d'État et de la Guerre des pétitions algériennes demandant un texte légal organique, le sénatus-consulte sur la propriété arabe et la discussion solennelle dont il a été l'objet devant le premier corps de l'État, les rapports et discours dans lesquels ces divers actes ont été interprétés, les rapports et les lois sur les chemins de fer et le droit de tonnage, les opinions qui ont été émises à cette occasion, ont créé une situation nouvelle, qu'il importe de bien constater et de préciser avec netteté.

Il a paru qu'on ne saurait mieux atteindre ce

but qu'en réunissant dans un même volume les divers documents qui se sont produits, et qui doivent servir de point de repère dans la phase nouvelle où le pays vient d'entrer.

Telle a été la pensée qui a présidé à cette publication.

Comme complément de ce travail, on a cru devoir placer sous les yeux du lecteur, sous forme d'appendice, divers documents statistiques bons à consulter.

LETTRE

DE SA MAJESTÉ L'EMPEREUR

À SON EXCELLENCE

LE MARÉCHAL DUC DE MALAKOFF,

GOUVERNEUR GÉNÉRAL DE L'ALGÉRIE.

Paris, le 6 février 1863.

Monsieur le Maréchal,

Le Sénat doit être saisi bientôt de l'examen des bases générales de la constitution de l'Algérie; mais, sans attendre sa délibération, je crois de la plus haute importance de mettre un terme aux inquiétudes excitées par tant de discussions sur la propriété arabe. La bonne foi comme notre intérêt bien compris nous en fait un devoir.

Lorsque la restauration fit la conquête d'Alger, elle promit aux Arabes de respecter leur religion et leurs propriétés. Cet engagement solennel existe toujours pour nous, et je tiens à honneur d'exécuter, comme je l'ai fait pour Abd-el-Kader, ce qu'il y avait de grand et de noble dans les promesses des gouvernements qui m'ont précédé.

D'un autre côté, quand même la justice ne le commanderait pas, il me semble indispensable, pour le repos et la prospérité de l'Algérie, de consolider la propriété entre les mains de ceux qui la détiennent. Comment en effet, compter sur la pacification d'un pays lorsque la presque totalité de la population est sans cesse inquiétée sur ce qu'elle possède? Comment développer sa prospérité lorsque la plus grande partie de son territoire est frappée de discrédit par l'impossibilité de vendre et d'emprunter? Comment, enfin, augmenter les revenus de l'État lorsqu'on diminue sans cesse la valeur du fonds arable qui seul paye l'impôt?

Établissons les faits : On compte, en Algérie, trois millions d'Arabes et deux cent mille Européens, dont cent vingt mille Français. Sur une superficie d'environ 14 millions d'hectares, dont se compose le *Tell,* 2 millions sont cultivés par les indigènes. Le domaine exploitable de l'État est de 2 millions 690 mille hectares, dont 890 mille de terres propres à la culture, et 1 million 800 mille de forêts; enfin 420 mille hectares ont été livrés à la colonisation européenne; le reste consiste en marais, lacs, rivières, terres de parcours et landes. Sur les 420 mille hectares concédés aux colons, une grande partie a été, soit revendue, soit louée aux Arabes par les concessionnaires, et le reste est loin d'être entièrement mis en rapport. Quoique ces chiffres ne soient qu'approximatifs, il faut reconnaître que, malgré la louable énergie des colons et les progrès accomplis, le travail des Européens s'exerce encore sur une faible étendue, et que ce n'est certes pas le terrain qui manquera de longtemps à leur activité.

En présence de ces résultats, on ne peut admettre qu'il y ait utilité à cantonner les indigènes, c'est-à-dire prendre une certaine portion de leurs terres pour accroître la part de la colonisation.

Aussi est-ce d'un consentement unanime que le projet de cantonnement soumis au Conseil d'État a été retiré. Aujourd'hui il faut faire d'avantage : convaincre les Arabes que nous ne sommes pas venus en Algérie pour les opprimer et les spolier, mais pour leur apporter les bienfaits de la civilisation. Or la première condition d'une société civilisée, c'est le respect du droit de chacun.

Le droit m'objectera-t-on, n'est pas du côté des Arabes; le sultan était autrefois propriétaire de tout le territoire, et la conquête nous l'aurait transmis au même titre ! Eh quoi ! l'État s'armerait des principes surannés du mahométisme pour dépouiller les anciens possesseurs du sol, et, sur une terre devenue française, il invoquerait les droits despotiques du Grand Turc ! Pareille prétention est exorbitante, et, voulût-on s'en prévaloir, il faudrait refouler toute la population arabe dans le désert, et lui infliger le sort des Indiens de l'Amérique du Nord, chose impossible et inhumaine.

Cherchons donc par tous les moyens à nous concilier cette race intelligente, fière, guerrière et agricole. La loi de 1851 avait consacré les droits de propriété et de jouissance existant au temps de la conquête; mais la jouissance, mal définie, était demeurée incertaine. Le moment est venu de sortir de cette situation précaire. Le territoire des tribus une fois reconnu, on le divisera par douairs, ce qui permettra plus tard à l'initiative prudente de l'administration d'arriver à la propriété individuelle. Maîtres incommutables de leur sol, les indigènes pourront en disposer à leur gré, et de la multiplicité des transactions naîtront entre eux et les colons des rapports journaliers, plus efficaces, pour les amener à notre civilisation, que toutes les mesures coercitives.

La terre d'Afrique est assez vaste, les ressources à y développer sont assez nombreuses pour que chacun puisse y trouver place et donner un libre essor à son activité, suivant sa nature, ses mœurs et ses besoins.

Aux indigènes, l'élevage des chevaux et du bétail, les cultures naturelles au sol.

A l'activité et à l'intelligence européennes, l'exploitation des forêts et des mines, les desséchements, les irrigations, l'introduction des cultures perfectionnées, l'importation de ces industries qui précèdent où accompagnent toujours les progrès de l'agriculture.

Au gouvernement local, le soin des intérêts généraux, le developpement du bien-être moral par l'éducation, du bien-être matériel par les travaux publics. A lui, le devoir de supprimer les réglementations inutiles et de laisser aux transactions la plus entière liberté. En outre, il favorisera les grandes associations de capitaux européens, en évitant désormais de se faire entrepreneur d'émigration et de colonisation, comme de soutenir péniblement des individus sans ressources, attirés par des concessions gratuites.

Voilà, Monsieur le Maréchal, la voie à suivre résolûment; car, je le répète, l'Algérie n'est pas une colonie proprement dite, mais un royaume arabe. Les indigènes ont, comme les colons, un droit égal à ma protection, et je suis aussi bien l'Empereur des Arabes que l'Empereur des Français.

Ces idées sont les vôtres : elles sont aussi celles du Ministre de la guerre et de tous ceux qui, après avoir combattu dans ce pays, allient à une pleine confiance dans son avenir une vive sympathie pour les Arabes. J'ai chargé le Maréchal Randon de préparer un projet de sénatus-consulte dont l'article principal sera de *rendre les tribus, ou fractions de tribu, propriétaires incommutables des territoires qu'elles occupent à demeure fixe et dont elles ont la jouissance traditionnelle, à quelque titre que ce soit.*

Cette mesure, qui n'aura aucun effet rétroactif, n'empêchera aucun des travaux d'intérêt général, puisqu'elle n'infirmera en rien l'application de la loi sur l'expropriation pour cause d'utilité publique; je vous prie donc de m'envoyer tous les documents statistiques qui peuvent éclairer la discussion du Sénat.

Sur ce, Monsieur le Maréchal, je prie Dieu qu'il vous ait en sa sainte garde.

NAPOLÉON.

RAPPORT

DE SON EXC. M. LE MINISTRE DE LA GUERRE

A SA MAJESTÉ L'EMPEREUR

SUR LE PROJET DE SÉNATUS-CONSULTE

RELATIF

A LA CONSTITUTION DE LA PROPRIÉTÉ

EN ALGÉRIE.

Sire,

Votre Majesté a voulu, par une manifestation solennelle, mettre un terme aux inquiétudes excitées en Algérie par les discussions sur la propriété arabe, et Elle ma chargé de préparer un projet de sénatus-consulte dont l'article principal sera de *rendre les tribus ou fractions de tribus propriétaires incommutables des territoires qu'elles occupent à demeure fixe et dont elles ont la jouissance traditionnelle, à quelque titre que ce soit :*

Cette mesure libérale et digne de la politique généreuse de l'Empereur a été inspirée par le sentiment réfléchi des intérêts communs de la civilisation et de la colonisation en Algérie.

Votre Majesté a eu, d'un côté, pour mobile, le respect des engagements pris lors de la conquête, le soin d'affermir par des procédés équitables cette pacification du pays achevée par tant de sacrifices et de glorieux combats ; le désir d'augmenter le bien-être de cette société arabe, immobile dans son enfance depuis des siècles. L'intention de développer le progrès agricole entravé par l'incertitude de la possession ; la volonté de créer la valeur foncière, en préparant les voies à l'aliénabilité du sol et à la liberté des transactions.

D'un autre côté, Votre Majesté a compté sur l'intelligent concours des colons européens pour accomplir cette œuvre de transformation, qui doit faire successivement pénétrer parmi les indigènes les industries, les progrès et les institutions des peuples civilisés. Loin de vouloir fermer le pays à l'activité européenne, l'Empereur entend favoriser l'initiative individuelle, encourager les associations de capitaux, faciliter l'exploitatation du sol sous toutes ses formes, et réserver au profit des entreprises et des travaux d'intérêt général l'exercice du droit d'expropriation pour cause d'utilité publique.

C'est en me plaçant à ces divers points de vue, que j'ai formulé les dispositions du projet de sénatus-consulte que je viens soumettre à l'Empereur.

Article 1er. La loi du 16 juin 1851, cette charte

foncière de l'Algérie, a eu pour but principal d'affermir la paix et la tranquillité publiques, en mettant hors
de toute intervention et de toute atteinte la propriété
qui est la base de tous les intérêts; elle a donc proclamé l'inviolabilité de cette propriété sous toutes ses
formes, et son article 2 a « reconnu tels qu'ils exis-
« taient, au moment de la conquête, ou tels qu'ils ont
« été maintenus, réglés ou institués postérieurement
« par le Gouvernement français, les droits de propriété
« et les droits de jouissance appartenant aux particu-
« liers, aux tribus et aux fractions de tribus. »

Mais ces droits maintenus par la loi, à quels caractères pouvait-on les reconnaître? Comment les définir
et les constater? Cette question avait été posée lors de
l'élaboration de la loi, et on avait cherché à déterminer l'état de la propriété du sol en Algérie.

A côté des biens qui appartenaient à l'ancien *Beylick*
et que la conquête a fait passer dans le domaine de
l'État, à côté des biens *melk* ou libres, qui sont pos-
sédés par les tribus ou par les particuliers en vertu de
titres réguliers, on a trouvé la plus grande partie du
sol occupée par les agglomérations indigènes qui le
détiennent pour leurs cultures ou pour le pâturage de
leurs troupeaux depuis un temps souvent immémorial
et dans des limites que la poudre a été souvent appelée
à faire respecter. La forme de cette occupation est
presque partout collective. C'est la *tribu* qui détient.
Ce sont les familles composant les douars qui cultivent
la terre héréditairement, en général. Mais quel était

le titre de cette occupation? Le fait de la détention de la culture traditionnelle constituait-il au profit des occupants un droit de propriété? Leur donnait-il seulement un droit de jouissance ou d'usufruit?

Le comité consultatif de l'Algérie et le Conseil d'État, appelés à donner leur avis sur le projet de loi, furent unanimes pour reconnaître que cette possession immémoriale du sol constituait pour les tribus un droit aussi sacré, aussi respectable, aussi légitime que s'il était établi par des titres écrits. En effet, la preuve de cette propriété par des titres ne pouvait être équitablement imposée dans un pays où les désordres de la conquête ont fait disparaître un grand nombre d'actes qui ne peuvent être reconstitués, comme en France, avec le concours des dépositaires publics ou des registres du fisc. La preuve écrite n'est pas, d'ailleurs, une condition de la propriété en droit musulman, pas plus qu'en droit français, et on eût imprimé le cachet de la spoliation à la mesure qui aurait ainsi méconnu le véritable caractère des droits qu'on voulait placer sous la sauvegarde de la loi.

Moi-même, Sire, qui avais alors, comme aujourd'hui, l'honneur de siéger dans les conseils de Votre Majesté, et à qui incombait le soin de présenter à l'Assemblée nationale législative l'exposé des motifs du projet de loi, je partageai complétement ces scrupules, et, en proposant le texte qui est passé dans l'article 11 de la loi, j'étais dominé par cette pensée que la proclamation du droit inviolable des indigènes à la pro-

priété du sol qu'ils détenaient traditionnellement,
quoique sans titres écrits, était « le plus sûr moyen de
« fonder sur la confiance dans notre justice la foi dans
« la perpétuité de notre domination. » (Exposé des
motifs de la loi par le général Randon.)

C'est donc avec raison, Sire, que Votre Majesté s'est
appuyée sur l'avis de son ministre pour donner à l'article 11 de la loi du 16 juin 1851 l'interprétation qui
fait l'objet de l'article 1er du projet de sénatus-consulte
que je propose de formuler ainsi : « Les tribus ou frac-
« tions de tribus sont déclarées propriétaires des ter-
« ritoires qu'elles occupent à demeure fixe, et dont elles
« ont la jouissance traditionnelle à quelque titre que ce
« soit. »

Ainsi vont cesser ces hésitations et ces doutes qu'a-
vaient fait naître les termes de la loi ; ainsi vont tomber
ces projets de prélèvements sur le sol occupé par les
indigènes, qui avaient jeté l'alarme parmi les populations, qui les portaient à douter de notre bonne foi et
de notre justice, qui les autorisaient à se montrer rebelles au progrès, et qui leur faisaient dire : qu'on ne
peut bâtir que sur un terrain solide, qu'on ne peut
améliorer qu'avec l'espoir de recueillir le fruit de ses
sacrifices.

En désignant les tribus ou fractions de tribus qui
occupent leur territoire *à demeure fixe*, on comprend
que le sénatus-consulte stipule, pour les Arabes du
Tell, ceux qui, bien que vivant sous la tente, essentiellement mobiles à la vérité, ne s'écartent jamais de

la circonscription de la tribu, circonscription parfaitement déterminée par la notoriété, le plus souvent par
des limites naturelles où sont les tombeaux des ancêtres, et dont l'intégrité a été maintes fois défendue par
les armes et scellée par le sang. Les tribus nomades
qui habitent les régions sahariennes et que des migra-
tions périodiques amènent dans le Tell n'ont évidemment aucun droit sur ces territoires, et le fait de leur
occupation temporaire et variable rentre dans le domaine des transactions particulières que les relations
d'intérêts et les usages locaux ont établies ou pourraient
établir encore entre ces tribus nomades et les tribus
qui leur donnent l'hospitalité dans le Tell. Le sénatus-
consulte n'avait donc pas à s'en occuper.

Art. 2. Ce principe posé, il faut nécessairement
descendre à ses conséquences et arriver à son application. La première conséquence, c'est, ainsi que l'a
indiqué l'Empereur, la reconnaissance et la délimitation
du territoire occupé par les Arabes, et sa répartition
entre les différents douars de chaque tribu ou chaque
fraction de tribu. C'est ce qui est prescrit par l'article 2
du projet de sénatus-consulte.

Il m'a semblé qu'il suffisait de formuler cette indication, et qu'il convenait de renvoyer à un règlement
d'administration publique, dont le projet sera soumis
au Conseil d'État, la détermination des formes suivant
lesquelles auront lieu les opérations.

La délimitation une fois terminée et revêtue de la

sanction qui l'aura consacrée, la propriété sera constituée au profit de l'être collectif représenté par la tribu,
la fraction de tribu ou le douar, et, Votre Majesté l'a
dit avec raison, cette première et importante mesure
permettra plus tard à l'initiative prudente de l'Administration d'arriver à la constitution de la propriété
individuelle. Mais, en attendant que les circonstances
aient rendu réalisable ce dernier résultat, je me suis
demandé si, dans l'intérêt éventuel, soit des populations
indigènes, pour faciliter le libre essort de leur activité
ou de leurs besoins, soit de la colonisation européenne,
pour la réalisation des entreprises que pourraient former les grandes associations de capitaux, soit de l'État
lui-même, pour l'exécution des travaux d'intérêt général, il ne serait pas utile de déterminer également les
formes et les conditions d'aliénation de la propriété
collective.

Les tribus, dans leur état actuel, ont bien une organisation conventionnelle qui a quelque analogie avec
celle des communes européennes ; mais les règles
de cette organisation ne sont écrites nulle part. Les
caïds ou les cheiks, qui sont comme les maires des
tribus, les djemâa, qui représentent le conseil municipal, n'ont pas d'attributions bien déterminées. Les
tribus n'ont pas de budget qui leur soit rigoureuse-
ment propre, et la comptabilité de leurs ressources,
consistant surtout dans les centimes additionnels à
l'impôt, ne repose pas sur un mécanisme aussi facile
que la comptabilité des communes européennes.

J'ai pensé que cette situation était précisément un motif pour apporter un premier progrès dans l'organisation des tribus, et, sans vouloir y établir de prime saut un système municipal complet, j'ai cru qu'il serait utile de prévoir comment et dans quelles conditions les tribus et les douars pourraient aliéner la propriété collective. Ici encore je me suis borné à poser le principe dans le projet de sénatus-consulte, renvoyant au règlement accessoire l'indication des mesures de détail.

ART. 3. Pénétrant plus avant encore dans ces conséquences du principe que le sénatus-consulte va consacrer, j'ai dû prévoir le cas où la propriété collective étant établie au profit d'une agglomération indigène, les ayants droit demanderaient entre eux le partage et la constitution de la propriété individuelle.

Une double hypothèse se présente ici : ou le Gouvernement peut avoir une raison politique pour maintenir l'indivision dans la tribu, la fraction de tribu ou le douar, et il fallait, dans ce cas, suivant l'expression de l'Empereur, réserver à l'Administration *sa prudente initiative;* ou bien, des motifs d'un ordre différent pourraient engager le Gouvernement à poursuivre, contre le gré des intéressés, la désagrégation de la propriété collective, et, ici encore, il convenait d'armer l'Administration contre la résistance.

C'est pour répondre à cette double pensée que l'article 3 réserve au Gouvernement le droit de désigner les territoires où la propriété individuelle pourra être successivement constituée, et qu'il lui donne, en même temps, la faculté de provoquer des partages d'office.

Enfin, il convenait d'indiquer les voies et moyens d'exécution pour arriver à ce partage de la propriété collective entre les familles et les individus, et de fixer les conditions auxquelles serait subordonnée l'aliénation de la propriété individuelle pour donner toute sécurité aux transactions.

Ces détails, qui constituent le régime de transition par lequel doit passer la propriété avant d'entrer dans le domaine du droit commun, seraient indiqués par le règlement accessoire auquel renvoie le sénatus-consulte.

Art. 4 et 5. Cette déclaration de propriété, proclamée par le sénatus-consulte, ne saurait, d'ailleurs, apporter aucune modification aux droits de l'État quant aux rentes, prestations et redevances à la charge des détenteurs du sol, non plus qu'aux droits qui appartiennent au domaine public et au domaine de l'État, et qui ont été consacrés par la loi de 1851, non plus qu'à la propriété des biens du *Beylick* et des biens *Melk*, également garantis par la loi. Les articles 4 et 5 du projet de sénatus-consulte renferment à ce sujet des dispositions qui se justifient d'elles-mêmes.

Art. 6. Le sénatus-consulte ne devait pas davantage porter atteinte au droit d'expropriation pour cause d'utilité publique, tel qu'il est constitué au profit de l'État par le titre IV de la loi du 16 juin 1851 ; mais il était nécessaire de le rappeler, afin de prévenir toute erreur d'interprétation, et de bien définir, à côté du droit qui est reconnu aux indigènes, les restrictions auxquelles ce droit est soumis dans l'intérêt général.

Il convenait aussi de faire comprendre aux populations indigènes que la constitution actuelle des tribus, des fractions de tribus et des douars ne fait aucun obstacle à l'exercice du droit d'expropriation et au règlement des indemnités suivant les formes indiquées par l'ordonnance du 1er octobre 1844, que l'article 21 de la loi de 1851 rend applicable à tout le territotre algérien. Tel est l'objet de l'article 6 du projet.

ART. 7. Enfin l'article 7 consacre le principe de non-rétroactivité, conformément aux intentions de l'Empereur : Il aura pour effet de régulariser les transactions intervenues jusqu'à ce jour entre l'État et les indigènes et sur la foi desquelles se sont établis des droits qu'il importait de sauvegarder.

Telles sont, Sire, les dispositions du sénatus-consulte que j'ai l'honneur de soumettre à Votre Majesté. J'ai la ferme conviction que, bien comprises et résolument exécutées, elles seront fécondes pour l'Algérie.

Je suis avec respect,

SIRE,

de Votre Majesté,

le très-humble et fidèle sujet,

Le Ministre de la Guerre,

Signé MARCHAL RANDON.

PROJET

DE

SÉNATUS-CONSULTE

RELATIF

A LA CONSTITUTION DE LA PROPRIÉTÉ EN ALGÉRIE,

PROPOSÉ PAR LE MINISTRE DE LA GUERRE.

ARTICLE PREMIER.

Les tribus ou fractions de tribus sont déclarées propriétaires des territoires qu'elles occupent à demeure fixe et dont elles ont la jouissance traditionnelle, à quelque titre que ce soit.

ART. 2.

Il sera procédé administrativement à la délimitation de ces territoires et à leur répartition entre les différents douars de chaque tribu ou fraction de tribu, suivant les formes qui seront déterminées par un règlement d'administration publique.

Le même règlement déterminera les formes et les conditions de l'aliénation des biens appartenant aux tribus, aux fractions de tribus ou aux douars.

ART. 3.

Le Gouvernement désignera les territoires sur lesquels la propriété individuelle pourra être successivement constituée.

Un règlement d'administration publique établira les formes du partage de la propriété collective, ainsi que les conditions de l'aliénation de la propriété individuelle. Le partage pourra être provoqué d'office par le Gouvernement.

ART. 4.

Les rentes, redevances et prestations dues à l'État par les détenteurs desdits territoires continueront d'être perçues comme par le passé.

ART. 5.

Sont réservés les droits de l'État et les droits des tiers à la propriété des biens Beylick et des biens Melk.

Sont également réservés les droits qui appartiennent au domaine public, d'après l'article 2 de la loi du 16 juin 1851, ainsi que ceux qui appartiennent au domaine de l'État sur les bois et forêts, d'après l'article 4, $ 4, de la même loi.

ART. 6.

Il n'est aucunement dérogé au droit d'expropriation pour cause d'utilité publique, tel qu'il est réglé et constitué, au profit de l'État, par la loi du 16 juin 1851. Il sera procédé à l'exercice de ce droit et au règlement de l'indemnité, vis-à-vis des tribus, des fractions de tribus, ou des douars, conformément aux dispositions de l'ordonnance du 1er octobre 1844.

ART. 7.

Tous actes ou partage antérieurs, intervenus entre l'État et les indigènes, relativement à la propriété du sol, sont et demeurent confirmés.

EXPOSÉ DES MOTIFS
DU PROJET DE SÉNATUS-CONSULTE
RELATIF
À LA CONSTITUTION DE LA PROPRIÉTÉ EN ALGÉRIE,
DANS LES TERRITOIRES OCCUPÉS PAR LES ARABES.

MESSIEURS LES SÉNATEURS,

Lorsque la France, après une glorieuse expédition, plantait à toujours son drapeau sur le sol de l'Algérie et prenait possession du territoire qu'elle venait de conquérir, elle s'engageait, vis-à-vis des populations arabes, à respecter leur religion et leurs propriétés.

Cet engagement solennel se retrouve dans toutes les capitulations que les Arabes ont acceptées à diverses époques, dans un grand nombre d'actes des Gouvernements qui se sont succédé depuis 1830, et enfin il vient d'être noblement renouvelé dans une lettre adressée, le 6 février dernier, par l'Empereur, à S. Exc. le Maréchal duc de Malakoff, gouverneur de l'Algérie.

Sa Majesté déclare « qu'elle tient à honneur d'exé-
« cuter, comme elle l'a fait pour Abd-el-Kader, ce qu'il
« y avait de grand et de noble dans les promesses des
« Gouvernements qui l'avaient précédé.

« Il faut convaincre les Arabes, ajoute l'Empereur,
« que nous ne sommes pas venus en Algérie pour les
« opprimer et les spolier, mais pour leur apporter les
« bienfaits de la civilisation. Or la première condition
« d'une société civilisée, c'est le respect du droit de
« chacun. »

Le principe, qui vient d'être affirmé de nouveau d'une manière si éclatante, ayant été proclamé lors de l'entrée de l'armée française à Alger, l'Administration française ne dut élever alors d'autre prétention sur les territoires conquis que celle de se mettre en possession du domaine de l'État algérien, tel qu'il se trouvait constitué entre les mains des Turcs. C'était là son droit légitime et incontestable.

Mais quels étaient le caractère, la nature, l'étendue et la situation de ce domaine?

C'est en cherchant à faire cette détermination, qu'on rencontra, dans l'exécution, des difficultés, des incertitudes et des prétentions qui ont pu troubler plus d'une fois les indigènes et créer à l'Administration française de grands embarras.

A la chute d'Alger les Turcs disparurent, ne laissant après eux ni agents, ni registres, ni plans, ni archives, ni aucun document authentique qui permit de reconnaître, à des signes certains, le véritable domaine de l'État. On procéda à cette recherche avec la ferme intention de respecter la propriété indigène, mais, dans la situation qui lui était faite, l'Administration fut exposée à s'égarer de très-bonne foi dans la revendication de certains territoires considérés comme faisant partie du domaine de l'État.

Pour apprécier sainement toutes les difficultés qui se présentèrent, il importe de bien connaître la nature de la propriété arabe, telle qu'elle se trouvait constituée à l'époque de la conquête.

Cette propriété peut être divisée en trois catégories :

1° *Les territoires connus sous la dénomination de Blad-el-Maghzen.*

Ils sont occupés par des tribus qui ont reçu des Turcs conquérants la pleine jouissance du sol, sous la condition de fournir un service militaire ou certaines corvées.

Si l'obligation attachée à la terre n'était pas remplie, la jouissance tombait en déshérence et la terre faisait retour au Beylick. Mais cette circonstance ne se présentait presque jamais, car l'indigène se montrait toujours jaloux de s'acquitter de ses devoirs de Maghzen, dans l'accomplissement desquels il trouvait un honneur et une source de revenus.

Cette obligation ayant disparu, de fait, avec les Turcs, on se crut en droit de disposer des terres comme si le contrat n'était pas exécuté de la part des détenteurs, et de considérer le sol comme faisant partie du domaine du Beylick.

2° *Les territoires dénommés Blad-el-Arch dans les provinces d'Alger et de Constantine, et Sabéga dans la province d'Oran.*

Les tribus qui les occupent semblaient n'avoir sur le sol que des droits de jouissance; et, en l'absence de titres contraires, l'Administration française crut pouvoir conclure que la nue-propriété du sol de ces territoires appartenait à l'État, se fondant subsidiairement sur l'opinion de certains hommes dont le nom faisait autorité, et qui soutenaient, conformément aux principes du Coran, que, dans les pays conquis par les Musulmans, le sol appartient tout entier au Souverain, et que les individus n'ont que des droits de jouissance.

L'Administration crut donc qu'elle pouvait entrer légitimement en transaction avec les tribus pour détacher une partie de leur territoire, au profit de l'État, et la rendre disponible pour les besoins de la colonisation.

Ces théories sur l'état de la propriété en pays *Arch* s'appliquaient à plus de la moitié du sol algérien. Elles ne s'appliquaient pas à la terre *Melk*.

3° *Terres Melk.*

On désigne sous ce nom celles sur lesquelles les indigènes exercent de véritables droits de propriété, et qu'ils peuvent vendre, donner ou transmettre par héritage. De grandes difficultés surgirent à propos de cette nature de terres pour la vérification des titres de propriété.

Une ordonnance du 21 juillet 1846 chercha à apporter quelque régularité dans cette vérification; mais elle ne fournit qu'un remède insuffisant, et on arriva enfin à reconnaître que la loi seule pouvait, avec autorité, régler une situation pleine d'incertitudes et de dangers.

C'est alors qu'intervint la loi du 16 juin 1851 sur la constitution de la propriété en Algérie Deux de ses dispositions étaient ainsi conçues :

« Art. 10. — La propriété est inviolable, sans distinction entre les possesseurs indigènes et les possesseurs français ou autres.

« Art. 11. — Sont reconnus tels qu'ils existaient au « moment de la conquête ou tels qu'ils ont été maintenus, réglés ou constitués postérieurement par le « Gouvernement français, les droits de propriété et les « droits de jouissance appartenant aux particuliers, aux « tribus et aux fractions de tribus. »

Les hommes les plus compétents avaient été appelés à concourir à la préparation de cette loi, et pour qu'il ne pût exister aucun doute sur les intentions du Gouvernement, l'exposé des motifs, présenté par M. le général Randon, déjà ministre de la guerre, contenait ce passage significatif :

« Il importe, en premier lieu, de ne pas tarder davantage à déterminer le caractère et la nature de la propriété indigène, trop négligée jusqu'ici par la législation, et à en proclamer hautement l'inviolabilité. Cette déclaration sera le plus sûr moyen de fonder, sur la confiance dans notre justice, la foi dans la perpétuité de notre domination. »

Malgré des déclarations si loyales et d'aussi équitables intentions, la loi de 1851, se bornant à reconnaître les droits de propriété et de jouissance tels qu'ils existaient au moment de la conquête, les doutes ne cessèrent pas ; les termes de l'article 11 de cette loi furent eux-mêmes l'objet de commentaires et d'interprétations, notamment en ce qui était relatif aux droits de jouissance, devant la définition desquels le législateur avait reculé ; et, quelques années plus tard, on arrivait à l'opération connue sous le nom de *cantonnement.*

On sait en quoi consiste cette opération. Elle repose sur cette base, que les terrains immenses qu'occupent les tribus sont disproportionnés avec leurs besoins ; qu'il est possible, sans dommage réel pour les populations, de les restreindre, et qu'en échange du sacrifice qu'elles auraient à faire elles deviendront propriétaires incommutables des territoires qui leur seraient laissés, au lieu de simples usufruitières qu'elles étaient auparavant.

Par cette sorte de transaction, l'Administration française obtenait la libre disposition de terres qu'elle concédait ou vendait ensuite, afin de satisfaire aux exigences expansives de la colonisation.

Un projet de décret relatif au cantonnement des indigènes était soumis, il y a quelques mois, à l'examen du Conseil d'État. Le principe de la mesure rencontra de graves objections, et le Gouvernement en ordonna le retrait.

Qu'a produit jusqu'à présent cette opération?

Dans les six dernières années, les commissions de cantonnement qui ont fonctionné dans les trois provinces ont abouti à cantonner 16 tribus, présentant ensemble une population de 56,489 âmes, et occupant des territoires d'une étendue totale de 343,387 hectares.

Ces territoires ont été réduits à 282,024 hectares, ce qui laissait en moyenne 5 hectares par individu, ou 25 hectares par famille, et l'Administration française s'est réservé 61,633 hectares, soit un cinquième à un sixième des territoires primitifs.

Il s'est produit à la suite de ces opérations un fait significatif qui mérite d'être signalé. Lorsque les terres obtenues par le cantonnement furent aliénées par l'État, des Arabes les rachetèrent aux Européens ou se présentèrent en concurrence avec eux aux enchères pour rentrer en possession du sol qui venait d'être détaché du territoire de leur tribu ; d'autres, n'ayant pas les moyens de se porter acquéreurs, sollicitèrent des Européens la faveur d'être maintenus sur les terrains à titre de fermiers.

Ces faits devaient appeler de plus en plus l'attention du Gouvernement sur le caractère et les conséquences des opérations dites *de cantonnement*. Ils prouvaient, en outre, combien sont grands chez les Arabes le sentiment de la propriété, et ce besoin de la terre que quelques personnes sont portées à leur contester.

Est-il bien vrai, d'ailleurs, que la terre manque en Algérie à la colonisation ? Sur deux cent mille Européens qui s'y trouvent, un quart à peine se livre à la culture du sol.

Le nombre des immigrants s'augmente d'une manière très-lente ; il ne s'est pas élevé, dans ces dernières années, au-dessus de trois à quatre mille.

Vingt-deux mille concessions de terres, comprenont 4 à 500,000 hectares environ, ont été faites depuis l'origine de la conquête, et il résulte de documents officiels que dans le septième à peine de ces concessions des cultures sérieuses ont été entreprises et les cahiers des charges exécutés.

Ces résultats ne sont pas de nature à justifier l'utilité même du cantonnement, au point de vue des besoins réels.

Sous d'autres rapports, l'opération a eu pour conséquence inévitable d'inquiéter les tribus, de frapper de discrédit la propriété arabe, d'interrompre les transactions entre indigènes et d'apporter dans le produit des impôts arabes une diminution réelle.

Le temps était donc venu d'abandonner ce système et d'entrer dans une voie nouvelle qui pût nous conduire à l'apaisement des passions, au développement de l'agriculture, et amener ainsi, dans un temps rapproché, la diminution des sacrifices que la possession de l'Algérie impose depuis si longtemps à la France.

« Je crois de la plus haute importance..., » dit l'Empereur dans la lettre que nous avons déjà citée, « ... de mettre un terme aux inquiétudes excitées par tant de discussions sur la propriété arabe ; la bonne foi, comme notre intérêt bien compris, nous en fait un devoir....

« Il me semble indispensable, pour le repos et la prospérité de l'Algérie, de consolider la propriété entre les mains de ceux qui la détiennent. Comment, en effet, compter sur la pacification d'un pays, lorsque la presque totalité de la population est sans cesse inquiétée sur ce qu'elle possède ? Comment développer sa prospérité, lorsque la plus grande partie de son territoire est frappée de discrédit par l'impossibilité de vendre ou d'emprunter ? Comment enfin augmenter les revenus de l'État lorsqu'on diminue sans cesse la valeur du fonds arabe, qui seul paye l'impôt ? »

Telle a été la grande et généreuse pensée de la lettre du 6 février dernier, et tel est aussi, Messieurs les Sénateurs, l'esprit du sénatus-consulte que nous avons l'honneur de soumettre à vos délibérations ?

L'article 1ᵉʳ de ce projet tranche, de la manière la plus nette, la question devant laquelle avait reculé le législateur de 1851, en disant que « les tribus ou fractions de tribus sont déclarées propriétaires des territoires dont elles ont la jouissance permanente et traditionnelle, à quelque titre que ce soit. »

Son objet, en reconnaissant la propriété arabe, est de mettre un terme, dans les tribus et dans les douars, aux incertitudes qui avaient régné jusqu'ici sur leur véritable situation, et de leur rendre la sécurité qu'ils avaient perdue.

Pour arriver d'une manière certaine à la reconnaissance de cette propriété, il faudra commencer par la délimiter, en réunissant dans un mémoire descriptif tous les renseignements relatifs à son bornage périmétrique.

La répartition du territoire de la tribu entre les douars ou les fractions de la tribu sera la conséquence de cette première opération, et enfin le partage définitif du sol entre les membres des douars constituera la propriété individuelle qui est le but final et indispensable de la mesure.

Ces dernières opérations ne pourront être entreprises d'abord indistinctement et partout. Il est des tribus, situées dans nos territoires civils, qui confinent aux villages que nous avons fondés, et qui, par le contact avec les populations européennes, ont déjà participé dans une certaine mesure à leurs mœurs et à leurs usages. Elles ont ressenti plus immédiatement les bienfaits de la protection de nos armes et de la civilisation. C'est évidemment par elles qu'il faudra commencer la constitution de la propriété individuelle.

La mesure rayonnant de tous nos points d'occupation s'étendra ensuite de proche en proche jusqu'aux tribus qui seraient d'abord moins en état de la comprendre immédiatement, et auxquelles notre éloignement ne nous permettrait pas de prêter un appui aussi efficace.

Le Gouvernement devra rester seul juge du choix des tribus dans lesquelles la propriété individuelle pourra être ainsi successivement constituée.

On comprend combien il est nécessaire de maintenir entre ses mains une faculté qui, suivant qu'il en sera fait usage avec prudence ou avec témérité, pourra avoir des conséquences utiles ou dommageables.

Il sera opportun dans quelques cas de constituer la propriété individuelle ou de famille dans certaines tribus qui y auraient été préparées par des relations d'habitudes et d'intérêts avec les Européens.

Il pourra convenir, au contraire, de maintenir l'indivision dans d'autres tribus moins en contact avec nous, par suite de leur éloignement de nos centres de colonisation ou de commandement : l'indivision est d'ailleurs en général dans les mœurs des indigènes, et nous ne pouvons avoir la prétention de changer ces mœurs par notre seule volonté.

Il faudra attendre que le temps et l'exemple aient

fait comprendre le bienfait de la vie individuelle, et déterminé les tribus à le solliciter.

Enfin, vis-à-vis de certaines tribus qui, bien que soumises, voudraient fermer leur territoire à l'élément européen, le Gouvernement devra user de son autorité pour rompre le faisceau de la propriété.

La prudence ou l'énergie de l'Administration la guideront dans la conduite qu'elle devra suivre.

Le Gouvernement ne perdra pas de vue que la tendance de sa politique doit en général être l'amoindrissement de l'influence des chefs, et la désagrégation de la tribu. C'est ainsi qu'il dissipera ce fantôme de féodalité que les adversaires du Sénatus-consulte semblent vouloir lui opposer.

Comment comprendre, d'ailleurs, les dangers d'une féodalité dans un pays où les tribus, vivant d'une manière patriarcale, comme les antiques tribus d'Israël ou comme les clans de l'Écosse, n'ont d'autre lien qu'une religion commune que notre intérêt politique commande de respecter, où la solidarité n'existe pas plus que la nationalité, et où les chefs sont nommés et révoqués par le Gouvernement français.

La constitution de la propriété individuelle, l'immixtion des Européens dans la tribu, favorisée par l'abrogation du paragraphe 2 de l'article 14 de la loi de 1851 (art. 7 du sénatus-consulte), qui l'avait interdite jusqu'ici, seront un des plus puissants moyens de désagrégation.

L'Arabe, devenu propriétaire définitif, protégé dans

son droit par les armes françaises, se sentira beaucoup plus indépendant qu'il ne l'est aujourd'hui, plus disposé à cultiver une terre qui lui appartiendra et qui ne pourra plus lui être ravie.

Ce qui s'est passé à la suite du cantonnement, l'ardeur avec laquelle les Arabes ont cherché à rentrer, par le rachat, dans la possession des terres qui leur avaient été enlevées, prouve combien est développé chez eux le sentiment de la propriété.

Si, poussé par l'amour de l'argent, l'Arabe veut vendre, même à vil prix, la propriété qui lui aura été attribuée, qu'importe : cette propriété aura acquis une mobilité qu'elle n'avait pas auparavant, et la colonisation en profitera tôt ou tard.

La délivrance des titres sera plus puissante encore que toutes les déclarations de principes, et achèvera de rétablir partout la confiance.

Reprocherait-on au projet de sénatus-consulte de ne pas précipiter assez la constitution de la propriété individuelle et de constituer, comme moyen intermédiaire, une propriété collective pleine de périls? Ce serait une erreur! On ne constitue pas la propriété collective; on l'accepte comme un fait créé par le temps et la tradition, et on reconnaît ce fait transitoirement.

D'ailleurs, ne faudra-t-il pas nécessairement un temps assez long pour délimiter les douze cents tribus qui existent dans le Tell? Le premier besoin est de les rassurer dès à présent sur leur propriété, et de leur donner une sécurité qu'elles n'ont pas eue jusqu'ici. Ce premier bienfait leur sera assuré par la déclaration contenue dans l'article 1er du projet.

Après la déclaration des droits de propriété, il devient indispensable de les constater et de les définir; ce sera l'objet de la délimitation ou du bornage du périmètre de chaque tribu. Cette opération sera beaucoup plus facile qu'on ne semble le croire généralement.

Le Tell est la région de l'Algérie où il est réellement urgent de fonder la propriété. C'est une zone qui s'étend, de l'ouest à l'est, depuis le Maroc jusqu'à la Tunisie; s'appuie, au nord, sur le littoral de la mer, et se termine, dans le sud, à la ligne où commence le Sahara. Cette zone présente, en moyenne, une profondeur de 120 kilomètres environ dans les provinces d'Oran et d'Alger, et de 240 kilomètres dans la province de Constantine. Les principaux jalons auxquels on peut rattacher ses limites au Sud sont les points fortifiés de Sebdou, Daïa, Saïda, Tiaret, Boghar, Bouçada, Biskra et Tebessa, sur lesquels flotte le drapeau français.

C'est dans cet espace ainsi circonscrit et nettement déterminé, d'une superficie totale de 14,100,000 hectares, que se trouvent établies d'une manière permanente les douze cents tribus environ qui se partagent le sol.

Ces tribus du Tell y exploitent la terre, les unes à l'aide de fermes bâties en pierre, en pisé ou en branchages ; les autres en vivant sous la tente, pour conduire de front la culture des céréales et l'élève du bétail, et pour se soustraire à l'insalubrité des plaines pendant la saison des chaleurs. Dans ces petits mouvements d'émigration elles ne sortent jamais du territoire de la tribu, et se meuvent annuellement sur des espaces restreints, d'après une loi uniforme, tellement uniforme, qu'elles n'ont, à proprement parler, que des *campements d'été* et des *campements d'hiver.*

Les populations kabyles ou arabes se distinguent tout d'abord les unes des autres par des nominations génériques, correspondant à des groupes qui sont de véritables petits états, appelés *tribus,* ayant chacune à part leur origine, leur histoire, leurs intérêts politiques.

Cette division de la population indigène en tribus a son empreinte sur le sol, où elle est tracée par des limites fixes, telles que cours d'eau, chaînes de montagnes, accidents de terrains, cimetières, puits, sources, arbres séculaires, amas de pierres en guise de bornes, que les notables de la tribu connaissent d'une manière parfaite, et que chaque génération se transmet par la tradition.

Ainsi les membres d'une tribu, qu'ils soient sédentaires ou qu'ils usent de la tente pour leur exploitation, savent qu'ils ne peuvent étendre les sillons de leur culture au delà des limites de la tribu, ni les franchir en conduisant leurs troupeaux au pacage, sans donner lieu à un conflit qui, autrefois, était réglé le plus souvent par les armes, et que vide aujourd'hui l'administration locale, en se basant sur le droit établi par la notoriété publique.

Pour exécuter l'article 2 du sénatus-consulte, il suffira donc de recueillir ces limites dans un mémoire descriptif et explicatif, dont la forme et la teneur seront réglées de telle manière que ce mémoire soit une sorte de titre pour la délimitation de la tribu.

La reconnaissance des limites de chaque tribu remettra en question des litiges depuis longtemps pendant entre elles; car on n'ignore pas que, dans plusieurs localités, il existe, sur les confins des tribus ou fractions de tribus limitrophes, des terrains sur lesquels chacune d'elles élève des prétentions de propriété, et que ces terrains contestés restent inexploités depuis des siècles. Ces litiges seront réglés facilement par des arbitres choisis par les intéressés, ainsi que cela se pratique en France, et leur retour sera rendu impossible dans l'avenir par un bornage.

L'opération du bornage s'étendra à tout le périmètre de la tribu, même à ses limites non contestées, qui ne sont visibles sur le sol que pour les indigènes.

La délimitation de la tribu ainsi opérée, on devra procéder immédiatement à la répartition de son territoire entre les différents groupes qu'elle contient, et qui se distinguent les uns des autres par des appellations spéciales. Ce sont ces groupes auxquels les Arabes appliquent la dénomination administrative de *Ferka,*

Douar, Haouch, et qui représentent, avec juste raison, à nos yeux, une commune.

On estime que les douze cents tribus comprennent approximativement dans leur ensemble dix mille douars.

La répartition du territoire des tribus entre ces groupes rassurera, une fois pour toutes, les populations indigènes sur nos intentions.

Quant à la propriété individuelle, elle se trouve déjà constituée dans toutes les tribus kabyles sur des bases aussi claires et aussi précises qu'en France.

Chaque propriété est entourée d'une haie ou d'un mur en pierres sèches qui ne seraient pas franchis par la charrue ou par le troupeau sans que le fusil ne vienne protester contre cette violation. C'est déjà un cinquième du Tell dans lequel il n'y a absolument rien à faire.

A côté de ces tribus kabyles, il y en a d'autres de la même origine, qui n'ont pas conservé la langue et les coutumes de leurs pères, mais qui ont retenu les habitudes relatives à la constitution de la propriété individuelle. On peut estimer que ces tribus occupent également au moins un autre cinquième de la zone tellienne.

Les opérations de la délimitation n'auront donc, en définitive, à s'exercer que sur les tribus *Maghzen* et les tribus de terre *Arch*, c'est-à-dire sur les trois derniers cinquièmes du Tell. Or, il est à remarquer que la partie cultivable du sol qu'elles occupent est divisée en parcelles qui ont des désignations particulières, et dont la contenance est approximativement connue des indigènes, soit au moyen de l'unité agraire qui porte les noms de *Zouidja,* dans la province d'Alger, de *Djebda* dans la province de Constantine, de *Sekka* dans la province d'Oran; soit par les quantités de semences, évaluées en mesure du pays, qu'elles peuvent recevoir.

On comprend dès lors que, là où la propriété est collective, on aura déjà devant soi des indications très-sérieuses pour opérer un partage entre les intéressés, et que, là où la propriété individuelle sera constituée, il suffira, pour qu'elle puisse devenir l'objet de transactions entre Européens et Musulmans, de se prémunir contre le retour de ventes fictives ou frauduleuses, telles qu'il s'en est effectué au début de la conquête.

L'article 3 délègue à un règlement d'administration publique le soin de déterminer les formes de la délimitation des territoires, de leur répartition entre les douars, et de l'aliénation des biens appartenant aux fractions de tribus ou douars, ainsi que les conditions sous lesquelles la propriété individuelle sera constituée et le mode de la délivrance des titres.

L'article 4 a voulu comprendre sous les désignations de *rentes, redevances* et *prestations* dues à l'État, les impôts de toute nature qui sont perçus sur les indigènes.

L'article 3 maintient la perception de ces impôts, sans préjudice, bien entendu, de ceux qui pourraient être établis plus tard.

L'article 5 réserve les droits de l'État à la propriété des biens *Beylick*, et ceux des propriétaires des biens *Melk*, sur l'origine desquels il ne saurait y avoir aucune contestation.

Il réserve également le domaine public et le domaine de l'État, tels qu'ils ont été constitués et définis par la loi du 16 juin 1851.

L'article 6 consacre, conformément aux intentions de l'Empereur, le principe de non-rétroactivité. Il aura pour effet de régulariser les transactions intervenues jusqu'à ce jour entre l'État et les indigènes, sur la foi desquelles seront établis des droits qu'il importe de sauvegarder.

L'article 7 abroge les 2e et 3e paragraphes de l'article 14 de la loi du 16 juin 1851, qui interdisaient à d'autres qu'à l'État l'aliénation du droit de propriété ou de jouissance sur le sol du territoire d'une tribu, au profit de personnes étrangères à la tribu. Ainsi, la propriété dans les tribus deviendra susceptible d'une libre transmission, et donnera aux Européens et aux compagnies un essor nouveau pour la colonisation.

Ce cas s'est présenté récemment à l'occasion des projets d'une compagnie cotonnière qui trouverait dans cette disposition des facilités qui semblaient lui être refusées auparavant.

Enfin, il convenait de faire comprendre aux populations indigènes que les nouveaux droits qu'elles vont puiser dans le sénatus-consulte ne font aucun obstacle à l'exercice du droit d'expropriation pour cause d'utilité publique, tel qu'il est déterminé par les articles 18, 19 et 20 de la loi de 1851, au règlement des indemnités et aux formes stipulées par l'article 21 de la même loi, et qui sont applicables dans les territoires militaires comme dans les territoires civils.

Il n'est aussi dérogé en rien aux prescriptions de l'ordonnance du 31 octobre 1845, relative au sequestre des biens appartenant à des indigènes, jusqu'à ce qu'une loi en ait autrement ordonné.

Telles sont, Messieurs les Sénateurs, les dispositions du sénatus-consulte qui est soumis à vos délibérations. Nous avons la ferme espérance qu'elles rassureront les indigènes sur nos intentions, qu'elles ramèneront chez eux la confiance et l'activité agricole, et qu'ainsi la terre reprendra la valeur qu'elle avait dans le commerce entre Musulmans. Ce commerce n'avait été arrêté que par l'incertitude qui régnait sur la propriété elle-même.

Elles pourront avoir pour conséquence, dans un délai plus ou moins éloigné :

L'extension plus rapide des territoires civils et surtout celle des pouvoirs judiciaires et réguliers ;

L'organisation sur une plus grande surface du système municipal ;

L'établissement de l'impôt foncier auquel conduiront naturellement la délimitation et la constitution de la propriété ;

Celui des droits d'enregistrement sur les transmissions dont cette propriété sera l'objet ;

L'augmentation des revenus de l'Algérie, et, par suite, le développement plus rapide des travaux publics.

Ces considérations sont le commentaire naturel de l'acte de justice et de bonne politique qu'il s'agit d'accomplir, et elles méritent, à un haut degré, de fixer l'attention du législateur.

Signé à la minute : Général de division ALLARD,

Président de section, rapporteur.

PROJET DE SÉNATUS-CONSULTE

RELATIF

A LA CONSTITUTION DE LA PROPRIÉTÉ EN ALGÉRIE,

DANS LES TERRITOIRES OCCUPÉS PAR LES ARABES.

ARTICLE PREMIER.

Les tribus ou fractions de tribus sont déclarées propriétaires des territoires dont elles ont la jouissante permanente et traditionnelle, à quelque titre que ce soit.

ART. 2.

Il sera procédé administrativement :

1° A la délimitation de ces territoires ;

2º A leur répartition entre les différents douars de chaque tribu ou fraction de tribu ;

3º A la constitution de la propriété individuelle entre les membres de ces douars, partout où cette mesure sera reconnue possible et opportune.

Des décrets impériaux fixeront l'ordre et les délais dans lesquels cette propriété individuelle devra être constituée dans chaque douar.

ART. 3.

Un règlement d'administration publique déterminera les formes de la délimitation des territoires, de leur répartition entre les douars et de l'aliénation des biens appartenant aux fractions de tribus ou aux douars, ainsi que les conditions sous lesquelles la propriété individuelle sera constituée, et le mode de la délivrance des titres.

ART. 4.

Les rentes, redevances et prestations dues à l'État par les détenteurs des territoires des tribus ou fraction de tribus continueront à être perçues comme par le passé.

ART. 5.

Sont réservés les droits de l'État à la propriété des biens *Beylick* et ceux des propriétaires des biens *Melk*.
Sont également réservés, le domaine public, tel

qu'il est défini par l'article 2 de la loi du 16 juin 1851, ainsi que le domaine de l'État, notamment, en ce qui concerne les bois et forêts, conformément à l'article 4, paragraphe 4, de la même loi.

ART. 6.

Tous actes ou partages antérieurs intervenus entre l'Etat et les indigènes, relativement à la propriété du sol, sont et demeurent confirmés.

ART. 7.

Le second et le troisième paragraphes de l'article 14 de la loi du 16 juin 1851, sur la constitution de la propriété en Algérie, sont abrogés.

Il n'est pas dérogé aux autres dispositions de cette loi, notamment à celles qui concernent l'expropriation pour cause d'utilité publique et le séquestre.

Ce projet de sénatus-consulte a été délibéré en conseil d'État, dans les séances des 4 et 5 mars 1863.

DISCUSSIONS

RELATIVES A L'ALGÉRIE.

—

SÉNAT.

SÉNAT.

SÉANCE DU MARDI 24 MARS 1863.

PRÉSIDENCE DE S. EXC. M. LE PREMIER PRÉSIDENT TROPLONG.

RAPPORT

SUR

DES PÉTITIONS RELATIVES A L'ALGÉRIE.

M. LE PRÉSIDENT. La parole est à M. le baron Dupin pour présenter un rapport sur diverses pétitions relatives à l'Algérie.

M. le baron DUPIN, *rapporteur*. Messieurs les sénateurs, trois cent trente-six pétitions sont adressées au Sénat par toutes les villes et par les communes rurales

4.

des trois départements dont se compose aujourd'hui l'Algérie.

Ces pétitions portent sur deux objets ; le premier est particulier et se rapporte à des questions connexes de propriété entre les colons français et les indigènes ; de telles questions sont soulevées et seront résolues par le sénatus-consulte présenté dans la séance du 9 mars dernier, et précédemment annoncé dans une missive de Sa Majesté adressée au gouverneur général de l'Algérie.

Le second objet des vœux exprimés par les pétitionnaires est général. Ces vœux ont pour but d'obtenir un sénatus-consulte organique, afin d'établir sur une base permanente, à la fois rassurante et féconde, l'état administratif et politique de notre grande et glorieuse conquête.

A l'égard du premier objet, nous avons rendu notre tâche aussi facile que sommaire ; nous n'avons pas ambitionné l'honneur de prendre les devants. Nous nous sommes fait un plaisir de laisser aux organes du Gouvernement l'initiative des vues et des mesures, et les prémices des paroles destinées à rassurer les habitants européens de l'Algérie.

Dès le moment où vous avez nommé la commission éminente et spéciale chargée d'examiner le projet particulier de sénatus-consulte, nous n'avons rien eu de mieux à faire que de lui transmettre, pour ne plus nous en occuper, la partie des pétitions qui concerne le sujet important dont vous l'avez saisie.

Mais un soin dont nous ne voulons laisser le privilége et le devoir à personne, c'est de témoigner notre
pensée, disons mieux, notre intime et profonde conviction sur la bienveillance, sur la justice et sur la protection inaltérables de Sa Majesté pour les colons de
l'Algérie.

Trois fois l'Empereur a couronné de ses mains les
travaux et le génie des colons après les concours na-
tionaux et les concours universels de l'industrie et de
l'agriculture. Il récompensait des succès que son Gouvernement avait préparés et facilités par des encouragements et des faveurs.

Pour citer un premier exemple, il a constamment
voulu que son ministre des finances ouvrît largement
nos manufactures impériales aux tabacs cultivés en Algérie, et cette faveur a produit les meilleurs résultats
pour l'agriculture africaine.

Plusieurs années avant le jour où devait se révéler
à l'improviste un immense besoin de nos filatures, Sa
Majesté, sur sa liste civile, faisait les fonds d'un prix
important plusieurs fois décerné et toujours renouvelé
pour donner l'essor à la culture textile que l'Europe
aujourd'hui voudrait partout faire éclore. On dirait
qu'il prévoyait cette disette du coton, d'où naissent
pour nos ouvriers tant de misères, par la privation du
précieux filament que nous prodiguait l'Amérique sep-
tentrionale avant la guerre exterminatrice des États du
Nord contre les États du Midi.

En 1862, l'Empereur a dignement accueilli deux

opulentes compagnies qui se présentaient pour entreprendre avec des capitaux, dont le total s'élève à 5o millions de francs, la culture en grand du coton dans les plaines de l'Algérie.

Afin de réparer la dégénération d'une race de coursiers, célèbre autrefois, le Chef de l'État a voulu qu'on établît des haras africains dont la France a fait les frais, et qui seront d'un avantage inestimable pour les départements d'Alger, de Constantine et d'Oran. Déjà notre cavalerie légère en recueille les fruits.

Par un bienfait d'une plus vaste portée, dix années plus tôt, le Prince Louis Napoléon sanctionnait la loi grâce à laquelle ont pris un si grand essor le commerce et, par conséquent, l'agriculture en Algérie.

Dans le même dessein de favoriser ces deux éléments de la richesse coloniale par les voies de communication, c'est l'Empereur qui, récemment, a fait commencer le réseau des chemins de fer, accueilli comme un si beau présent par notre colonie d'Afrique.

Pour juger sur les lieux du résultat de ses œuvres et pour jouir de la reconnaissance publique, l'Empereur, accompagné de l'Impératrice, dont la présence embellit tout, a visité l'Algérie et reçu les actions de grâces de toutes les populations.

Maintenant que Sa Majesté exprime à Paris des sentiments généreux et chevaleresques en faveur d'un peuple conquis, en faveur des conationaux de l'émir illustre qu'il a rendu libre et comblé de bienfaits, rien ici que de naturel et de conforme au génie connu de l'Empereur.

C'est précisément de là que nous partons pour attester que les mêmes sentiments, que la même justice et la même générosité s'appliquent à non moins juste titre, et s'appliqueront toutes les fois qu'il le faudra, plus efficacement encore à nos concitoyens de l'Algérie. Ils recevront ce bienfait, en premier lieu, parce qu'ils sont Français; en second lieu, parce qu'ils sont sur cette terre l'avant-garde intelligente et courageuse de notre civilisation et de notre industrie, ces deux grands biens qui rendent plus fructueux, plus durables, et, par cela même, doublement glorieux les succès obtenus dans cette contrée par l'armée française.

La magnanimité dont nous attestons ici l'expansion et les bienfaits nous permettra, puisant notre autorité dans le plus auguste exemple, de vous présenter un rapport inspiré par un juste intérêt pour les colons de l'Algérie et par le désir d'être utile à leur mission nationale, en opérant de notre côté dans le cercle élevé de nos attributions.

Nous cédons au besoin, que nous osons appeler sénatorial, d'entrer dans les vues de la Constitution, en cherchant à préparer la voie aux sénatus-consultes organiques ou spéciaux qui peuvent le mieux assurer la prospérité de notre plus grande colonie; c'est notre droit et notre devoir d'être à la fois pour elle législateurs et conservateurs.

Lorsqu'on veut parler du progrès de l'Algérie, dans quelque genre que ce soit, il faut commencer par citer l'armée française, dont tout à l'heure notre reconnaissance a prononcé le nom. Nous lui devons tout en Algérie; non-seulement la conquête d'un pays supérieur en superficie aux deux tiers de la France; mais la possibilité des travaux civils, et les premières et les plus utiles entreprises de la colonisation.

L'armée d'Afrique a trouvé dans ses propres efforts une récompense imprévue. Par ses combats, combinés avec des travaux véritablement prodigieux, elle est devenue pour nos soldats la plus laborieuse et la plus fructueuse des écoles. Il a fallu qu'elle luttât contre les difficultés des climats les plus opposés : en été, dans les plaines et le désert contre une chaleur des tropiques: en hiver, dans les montagnes de l'Atlas contre les froids qui, plus d'une fois, ont rappelé la Russie à nos vétérans. C'est par une campagne d'hiver, dans l'Ouarencenis qu'un illustre gouverneur a brisé définitivement la force de l'émir qui dirigeait contre nous, avec tant de constance et d'esprit de ressource, une guerre à la fois de culte et de race.

Dans l'espace d'un tiers de siècle, tous nos régiments ont été conduits, à tour de rôle, sur un théâtre où la lutte contre les hommes était la moindre partie du péril et du labeur. Il en est résulté l'apprentissage de cette grande qualité des armées supérieures, endurer la souffrance sous toutes les formes et s'en faire, pour ainsi parler, une condition d'existence, sans que la religion du drapeau ni la discipline perdent pour cela rien de leur empire.

Nous regrettons que la marche accélérée de ce rapport ne nous permette pas de vous montrer les résultats de ce sublime apprentissage, en Crimée, pour surmonter toutes les souffrances, les privations et les périls, et terminer sa lutte héroïque par un assaut de géants.

En Afrique, au milieu d'un pays que nos troupes ont trouvé sans routes, sans ponts, sans chaussées, où partout le sol était à l'état non pas primitif, mais détérioré, mais défertilisé par le long séjour des Barbares, il a fallu que le soldat créât lui-même tous les moyens de communication; l'entreprise était immense et ce ne fut pas la seule.

Un Maréchal que l'armée appelait son père, et qu'elle avait salué son héros, celui qu'il faut toujours citer quand on veut parler des créations de l'Algérie, a fait accomplir par ses soldats des travaux qu'avant lui on n'avait jamais osé demander sous les drapeaux. Pour former autour d'Alger une vaste banlieue française que l'on pût qualifier de forts détachés vivants, il a fait défricher des terrains que les palmiers nains, par l'entrelacement de leurs racines, semblaient rendre indéfrichables; il leur a demandé de bâtir des villages, d'ouvrir des chemins vicinaux, de dériver des ruisseaux, de construire des fontaines, de bâtir des maisons, des mairies, des écoles, des églises; et les soldats ont tout fait. Aussi maintenant, en avant d'Alger, le massif de montagnes appelé le Sahel, qui s'étend d'une mer à l'autre, est peuplé d'au moins 10,000 Français, entremêlés de leurs serviteurs africains, sur 15 à 20 lieues carrées. [1]

L'armée n'a pas été moins utile pour assainir, par des travaux pénibles et surtout dangereux, des terrains bas et marécageux, tels que ceux de la Mitidja et de Bône.

C'est autour des camps français, comme autrefois autour des camps romains, que se sont formés nos premiers villages, et plusieurs sont aujourd'hui des villes toutes françaises.

L'armée n'a pas seulement par ses travaux facilité la colonisation européenne. Par l'institution de ce qu'on a nommé les bureaux arabes elle est devenue pour les populations indigènes un important moyen, nous n'oserions pas dire exactement de civilisation, mais d'obéissance, de police et d'administration.

On peut définir ce moyen de gouvernement en l'appelant la suzeraineté du militaire européen implantée sur la féodalité des chefs arabes. Cette simple définition suffit pour vous montrer quel profond espace à combler se trouve encore entre l'état peu social des

---

[1] Le Sahel d'Alger embrasse une superficie de 60,000 hectares dont 40,000 appartiennent aux Européens, et 20,000 aux indigènes. On y compte 37 villages européens et 137 fermes, non compris la zône maraichère d'Alger; population 16,406 habitants, savoir : Français, 8,435, étrangers, 6,216, indigènes, 1,755.

tribus disséminées dans le pays et l'heureux état de la mère patrie, où tous les citoyens égaux entre eux, et sans oppression armée, sont régis uniquement par l'autorité civile.

Les lois sénatoriales qui constitueront l'Algérie pour féconder dès à présent les germes d'un bon avenir, ces lois devront prendre en grande considération une alliance de pouvoirs indispensable, à coup sûr, au point de départ de la conquête, mais qui ne saurait être que transitoire pour arriver à l'unité de la société civile et de l'action administrative dans une portion de l'Empire qu'il faut de plus en plus assimiler à la mère patrie.

Parlons maintenant de la population véritablement coloniale. Celle qui vous soumet aujourd'hui ses pétitions unanimes et pressantes appartient aux habitants européens, dont le plus grand nombre est Français de naissance, et dont les autres, importants auxiliaires, remplissent par degrés toutes les conditions d'une complète naturalisation; c'est à la loi de fixer leur état définitif, et nous appelons sur ce point l'attention du Sénat.

Avant d'aller plus loin, nous avons voulu savoir qu'elle est l'importance des titres qu'ont les pétitionnaires à votre sérieuse et bienveillante attention, titres qui ne sont pas assez connus dans la mère patrie.

Il est malheureusement trop vrai de le dire, parmi nos concitoyens, 99 sur 100 n'ont pas la plus légère idée ni du progrès qui s'est accompli dans l'Algérie depuis qu'elle est devenue notre conquête, ni des ser-

vices que nos colons peuvent présenter à la reconnaissance de la mère patrie. C'est, l'oserons-nous dire,
un voile qu'il faut soulever pour montrer la vérité
parfaitement ignorée.

Commençons par faire observer que jamais, chez
aucun peuple, difficultés plus grandes, et qu'on a longtemps pu croire insurmontables, ne se sont réunies pour
décourager en Algérie l'esprit d'entreprise, si quelque
chose pouvait triompher du courage des Français quand
ils sont soutenus par une pensée d'honneur national, de
victoire à remporter.

Pendant quinze ans, le fanatisme d'une guerre pré-
tendue sainte armait les Africains non-seulement contre
nos soldats, mais contre nos agriculteurs; les champs
de ces derniers étaient dévastés, leurs maisons brûlées,
leurs troupeaux enlevés, et les maîtres trop heureux
d'échapper par la fuite à l'assassinat. De hardis parti-
sans, véritables Bédouins, lançant leurs chevaux à travers nos lignes, étendaient le ravage et la rapine jusqu'aux abords de nos places fortes et de nos camps
défensifs.

Et pourtant les travaux de création, quoique lentement et péniblement accomplis, finissaient par l'em-
porter sur l'œuvre de destruction.

Dans tous les pays, le défrichement d'un sol, ou
vierge ou longtemps inculte, fait sortir de la terre des
miasmes délétères dont les premiers cultivateurs sont
la victime; à plus forte raison lorsqu'il faut assainir
des marais immenses, pour arriver à des succès aussi

chèrement achetés que l'ont été ceux des marais Pontins et de quelques maremmes d'Italie. Au milieu de ces marais, nos colons ont fondé des villes et des villages, où la mortalité régna longtemps dans une effrayante proportion.

Les nouveaux venus montaient à la brèche de la colonisation en dressant leurs cabanes à côté des tombeaux de leurs devanciers, et la colonisation avançait toujours.

Au milieu de la grande plaine marécageuse de la Mitidja, citons en particulier Bouffarick, centre à la fois de culture et de commerce intérieur. Pendant beaucoup d'années la mort y moissonnait une effrayante partie des habitants français, qu'un plus grand nombre d'immigrants remplaçait sans cesse.

Aujourd'hui Bouffarick est florissante au milieu de vastes prairies et de guérets rendus salubres.

Ici, Messieurs les Sénateurs, nous signalerons un de nos sujets de vive satisfaction. Parmi les pétitions collectives signées du plus grand nombre de colons, nous avons distingué celle qu'adressent au Sénat les citoyens de cette ville, dont la création héroïque est toute française. Le nombre même de ses signataires nous est une attestation de leur prospérité présente.

A côté des succès, il faut citer avec impartialité les malheureuses tentatives dues à nos troubles civils; elles en ont porté l'empreinte et ne pouvaient pas réussir.

Quelque temps après l'époque où la reddition de

l'Emir insurgé mettait fin à la guerre africaine, la révolution de 1848 éclate en France. Pour Paris, dans les douze premiers mois, on constate une cessation de travail correspondante à 700 millions d'affaires productives supprimées par l'anarchie et par la terreur qu'elle inspirait aux arts paisibles. A des légions d'ouvriers, qui n'ont plus le moyen de vivre, on imagine d'ouvrir les portes de l'Algérie. On propose d'aller cultiver la rude terre africaine à des artisans jusqu'alors accoutumés aux occupations sédentaires et délicates de l'industrie parisienne; ils y vont pour ne pas mourir de faim. Mais la plupart meurent de fatigues étrangères à leurs habitudes, fatigues jointes à l'épreuve d'un climat qu'ils ne savent pas ou qu'ils ne veulent pas combattre par une extrême tempérance, par l'obéissance à beaucoup d'autres préceptes d'une hygiène indispensable en Afrique.

A ces paisibles colons, découragés sans mauvais vouloir par un labeur au-dessus de leurs forces, l'on avait joint d'autres hommes que leurs violences à main armée avaient rendus passibles de peines rigoureuses; ils n'apportaient en Algérie que leurs passions désordonnées, leur aversion pour le labeur agricole, et des vœux ardents pour revoir une mère patrie dont l'Empereur, ce grand ami des amnisties, leur a bientôt rouvert les portes.

A la même époque, dans la province d'Oran, des essayeurs socialistes, opérant en grand sur le phalanstère, mot trompeur qui signifie la phalange solide, n'en ont démontré que la fragilité; ils ont fait éprouver à leurs adeptes des ruines déplorables malgré la concession bienveillante et presque le don d'une vallée vaste et fertile.

Quatre ans plus tard, grâce à l'appel du vrai génie colonisateur, d'autres efforts en commun ont été plus heureux, quoique opérés sur un sol depuis longtemps abandonné comme improductif.

Avec une ardeur que rien ne pouvait rebuter, cent huit religieux, consacrés au plus austère entre tous les ordres [1], sont parvenus à produire assez de grains, de fruits, de légumes et de bétail pour suffire à l'alimentation de cinq cents hommes; ils ont renouvelé la merveille de ces colonies de cénobites qui fécondaient à nouveau l'Occident dévasté par les Barbares, lorsque s'écroulait l'empire romain. Étonnante mission des cultivateurs de Staouéli, qui compte pour moyen d'apostolat le silence, le travail, l'amour du pauvre et la pauvreté personnelle. Ils ne gardent pour eux que l'abstinence, et tout le reste est pour l'indigent, pour l'infirme et pour le malade. Voilà le parti que la Croix sait tirer d'un terrain qu'on ne croyait pas mériter les sueurs de l'homme.

Les infatigables solitaires du département d'Alger sont loin d'être les seuls, parmi les enfants de l'Europe, employés à perfectionner toutes les parties du travail qui nourrit les hommes. Nous pourrions ici présenter

[1] L'ordre de la Trappe.

un tableau saisissant du nombre, de la grandeur et du degré d'avancement qu'ont atteint déjà les cultures franco-algériennes et les exploitations minérales de notre vaste conquête. Rien n'est à la fois plus remarquable et plus flatteur que le jugement exprimé successivement par nos plus illustres rivaux, par les Anglais, en 1851, en 1856, en 1862, sur les productions algériennes : productions devant lesquelles pâlissaient les expositions africaines de Maroc, de Tripoli et même celles de l'Égypte, comblée par les présents du Nil. En définitive, l'année dernière à Londres, les Grandes-Indes, l'Australie et le Canada ont été les seules possessions extérieures de l'empire britannique pouvant soutenir le parallèle avec notre colonie africaine.

En comparant les médailles d'honneur décernées à Londres l'année dernière par les jurés de toutes les nations, nous trouvons qu'ils en ont donné le même nombre aux trois départements de l'Algérie qu'à huit départements moyens français. Pour décerner à ce fait le plus modeste des éloges, nous dirons simplement que, même en luttant à côté de la mère patrie, les colons d'Algérie sont loin de rester en arrière.

En mettant sous vos yeux de si grands succès, nous n'avons pas dissimulé, vous l'avez vu, les nombreux obstacles et les éléments de perturbation, ni les pénibles efforts qu'il a fallu faire pour en triompher. A cette accumulation des causes retardatrices nous vous prions de comparer la grandeur et la rapidité des résultats obtenus. En voici la rapide indication :

En 1839, lorsque nous prenions Constantine, et que, dans les provinces d'Alger et d'Oran, la guerre musulmane recommençait avec une fureur nouvelle, nous ne comptions encore, dans les villes et les campagnes, que 23,023 colons.

Le Maréchal Bugeaud arrive, ce guerrier colonisateur, qui grave avec tant de gloire sur ses armes la charrue et l'épée, avec ces mots pour devise : *Ense et aratro.* En six années, sous ses auspices, le nombre des colons s'élève, de ces 23,023, à 96,119, tous libres et volontaires.

Et maintenant la population européenne de l'Algérie n'est pas moindre de 210,000 âmes. Ce dernier progrès s'est opéré malgré les déceptions et les épreuves manquées lors de la révolution de 1848 ; disons plus, malgré l'instabilité des systèmes administratifs, qui changent quatre fois en quinze années, et toujours avec l'éloge décerné par l'historien de Venise aux fluctuations du gouvernement qu'aimait Fra Paolo : *Semprè bene.*

Aux États-Unis d'Amérique, dans ce pays merveilleux pour le progrès de ses travaux colonisateurs, on est fier de la constance avec laquelle la population générale double tous les vingt-cinq ans, suivant une loi que l'on peut appeler mathématique. Or, si nous calculons d'après la même loi, depuis 1845 jusqu'en 1863, le doublement de la population coloniale en Algérie s'opère en moins de dix-huit ans.

Ne disons donc pas que notre colonisation marche

avec une lenteur désespérante; disons, au contraire, qu'en présence de tant d'obstacles signalés elle marche avec une vitesse faite pour frapper d'admiration les esprits vraiment et profondément observateurs.

Éclairés et rassurés de ce côté, passons à l'examen des résultats obtenus par le nombre qui croît ainsi. Ne nous arrêtons pas à des discours, à des compliments plus ou moins mérités, n'acceptons pour vraies que des constatations données par des comptes officiels et des chiffres authentiques.

En 1845, les envois des produits de l'Algérie en France dépassaient à peine 6 millions [1]; en 1861, la dernière année de nos comptes officiels, les mêmes exportations algériennes s'élèvent au-dessus de 61 millions [2]. En seize années, vous le voyez, elles sont devenues dix fois, Messieurs les Sénateurs, dix fois plus considérables!...

Pour expliquer une partie de ce progrès merveilleux, rappelons ici qu'entre les deux années mises en parallèle, fut votée la loi qui, pour toute faveur, déclarait que désormais les produits de l'Algérie, à titre de français, entreraient de droit dans la mère patrie sans être grevés d'impôts comme étrangers.

Mais, en accordant une juste part de reconnaissance à cette loi, c'est un devoir pour son préparateur et son rapporteur à l'Assemblée nationale de déclarer

[1] Tableau de l'Algérie 1845 et 1846, page 411.

[2] Tableau du commerce de la France pour 1861. Exportations spéciales, page 68 : 61,058,260.

avec sincérité qu'elle est bien loin d'expliquer l'immense progrès, le décuplement commercial que nous venons de présenter à votre sérieuse attention.

Que s'est-il donc passé dans les seize années écoulées de 1845 à 1861? Les Arabes sont-ils devenus plus nombreux dans la plaine ou dans la montagne? Mais non. Depuis des siècles, leur population tantôt reste stationnaire et tantôt rétrograde. Ce n'est donc pas au génie musulman, ce n'est pas à l'initiative indigène qu'il faut rapporter un développement sans exemple sur la terre africaine; développement dont n'approche en rien le progrès si vanté de l'Égypte mahométane, sous l'impulsion du célèbre vice-roi Méhémet-Ali.

C'est le souffle civilisateur européen, c'est le moderne génie de l'Europe chrétienne qui, décuplant les forces et les moyens de ses enfants colonisateurs, a fait produire en Afrique, par les Français, les étrangers et les Africains mêmes, des résultats si supérieurs. Rendons sensible ce phénomène intellectuel au moyen d'un exemple choisi dans l'ordre matériel. Nous voyons sur nos chemins de fer la force locomotive produire le mouvement accéléré d'un train qui la surpasse vingt fois par sa masse. Eh bien, le train commercial de l'Algérie, qui ne transportait, il y a dix-huit ans, que 6 millions de produits, ce même train, avec une force motrice un peu plus que doublée par le nombre des colons, transporte aujourd'hui 61 millions de produits, non-seulement convoyés, mais commandés, c'est le mot, par le génie de la France.

5.

Vous voyez à présent, Messieurs les Sénateurs, ce qu'est la vitalité d'une colonie et la signification de ce grand mot coloniser sur la terre africaine : c'est créer par l'intelligence, par l'énergie, la force et l'activité de nos colons, tout ce qui, sans eux, n'aurait pas pris naissance ou n'aurait pas fait de progrès.

Les 200,000 colons européens, c'est le ressort, c'est la vie, c'est la force motrice qui conduit, péniblement il est vrai, mais efficacement à plus de travail et plus de productions 2 millions et demi d'Arabes. Si nous voulions faire un rapprochement qui serait surtout compris dans cette enceinte où siégent tant d'illustres généraux, nous dirions : quand un corps de 10,000 officiers conduit aux plus grandes victoires 200,000 soldats, malgré l'héroïsme de ceux-ci, qui donc oserait dire qu'il ne faut pas rapporter à l'intelligence des 10,000 la source des succès obtenus par les bras des 200,000?

Il est utile que la France acquière une juste idée de l'importance absolue d'un commerce que vous venez de voir grandir avec une rapidité si remarquable. Il le faut pour justifier les grands sacrifices que chaque année l'Algérie demande à la métropole, et qui, vous l'allez voir, ne sont rien moins qu'improductifs.

Nous prenons la dernière année dont les résultats commerciaux ont été publiés par le ministère des finances [1], et nous choisissons le commerce qu'on appelle

[1] Voir à l'Appendice, page 493, les résultats commerciaux (*Commerce général*) publiés par le Gouvernement général de l'Algérie, d'après les états fournis par la douane algérienne.

spécial comme exprimant un intérêt plus particulier et plus inhérent à la France.

Commerce spécial de la France en 1861.

Importations.	2,442,327,567^f
Exportations	1,926,259,758
Total.	4,368,587,325

Dans cet immense commerce, savez-vous, Messieurs les Sénateurs, combien il y a de nations qui figurent pour un chiffre total plus élevé que la seule Algérie? Il y en a seulement huit; huit au milieu de l'univers! Mais remarquez une extrême différence : ces huit états prédominants comptent ensemble 2 1 2 millions d'âmes, en ne comptant que les mères patries, et l'Algérie compte à peine 2,750,000 habitants. Ces huit nations devant lesquelles s'éclipse et disparaît en quelque sorte la puissance commerciale du reste du monde, voyons ce que représente leur commerce proportionnel avec la France, pour un nombre d'habitants égal à celui que nous comptons dans notre conquête d'Algérie.

Commerce d'importation qu'opèrent en France 2,750,000 habitants.

1° Des huit nations supérieures. . .	21,538,000^f
2° De l'Algérie.	61,058,260

Ainsi 2,750,000 habitants de l'Algérie colonisée,

mis en parallèle avec un même nombre d'individus des huit nations supérieures, font avec la France un commerce, non pas simplement égal, mais triple pour les importations. (Sensation.)

A l'égard des exportations spéciales, c'est-à-dire des produits propres de la France, la valeur de ceux que demande un même nombre d'hommes chez les huit nations supérieures doit être multiplié non pas seulement par trois, mais par sept, entendez-le bien, par huit, pour égaler la demande des produits français consommés dans la seule Algérie.

Les excessives différences que nous venons de signaler ne peuvent sembler étranges qu'aux hommes superficiels, qui ne savent pas ce que doit devenir, pour une mère patrie intelligente, la prospérité d'une grande colonisation.

Ne dissimulons pas une objection présentée sous un point de vue très-plausible. Pendant longtemps on a regardé les produits exportés de la France en Algérie comme consommés par les soldats et les états-majors de notre armée : c'était, prétendait-on, le rachat en nature de nos sacrifices d'argent. Le temps a montré qu'il existait pour ce commerce d'exportation une autre source plus féconde et plus puissante. Jugez-en par ce nouveau rapprochement :

En 1845, l'armée d'Afrique approche de cent mille hommes, et les produits envoyés de France en Algérie valent en tout 73,255,998 francs.

En 1861, l'armée française est réduite à 65,000 hommes, et les produits envoyés de France en Algérie, bien loin de diminuer, s'élèvent à 137,793,284 francs.

La comparaison que nous présentons se réduit à deux termes simples pour seize ans d'intervalle :

Diminution des troupes, 31,880 hommes;

Accroissement des produits français consommés en Algérie, 64,537,286 francs.

Par conséquent, tout en convenant avec sincérité que l'armée française contribue pour sa juste part dans l'accroissement des produits demandés à la France, il n'en est pas moins vrai qu'un magnifique progrès commercial continue de s'opérer, quoique cette armée diminue et qu'elle finisse par être réduite aux deux tiers de son plus grand effectif. La cause vitale de l'augmentation commerciale existe donc en dehors de l'armée, et c'est dans la population coloniale qu'il faut en chercher la source. La preuve que nous donnons est démonstrative.

Vous pouvez voir maintenant comment et jusqu'à quel point les colons de l'Algérie, lorsqu'ils réclament des lois qui les protégent, réclament en même temps des lois qui protégent un des grands intérêts de la mère patrie. Voyons quels sont ici notre mission et notre devoir.

La possession et la défense de l'Algérie. — D'après le texte de nos lois, l'Algérie n'est pas seulement pour la France une annexe plus ou moins éventuelle et passagère, elle est déclarée solennellement partie intégrante du territoire français. A ce titre, et par l'article 26 de la Constitution, son existence et sa défense sont placées sous votre sauvegarde. La Constitution de l'Empire a voulu que le Sénat réglât, par voie de sénatus-consulte, la constitution spéciale et toutes les lois de l'Algérie, au même titre que pour les autres colonies.

Dans votre premier sénatus-consulte organique, vous avez déjà posé des principes généraux qui marquent la nature et l'étendue de votre action législative, et vous en avez fait l'application immédiate à trois colonies, la Martinique, la Guadeloupe et la Réunion. Vous avez ajourné l'acte spécial qui réglera la constitution de notre France africaine ; mais le Gouvernement lui-même a déclaré qu'il prenait ce sujet en grave considération ; et nous sommes autorisés à dire qu'en ce moment il en fait l'objet d'études préparatoires. Ce n'est donc plus qu'une affaire de temps et d'opportunité.

Aujourd'hui les colons, empressés comme l'est toujours celui qui souffre et qui craint, réclament à titre d'urgence une constitution qui les rassure et leur donne des garanties pour le présent et pour l'avenir. Ils réclament du législateur les moyens d'avancer encore à plus grands pas dans les voies qu'ils se sont ouvertes, et de développer avec certitude la prospérité du pays qu'ils animent déjà d'une activité si merveilleuse. Pour obéir à notre mandat, nous avons dû ne pas perdre de vue les questions qui tiennent non pas seulement à la défense, mais à la conservation de l'Algérie.

Aussi longtemps que la France trouvera libre et paisible le parcours des mers, aussi longtemps que 36 à 40 heures suffiront pour envoyer sans obstacle nos secours de Toulon, de Marseille et de Port-Vendres en Algérie, nous n'aurons rien à redouter, quelque soudains et quelque étendus que puissent être des soulèvements africains suscités par des ambitieux et des fanatiques. Nous l'espérons aussi pendant un temps considérable, et qui sera toujours trop court au gré de nos désirs, la modération et la bienveillance mutuelles des gouvernements européens préviendra toute grande collision maritime, c'est-à-dire éloignera de nous l'époque où nous pourrions être empêchés de porter secours à notre colonie d'Afrique. Cependant ce serait pousser trop loin des espérances d'utopiste que de poser comme un fait indisputable l'éternelle paix sur les mers. Si le Gouvernement avait cette croyance, évidemment il ne ferait pas de si généreux et si brillants efforts pour accroître sans cesse et perfectionner avec tant de succès notre armée navale à vapeur.

Il ne faut pas perdre de vue cette autre considération : Plus vous révélez à l'univers l'immense commerce que vous avez développé dans l'Algérie, et qui s'accroîtra toujours si notre folie n'y met pas d'obstacle, plus s'accroîtra de ce côté le désir, très-naturel pour un grand état insulaire, de s'approprier, la guerre aidant, les colonies étrangères, aussitôt que leurs fondateurs les ont rendues, risquons ce mot, appétissantes. Jugeons-en par notre histoire. Nous avions jeté les larges fondements d'un magnifique établissement au Canada : aussitôt que sont arrivés nos malheurs du siècle dernier, lors de la guerre de Sept ans, notre antagoniste maritime a tout sacrifié pour conquérir ce beau pays que nous appellions la Nouvelle-France et qui s'appelle aujourd'hui Nouvelle-Bretagne. Cependant, alors, cette colonie ne faisait pas avec la métropole la sixième partie du commerce qu'aujourd'hui l'Algérie fait avec nous. La même puissance, profitant des malheurs du premier Empire, s'est fait céder, après nos désastres de 1813, l'admirable colonie de l'île de France, qu'elle voulait garder à tout prix; et l'île de France ne comptait pas le quart des colons que déjà nous comptons en Algérie.

Notre grande rivale a suivi le même esprit d'appropriation à l'égard des créations coloniales faites par d'autres puissances maritimes, telles que les Pays-Bas et l'Espagne. C'est ainsi qu'elle a planté, pour ne plus le retirer, son pavillon sur des colonies d'un riche commerce et d'une position merveilleusement choisie, sur les points les plus importants de l'Afrique, de l'Asie et de l'Amérique; chacun de vous a déjà nommé le Cap de Bonne-Espérance, Ceylan et la Trinité.

Une autre considération doit vous frapper. En Algérie, la grande guerre maritime advenant, nous aurons contre nous ce fanatisme musulman, *qui ne périt jamais,* et dont notre imprévoyance ne tient point assez de compte.

Il ne faut pas nous flatter : malgré notre philosophique tolérance pour le culte des indigènes, et notre respect plein de vertu pour ce que leurs propriétés ont de réel et de légitime, tenons pour certain qu'un grand nombre d'années devra s'écouler avant que cette sagesse et cette générosité nous réconcilient avec l'intolérance et l'ambition des Africains conduits par les lois de Mahomet.

Leurs colléges principaux, leurs zouaïas tolérés par nous, enseignent même aujourd'hui que nous sommes des infidèles, des giaours, qu'Allah doit chasser quand viendra l'heure impatiemment attendue.

Permettez-nous de vous citer un passage du discours prononcé le 10 juin de l'année dernière par un orateur distingué [1] parlant d'un fait qu'il a vu de ses yeux en Afrique.

« La *zouaïa* est la réunion de plusieurs familles de marabouts autour du tombeau de l'un de léurs ancêtres vénérés dans le pays; l'hospitalité s'y pratique très-généreusement à l'aide de dons et de secours qui sont apportés de tous les points de l'Algérie. A chacune est annexée une école de différents degrés d'instruction, qui forme des instituteurs.

« Dans toutes ces zouaïas on enseigne aux indigènes que le pouvoir de la France est un pouvoir passager; que notre victoire est l'œuvre de Dieu et non l'œuvre de nos armes; que la patience, la résignation, l'attente, sont des épreuves auxquelles Dieu soumet les indigènes, mais que le *moule sáa* (maître de l'heure) viendra

[1] M. le baron Jérôme David.

d'un moment à l'autre *pour nous jeter à la mer*. Cela vous explique comment il se fait qu'en Algérie, du moment où un indigène entreprenant se présente devant des populations ignorantes et leur dit : Je suis chérif, je suis le moule sâa, immédiatement, sans aucune espèce de raisonnement, les populations le suivent. »

L'orateur dont je viens de citer ce passage voudrait, comme condition de paix et de sécurité française en Algérie, la suppression de ces écoles où l'on enseigne aux Africains l'inimitié contre la France; mais, jusqu'à ce jour, il ne paraît pas que l'administration ait pris encore aucune mesure ou répressive ou préventive.

Les rédacteurs d'un sénatus-consulte organique ne voudront pas négliger sans doute la grande question de l'instruction publique et des Français et des Arabes[1].

Il y aurait bien d'autres mesures qu'il faudrait concerter dans le même dessein d'avenir, de paix et de bonne harmonie; mais, de tous les hommes, le Français est celui qui sait le mieux mettre sa coquetterie à jouer avec les périls ; puis à s'endormir sur le cratère des volcans; corrigeons-nous de ce défaut.

N'imaginons pas qu'en Afrique une guerre de fanatisme, suscitée, alimentée par une puissance étrangère, puisse être peu de chose, même sans le secours de l'étranger. Messieurs les Sénateurs, trois jours nous ont suffi pour abattre à jamais le pouvoir politique et mi-

[1] Voyez l'Appendice, pages 465-469.

litaire du dey d'Alger; il nous a fallu seize années pour
triompher de la guerre, soi-disant sainte, soulevée
contre nous par un simple marabout réduit à ses seules
ressources. Qu'eût-ce donc été si les vaisseaux, les
troupes et l'or d'une puissance d'outre-mer avaient
combattu contre nous comme ils combattirent en Por-
tugal, en Espagne? Qu'eût-ce été si quelque grande
puissance européenne s'était placée à côté des fanatiques Musulmans, non moins passionnés sans doute
que ceux de Lisbonne, de Cadix et de Saragosse,
entre 1808 et 1814...

Nous avons été frappés de voir, dans la collection si
précieuse et si fâcheusement interrompue des Tableaux
annuels, sur la situation des Établissements français,
un état par provinces, des cavaliers et des fantassins
arabes supposés armés en Algérie; ils approchent, en
nombres ronds, de 100,000 hommes à cheval et de
400,000 à pied. Nous savons quelle est la distance infinie de ces cadres dressés par les bureaux militaires,
et des nombres effectifs qui marchent en cas de guerre;
mais on pourrait réduire beaucoup de pareils nombres
sans qu'ils fussent à dédaigner; il faudrait surtout les
prendre en grave considération, dans le cas d'une puissance européenne leur servant de véhicule et marchant
avec eux.

C'est ici, messieurs les sénateurs, que nous trouvons l'immense avantage, pour la France, d'une colonisation solidement établie en des lieux savamment
choisis et devenant chaque année plus nombreux. Voilà

nos conationaux qui défendent leurs foyers et notre conquête avec l'armée.

Parmi les pétitions couvertes de tant de signatures, dont nous venons vous rendre compte, nous avons distingué des colonels de diverses armes, des officiers supérieurs et inférieurs, des sous-officiers et beaucoup d'anciens soldats établis sur la terre qu'ils ont tour à tour conquise et défendue; ils dirigeraient et fortifieraient les cadres de la milice coloniale aussitôt que la mère patrie ferait appel à leur courage.

Jugeons, par l'expérience du passé, la ressource que nous trouverions alors. En 1846, la milice algérienne et les sapeurs de la capitale présentaient un effectif de 15,865 hommes pour une population ayant au moins un an de résidence, égale à 96,000 colons.

D'après cette base, s'il fallait aujourd'hui lever les milices de l'Algérie, leur effectif serait de 34,500 hommes.

Dès à présent la milice pourrait suffire aux garnisons des places fortes, et laisser l'armée régulière complétement libre de tenir la campagne pour y prévenir ou du moins y réprimer les insurrections, et repousser toute invasion.

Si le Gouvernement ne laisse pas ralentir la faveur que les gouverneurs généraux et les ministres dirigeants ont tous portée à la colonisation, dans dix-huit ans, à la fin de 1880, nous aurons en Algérie 400,000 colons établis dans les villes et les campagnes. D'après les proportions données ci-dessus par l'expérience, dans le cas d'un soulèvement général, nous aurions alors

69,000 miliciens armés pour défendre leurs biens, leurs personnes et leurs foyers domestiques.

Même en supposant que les embarras suscités contre nous par des ennemis sur le continent européen nous obligent à réduire de moitié l'armée d'Algérie, déjà réduite aux deux tiers de ce qu'elle était entre 1840 et 1850, nous aurions encore sous les armes 100,000 défenseurs, et nous serions en état de repousser à la fois les révoltés d'Afrique et leurs alliés débarqués contre nous.

Les faits que nous venons de rapporter ont pour but de montrer que nos lois, d'accord avec l'esprit du Gouvernement et sa sagesse, doivent constamment favoriser la colonisation, si nous voulons, selon notre devoir, assurer la possession perpétuelle du pays français de l'Algérie.

Tranquilles du côté de nos colons, revenons aux indigènes. Il importe de présenter une distinction essentielle entre les Arabes et les Kabyles. Ces derniers diffèrent des premiers sous tous les rapports; ils ont d'autres lois, d'autres mœurs, et leur culte même n'est pas identique.

Les Kabyles sont les anciens chrétiens réfugiés dans les montagnes pour y défendre leur liberté; ils ont sauvé leur indépendance; ils ont gardé les anciennes lois municipales de l'Afrique romaine, lois auxquelles ils ont conservé le nom gréco-latin de *canons*. Au point de vue civil, leur organisation se rapproche de nos municipalités.

Malheureusement pour eux, ils n'ont pas conservé la religion que suivaient leurs ancêtres au siècle de saint Augustin; mais leur mahométisme est mitigé; le Coran n'est pas pour eux la loi civile : ils n'ont pas accepté la polygamie, et, par conséquent, leurs familles sont restées semblables à nos familles d'Europe : tout s'y rapproche de nous.

Ils ne se laissent pas circonvenir servilement par l'ambition et le fanatisme arabe; Abd-el-Kader même n'a pu les entraîner à sa suite dans la guerre sainte; et, dans la dernière tentative, il ne s'est pas retiré sans périls de leurs montagnes, au fonds desquelles il prétendait les forcer.

C'est un beau titre d'honneur du Gouvernement impérial d'avoir conquis la grande Kabylie, et, depuis cette conquête, nous en avons trouvé les habitants soumis, fidèles et sans arrière-pensée.

En définitive, sur deux millions cinq cent mille Africains, plus d'un million est Kabyle, et le bienfait de nos lois nous fera de plus en plus aimer de ces derniers.

Si jamais les Arabes levaient contre nous l'étendard de la révolte, nous pourrions, avec un peu d'habileté, trouver chez le Kabyle, qui repousse avant tout leur joug, le même secours que les Anglais ont trouvé chez les Sikhs des bords de l'Indus pour triompher des Cipayes révoltés sur les bords du Gange.

Dans le sénatus-consulte organique, dont tout démontre la nécessité, il nous paraît indispensable qu'on établisse des bases qui conviennent respectivement à l'organisation si différente des municipalités kabyles et des tribus arabes.

Nous terminerons en disant quelques mots sur la classe d'Africains qui peuplent, avec nos colons, les villes de l'Algérie ; ils descendent, pour la plupart, des Maures expulsés d'Espagne, et sont encore désignés sous le même nom.

C'est sans doute au malheur qu'il faut attribuer leur dégénération ; rendons-la sensible en signalant l'abus qu'ils font de la loi musulmane au sein de leurs familles, abus qui surpasse toute croyance.

Dans la grande collection des tableaux annuels sur la situation des établissements français en Algérie, nous trouvons, pour les années 1847 à 1849, un document officiel extrêmement précieux (p. 112).

État numérique des mariages et divorces constatés dans la population indigène, en résidence dans les villes de l'Algérie, pendant les années 1847, 1848 et 1849.

POPULATION MUSULMANE.

Années.	Mariages.	Divorces.
1847	970	915
1848	1,054	696
1849	1,656	524
Totaux.....	3,680	2,135

Si nous prenons comme base ces trois années, nous trouvons que, pour la population maure des villes algériennes, la durée moyenne des mariages est de vingt mois et vingt et un jours.

En France, où la mort seule d'un des époux permet à l'autre de contracter une nouvelle alliance, la durée du mariage est de vingt-cinq ans.

Nous avons voulu savoir si, par impossible, le nombre des mariages musulmans, authentiquement constaté, ne se trouvait pas affaibli par une cause quelconque. Loin de là, nous avons trouvé que dans les villes de l'Algérie, proportion gardée avec la population musulmane, le nombre des alliances est trois fois aussi nombreux qu'en France, et plus que double des alliances contractées entre chrétiens sur notre terre d'Afrique : quelle compensation aussi triste que honteuse! Au nombre si restreint de nos mariages, dont la durée n'a pour limite que la mort de l'un des époux et qui subsistent en moyenne un quart de siècle, le Maure des cités de l'Algérie substitue trois fois autant d'alliances éphémères, qui sont brisées avant vingt et un mois d'épreuve. A combien de douleurs, d'infortunes et de crimes correspondent ces déchirements de familles, où les premiers nés marchent à peine quand la mère est chassée du toit conjugal pour faire place à la marâtre, passagère elle-même!

Voilà des mœurs qu'il faut essayer de rendre moins détestables en faisant appel à des lois civiles qui puissent rendre moins infortuné le sort des femmes musulmanes. Loin de détester la partie de notre législation qui pourrait être leur refuge et leur providence, elles en font l'objet de tous leurs vœux.

Aujourd'hui, les nations avancées de l'Occident ont acquis l'empire de l'univers, et leur devoir est d'en améliorer partout le sort. La France a pris sa part de cette grande mission dans le nord de l'Afrique. Puisse-t-elle y réaliser, pour l'offrir en modèle aux nations, un ensemble de rénovations et de progrès non-seulement matériels, mais moraux avant tout! Tel doit être notre but, et, nous osons l'espérer, telle sera notre destinée.

En résumé, messieurs les Sénateurs, avec de la sagesse et de la prudence, des biens infinis peuvent résulter des lois que saura préparer votre profonde expérience. Il faut que votre sollicitude ne s'étende exclusivement ni sur les Européens ni sur les Africains, mais comprenne à la fois les intérêts les plus sacrés des Français et des étrangers, des Musulmans et des Hébreux, des Kabyles, des Arabes et des Maures de l'Algérie.

Le Gouvernement apprécie comme nous l'avantage d'une prudente et bonne législation, qui n'existe pas et qu'il importe de créer; ce doit être l'œuvre commune du Sénat et du Pouvoir exécutif, avec lequel nous devons marcher en parfaite harmonie, si nous aspirons au succès d'une telle entreprise.

Pénétrés de ces considérations, nous avons l'honneur de vous proposer le renvoi des pétitions, d'abord à M. le Ministre d'État, pour qu'il en réfère à Sa Ma-

jesté; ensuite à M. le Ministre de la guerre, de qui
ressort l'Algérie, son administration et sa défense.

Plusieurs sénateurs. L'impression !

M. LE PRÉSIDENT. Le rapport sera imprimé et distribué, et la délibération aura lieu ultérieurement.

SÉANCE DU MERCREDI 13 AVRIL 1863.

PRÉSIDENCE DE S. EXC. M. LE PREMIER PRÉSIDENT TROPLONG.

S. Exc. M. Baroche, ministre, président du conseil
d'État, M. le général Allard, président de section, et
M. Daricau sont présents au banc des commissaires du
Gouvernement.)

M. LE PRÉSIDENT. L'ordre du jour appelle la délibération sur les conclusions d'un rapport fait au nom de
la deuxième commission des pétitions sur des pétitions
relatives à une organisation de l'Algérie.

La commission, par l'organe de M. le baron Dupin,
a conclu au renvoi au ministre d'État et au ministre de
la guerre.

La parole est à M. le général Charon.

M. le général CHARON. Messieurs les Sénateurs, je
ne viens pas m'opposer à la proposition qui vous est
faite de renvoyer à M. le Ministre de la guerre et à M. le
Ministré d'État les nombreuses pétitions adressées au

Sénat par les habitants de l'Algérie, je viens seulement vous soumettre quelques observations, les unes relatives aux demandes formulées dans plusieurs de ces pétitions, les autres en vue d'appeler l'attention du Sénat sur quelques parties du rapport fort intéressant de la commission, Je n'ai lu qu'un très-petit nombre de ces pétitions ; il m'a été néanmoins facile de constater que les pétitionnaires sont loin d'être d'accord sur ce qu'ils désirent. Dans l'une, quelques colons réclament pour l'Algérie une administration spéciale et une représentation coloniale réglant tout ce qui concerne les recettes et les dépenses. Voici ce que contient cette pétition :

« Que l'on applique à l'Algérie le mode de gouvernement adopté dans les colonies anglaises, et nous ne craignons pas de prédire les mêmes résultats !

« Ce mode de gouvernement, les conseils généraux de l'Algérie l'ont déjà demandé. Aujourd'hui les soussignés vous prient, messieurs les Sénateurs, de soumettre l'Algérie à un système administratif organisé sur les bases adoptées par les Anglais dans plusieurs colonies : un pouvoir local fortement constitué, avec une représentation coloniale placée à côté de lui et chargée de voter l'impôt, de le répartir, d'en surveiller l'emploi ; autorisée à contracter des emprunts pour l'exécution de ses travaux publics, de faire les lois locales, les règlements spéciaux d'administration publique.

« Maîtresse de ses ressources, pouvant faire appel au crédit, l'Algérie exécuterait promptement les travaux de desséchement, barrage, voies de communication rapides, nécessaires à sa mise en valeur.

« Nous demandons l'élection pour cette représentation locale, ainsi que pour les conseils généraux et municipaux.

« Nous demandons pour les communes une liberté d'action plus grande que dans la mère patrie; car ici tout est à créer, et la liberté n'est pas à redouter, mais est nécessaire pour lutter contre les obstacles nombreux que la nature oppose à l'action de l'homme. »

D'autres pétitionnaires veulent une assimilation complète avec la métropole et s'expriment ainsi :

« 1° Gravez au frontispice de votre sénatus-consulte ce principe déjà proclamé : *L'Algérie est une terre française et fait partie intégrante de l'Empire français . . . . . .*;

« 5° Déterminez le statut personnel des indigènes musulmans et israélites;

« 6° Enfin, dotez les Européens habitant l'Algérie, des institutions civiles et politiques qui régissent la métropole. »

Ces demandes diffèrent profondément dans leur objet, et, pour ma part, je ne pense pas qu'elles puissent être accueillies. Il ne me paraît pas admissible que des colons ne payant aucun impôt [1] aient la prétention d'obtenir du Gouvernement de laisser l'Algérie s'administrer elle-même, et d'investir une représentation coloniale du pouvoir de disposer des recettes du pays, recettes

[1] Voyez à l'appendice, page 445.

qui dans ce moment se bornent en quelque sorte aux sommes versées par la population indigène.

Je n'admets pas plus, quant à présent et sans nul doute pendant longtemps encore, la demande faite de doter la population européenne de l'Algérie, si peu nombreuse, et composée en grande partie d'étrangers, des institutions politiques qui régissent la métropole en ce qui concerne la députation, l'élection des conseils généraux, celle des conseils municipaux, etc. On prétend, dans une de ces pétitions, que l'Empereur n'a pu recueillir sur la plus précieuse acquisition de la France que des renseignements inexacts, que sa religion a été surprise, que l'on aliène la conquête et qu'on en fait retour au peuple soumis.

J'abrége ces citations, elles me suffisent pour penser que le Sénat ne saurait regarder ces vœux et ces opinions commme étant de nature à pouvoir être pris en considération pour la rédaction du sénatus-consulte organique.

C'est sur la réserve de cette première observation que je ne m'oppose pas au renvoi demandé.

Passant à l'examen du rapport, je commencerai par m'associer aux éloges que donne la commission aux européens qui se sont voués sérieusement à la colonisation. Les travaux exécutés par une partie de ces colons sont certainement d'une grande importance : si leurs efforts n'ont pas toujours été couronnés de succès, le courage ne leur a généralement pas manqué ; mais l'œuvre était et est encore ardue. Souvent l'igno-

rance de la vie et de la science agricoles, souvent aussi
le manque de capitaux, bien des fois l'insalubrité du
sol ont été les ennemis les plus difficiles à vaincre.
Les vrais colons n'ont généralement reculé devant aucun danger. Au goût pour le dur travail de la terre ils
ont joint presque toujours une grande énergie et un
rare dévouement, qualités précieuses et nécessaires
pour la rude tâche qu'ils ont entreprise. Quant aux ressources que pourront offrir un jour ces colons organisés en milices, le rapport me semble en avoir exagéré
l'importance. L'honorable rapporteur, en s'appuyant
sur l'expérience du passé, s'exprime ainsi :

« Parmi les pétitions couvertes de tant de signatures
dont nous venons vous rendre compte, nous avons distingué des colonels de divers armes, des officiers supérieurs et inférieurs, des sous-officiers et beaucoup
d'anciens soldats établis sur la terre qu'ils ont tour à
tour conquise et défendue ; ils dirigeraient et fortifieraient les cadres de la milice coloniale aussitôt que la
mère patrie ferait appel à leur courage.

« Jugeons par l'expérience du passé la ressource que
nous trouverions alors. En 1846, la milice algérienne
et les sapeurs de la capitale présentaient un effectif de
15,865 hommes pour une population ayant au moins
un an de résidence, égale à 96,000 colons.

« D'après cette base, s'il fallait aujourd'hui lever
les milices de l'Algérie, leur effectif serait de
34,500 hommes.

Dès à présent la milice pourrait suffire aux garni-

sons des places fortes et laisser l'armée régulière complétement libre de tenir la campagne pour y prévenir
ou du moins y réprimer les insurrections et repousser
toute invasion.

« Si le Gouvernement ne laisse pas ralentir la faveur
que les gouverneurs généraux et les ministres dirigeants
ont tous portée à la colonisation, dans dix-huit ans,
à la fin de 1880, nous aurons en Algérie 400,000 colons établis dans les villes et les campagnes. D'après les
proportions données ci-dessus par l'expérience, dans le
cas d'un soulèvement général, nous aurions alors
69,000 miliciens armés pour défendre leurs biens,
leurs personnes et leurs foyers domestiques. »

Quant aux services rendus par la milice en 1846,
époque à laquelle son effectif, d'après le rapport, s'é-
levait à 16,000 hommes, voici ce qu'un témoin écri-
vait en 1847, en parlant de cette expérience du passé.
Ce témoin, l'illustre Maréchal Bugeaud, s'exprime ainsi
dans une petite brochure sur la colonisation de l'Algérie (pages 11 et 12).

« Un fait de la dernière campagne aurait dû révéler
aux yeux de tous l'impuissance d'une telle population.
L'armée, quoique nombreuse, était absorbée en entier
pour vaincre les insurrections multipliées sur toute la
surface du pays... Abd-el-Kader étant parvenu à se dé-
rober à nos colonnes, menace tout à coup d'envahir la
Mitidja par l'Est. Il n'y avait alors à lui opposer que
trois bataillons... Le gouverneur général voyant qu'il
ne peut arriver à temps pour protéger les environ d'Al-

ger, expédie de Boghar l'ordre de :.. mobiliser deux bataillons de milice.

« Vous avez entendu les clameurs qu'excita cet ordre. Avant d'exécuter la mesure, on fit écrire au gouverneur général pour le supplier de révoquer l'ordre. Il tint bon; mais il fallut douze jours pour mobiliser sur le papier les deux bataillons.

« Dans cette grande circonstance, la population nombreuse des environs était impérieusement appelée à s'aider elle-même. Matériellement elle le pouvait, d'autant mieux qu'elle compte 9,000 hommes de milice armée. Qu'a-t-elle fait pour sa propre défense? Rien absolument rien!

« Ce n'est pas qu'elle ne renferme dans son sein beaucoup d'hommes de courage; son impuissance tient à ce que sa constitution n'a rien de guerrier. »

Quant à l'avenir, j'admets qu'en cas de guerre la milice pourra être de quelque secours [1], mais les ressources qu'elle offrira seront bien minimes et très-loin des espérances que le rapport pourrait faire espérer. C'est une opinion que j'émets sous toute réserve, sans m'y arrêter plus longtemps, afin de ne pas dépasser le cadre dans lequel je dois me renfermer.

Je passe actuellement à la partie du rapport relative au commerce de l'Algérie.

C'est avec raison que l'honorable rapporteur signale les progrès des commerces d'importation et d'exporta-

[1] Voyez à l'appendice, page 450.

tion, et fait ressortir le grand développement qu'ils ont pris depuis 1845.

Le tableau des établissements français dans l'Algérie, de 1859 à 1861 (pages 262 et 263), donne les résultats obtenus dans cette période de trois années. Je m'arrête aux chiffres de la dernière année, c'est-à-dire de 1861.

D'après ce tableau, le montant des marchandises exportées de l'Algérie en 1861, et dont la plus grande partie est importée en France, s'élève à 40 millions.

Dans le même recueil, le montant du tableau des principales marchandises importées en Algérie, presque toutes de provenance française, s'élève à 116 millions [1].

L'honorable rapporteur fait remarquer qu'en 1845 les envois de l'Algérie en France dépassaient à peine 6 millions, et que la même année les envois de France en Algérie n'étaient que de 73 millions.

J'ajouterai les explications suivantes à celles qui sont consignées dans le rapport, pour justifier les différences qui existent entre 1845 et 1861.

Voyons comment se décomposent les 49 millions formant le montant des exportations. Les produits de la pêche du corail, pêche faite généralement par des pêcheurs napolitains, et qui avait lieu déjà du temps des deys d'Alger, et l'exportation du minerai de plomb, extrait presque en totalité par des indigènes, figurent pour 3,500,000 francs environ.

[1] Voyez à l'appendice, pages 493 et 494.

Les bœufs, les moutons, les chevaux, les peaux d'animaux, la laine, les os et sabots d'animaux, le blé, l'orge, le tabac, la cire brute, l'huile d'olive, etc. etc. entrent dans les 45,500,000 restants pour une valeur de près de 38,000,000. Ces divers produits sont, pour la presque totalité, dus aux indigènes.

Prenons un exemple. Il y a en Algérie au moins 10 millions de moutons; sur ce nombre, quelques mille seulement appartiennent aux Européens. Permettez-moi d'ajouter en passant que l'Algérie peut nourrir au moins 50 millions de moutons, production qui, même dans un avenir très-éloigné, paraît être réservée aux indigènes. Ainsi, messieurs les Sénateurs, les opérations relatives à une valeur de 43,000,000 de francs, en exportation sur le chiffre total de 49,000,000 de francs, sont dues à l'action combinée des indigènes et des Européens.

Les importation s'élèvent, en 1861, à 116 millions. Or, sur cette somme, le café, le sucre, figurent pour 8 millions, le savon pour 2 millions, les toiles de coton pour 21,500,000 francs, les étoffes de soie et de laine, les peaux préparées pour 15 millions, les huiles grasses pour 1,600,000 francs, les verres et cristaux pour 1 million, etc. etc. etc. Les objets qui sont achetés par les Européens et les indigènes figurent pour une valeur de 85 à 90 millions dont les 116 millions forment le chiffre des importations principales. La plus forte consommation de ces objets est due aux indigènes, qui sont quinze fois plus nombreux que les Européens.

Le bon marché de nos produits amène déjà une certaine révolution dans les habitudes des populations arabes et kabyles. Ces populations se servent actuellement de vêtements dont l'usage avant 1830 n'était qu'une exception. Les femmes arabes commencent à renoncer à tisser les vêtements que fournit le commerce.

Si nous comparons les importations et les exportations de 1861 avec celles de 1845, nous constatons, à l'avantage de 1861, des différences considérables sur lesquelles le rapport appelle avec raison l'attention du Sénat. Recherchons ainsi que l'a fait également l'honorable rapporteur, ce qui a pu se passer pour justifier ces différences.

En 1845, les Arabes n'étaient pas moins nombreux qu'en 1861 ; mais la soumission des tribus était loin d'être complète. Le nombre des indigènes en relation avec nous était peu considérable, l'état de guerre dans lequel se trouvait le pays empêchait les Arabes de cultiver au delà de ce qui était nécessaire à leurs besoins. Il leur était défendu de nous vendre leurs bœufs, leurs moutons, leurs laines, etc. Ils ne paraissaient ni sur nos marchés, ni dans nos villes, n'achetaient pas nos produits manufacturés. L'indigène ne prenait donc, en 1845, qu'une très-faible part dans nos exportations, comme aussi dans la consommation de produits importés. Et remarquons en même temps que la popu-

lation européenne des villes, essentiellement marchande, s'est augmentée depuis 1845, époque à partir
de laquelle la consommation de nos marchandises par
les Arabes et les Kabyles a pris du développement.

Ainsi, jusqu'en 1845, la difficulté des relations ré-
gulières entre les deux races n'avait pas encore pu permettre aux Européens d'établir des rapports commerciaux avec les Arabes, de faire arriver les capitaux sur
leurs marohés, et de faire comprendre à ces populations intelligentes, mais peu avancées en toutes choses,
l'avantage de certains procédés de culture qu'elles
tendent déjà à suivre, car la charrue Dombasle commence à s'introduire chez eux.

Enfin, Messieurs les Sénateurs, comme le fait remarquer le rapport, la loi douanière du 11 janvier 1851
qui a ouvert les marchés de la France aux produits
naturels de l'Algérie est pour beaucoup dans le développement de ce commerce. Ces observations établissent la belle part qui revient à la population indigène
dans l'essor qu'ont pris depuis seize ans les commerces
d'importation et d'exportation.

Les deux races, n'en doutons pas, en persévérant
dans leurs communs efforts, continueront à marcher
dans la voie du progrès, et nous devons attendre de
ce concours les meilleurs résultats. C'est chez moi une
conviction ancienne. Le Sénat voudra bien me permettre de lui rappeler à ce sujet le passage d'un discours dans lequel je lui exposais en 1856 mon opinion

sur cette question. (Session de 1856, page 522, tome III.)

« L'Arabe est dans ce moment le véritable producteur des céréales, lui seul cultive à bon marché. C'est sur lui qu'il faut compter pour la production du blé dur. Il est le seul éleveur de bestiaux. Les populations du centre nous fournissent la laine des huit à dix millions de moutons qu'elles élèvent et qu'elles seules peuvent élever. L'Arabe nous fournit des cuirs en quantité, le Kabyle nous fournit ses huiles. C'est l'indigène qui élève ces chevaux que monte notre excellente cavalerie algérienne, et qui ont étonné nos alliés anglais par leur sobriété et les belles qualités qui les rendent éminemment propres à la guerre. C'est chez eux que nous trouvons nos mulets. En un mot, c'est dans la population indigène que résident en ce moment les forces principales, les forces vitales de l'Algérie. Est-ce à dire que ces forces ne doivent pas un jour se déplacer? Messieurs, nul ne peut répondre de l'avenir, mais j'ignore ce qu'il nous réserve. Dans mes prévisions, toutefois, il s'agira peut-être moins d'un déplacement que d'un partage à faire entre les deux races dans les missions réciproques qu'elles auront à remplir. Le capital européen, l'intelligence européenne ont leur part tracée, selon moi. La culture exceptionnelle, celle du tabac, du mûrier, de l'olivier, de la cochenille, de la garance, telle est la voie naturellement ouverte à l'industrie, aux ressources, à l'habileté spéciale de nos colons. Elle est assez belle pour tenter les capitaux et les ambitions ; elle peut seule amener ces larges, ces rapides bénéfices, auxquels tendent les vœux des émigrants. C'est par les ressources monétaires et par l'application des cultures perfectionnées que la spéculation venue d'Europe fera sentir son intervention dans la production des céréales. Ainsi pourront marcher dans des voies distinctes, quoique parallèles, les deux populations implantées au sol, vivant côte à côte, sans se froisser, se développant sans se nuire, réalisant leurs avenirs sans les confondre. »

Le temps n'a pas modifié la situation. Le véritable intérêt de l'Algérie est de continuer à favoriser le mouvement agricole, commercial et industriel, qui se répartit quant à présent entre les Européens et les indigènes.

Le rapport de la commission appelle l'attention du Sénat sur plusieurs questions qui lui paraîtraient devoir être prises en considération dans la rédaction du sénatus-consulte organique de l'Algérie.

Le rapport s'exprime ainsi (pages 23 et 24) :

« Les rédacteurs d'un sénatus-consulte organique ne voudront pas négliger sans doute la grande question de l'instruction publique et des Français et des Arabes... »

Et plus loin (page 28) : « Dans le sénatus-consulte organique dont tout démontre la nécessité, il nous paraît indispensable qu'on établisse des bases qui conviennent respectivement à l'organisation si différente des municipalités kabyles et des tribus arabes. »

Le rapport s'occupe de la réglementation de l'instruction publique musulmane. Après avoir cité le passage d'un discours sur l'Algérie prononcé dans une autre enceinte, je vais relire cette citation et les phrases du rapport qui la précèdent.

« Il ne faut pas nous flatter, malgré notre philosophique tolérance pour le culte des indigènes, et notre respect plein de vertu pour ce que leurs propriétés ont de réel et de légitime, tenons pour certain qu'un grand nombre d'années devra s'écouler avant que cette sagesse et cette générosité nous réconcilient avec l'intolérance et l'ambition des Africains conduits par les lois de Mahomet.

« Leurs colléges principaux, leurs zouaïas, tolérés par nous, enseignent même aujourd'hui que nous sommes des infidèles, des giaours, qu'Allah doit chasser quand viendra l'heure impatiemment attendue.

« Permettez-nous de vous citer un passage du discours prononcé, le 10 juin de l'année dernière, par un orateur distingué, parlant d'un fait qu'il a vu de ses yeux en Afrique :

« La *zouaïa* est la réunion de plusieurs familles de marabouts autour du tombeau de l'un de leurs ancêtres vénéré dans le pays ; l'hospitalité s'y pratique très-généreusement à l'aide de dons et de secours qui sont apportés de tous les points de l'Algérie. A chacune est annexée une école de différents degrés d'instruction, qui forme des instituteurs.

« Dans toutes ces zouaïas on enseigne aux indigènes que le pouvoir de la France est un pouvoir passager ;

7

que notre victoire est l'œuvre de Dieu et non l'œuvre de nos armes; que la patience, la résignation, l'attente, sont des épreuves auxquelles Dieu soumet les indigènes; mais que le *moule sâa* (maître de l'heure) viendra d'un moment à l'autre *pour nous jeter à la mer*. Cela vous explique comment il se fait qu'en Algérie, du moment où un indigène entreprenant se présente devant des populations ignorantes, et leur dit : Je suis chérif, je suis le moulé sâa, immédiatement, sans aucune espèce de raisonnement, les populations le suivent. »

Le rapport continue :

« L'orateur dont je viens de citer ce passage voudrait, comme condition de paix et de sécurité française en Algérie, la suppression de ces écoles, où l'on enseigne aux Africains l'inimitié contre la France; mais jusqu'à ce jour il ne paraît pas que l'administration ait pris encore aucune mesure ou repressive ou préventive. »

Tout d'abord nous ferons remarquer que le Gouvernement se préoccupe depuis très-longtemps de la direction de l'enseignement musulman en Algérie. Des instructions particulières du gouverneur général, des arrêtés ministériels, et enfin les décrets du 14 juillet et 30 septembre 1850, rendus sur la proposition du gouverneur général, témoignent de l'importance de la question et du soin qu'apporte l'administration pour arriver à une situation meilleure.

Le décret du 14 juillet est relatif aux écoles musulmanes françaises; aux termes de ce décret, l'enseignement primaire est gratuit.

Le décret du 30 septembre, relatif aux écoles musulmanes, place l'instruction primaire et l'instruction secondaire données dans ces écoles sous la haute surveillance du gouverneur général.

De plus, aux termes du même décret, il est créé des écoles supérieures musulmanes, dans lesquelles l'instruction est donnée aux frais de l'État [1].

Reconnaissons d'abord que le Gouvernement ne néglige rien pour diriger, autant qu'il lui est possible, l'enseignement public musulman. Ce n'est pas certes le pouvoir qui manque à l'autorité algérienne actuelle pour réprimer des prédications fanatiques; la fermeté pour user de ce droit ne lui manque pas davantage.

Ce qu'il importe d'établir, c'est que le Gouvernement prépare prudemment une situation meilleure. Mais c'est avec le temps seul qu'on peut parvenir à constater des progrès dans une pareille matière. Lorsqu'un gouvernement vainqueur trouve chez le peuple conquis des institutions existant depuis longtemps, constituant la loi civile et la loi religieuse, il est naturel de compter que le progrès se fera très-lentement, et je me hâte de dire que sous ce rapport des résultats ont été déjà obtenus. Voici ce qu'on lit dans le tableau des établissements en Algérie de 1861 : « Le service de l'instruction musulmane a été réglementé de manière à ce qu'il pût arriver graduellement, sans

[1] Voyez à l'appendice, page 465.

froisser les coutumes des indigènes, à placer à la tête
des écoles des maîtres dévoués à notre cause, et débarrasser les tribus des instituteurs marocains et tunisiens dont l'enseignement était un danger pour nos
intérêts politiques. La surveillance sur ces écoles est
incessante. »

Quant à moi, je ne m'étonne pas, comme d'autres
ont pu et peuvent encore le faire, que dans des
zaouïas, surtout celles du territoire kabyle, pays où
notre domination est bien établie, grâce à l'expédition
dirigée par M. le Maréchal Randon en 1857, mais où
elle est à peine assise; pays qui, par la configuration
du sol et l'organisation de la société reste en dehors
de notre contact, je ne m'étonne pas, dis-je, de voir
prêcher la loi de Mahomet avec son fanatisme intolé-
rant et exclusif et la haine de la domination chrétienne.
Il n'est pas nécessaire d'aller dans les montagnes
abruptes de l'Algérie pour entendre le langage toujours violent de l'intolérance religieuse.

Depuis quand les peuples ont-ils de la sympathie
pour la domination étrangère? Pourquoi voudrions-
nous qu'il en fût autrement en Algérie à notre égard
sans le secours du temps?

Dans son discours à l'ouverture des Chambres,
S. M. l'Empereur réunissait dans la même pensée l'af-
fermissement de nos possessions d'Afrique et notre
soin à gagner de plus en plus l'affection du peuple
arabe. Afin d'arriver à ce but on ne doit rien négliger
pour faire supporter d'abord notre joug par les indi-

gènes, et c'est à ce premier résultat que doivent tendre les efforts de l'administration.

Que les faits rappelés dans le discours dont le rapport de votre commission vous cite un passage, n'aient pas à vos yeux, Messieurs les Sénateurs, une autre importance que celle qui résulte d'une situation prévue. Il suffit de savoir que ces faits ne sont pas ignorés, que l'autorité les surveille et s'en préoccupe depuis longtemps.

Quant à introduire dans le sénatus-consulte organique, ainsi que le demande le rapport, quelques dispositions relatives à l'instruction publique des indigènes ou aux bases qui conviennent pour les organisations si différentes des municipalités arabes ou kabyles, je ne pense pas que ces questions si importantes et si délicates puissent y trouver place. Une constitution ne comporte que des principes nets et parfaitement définis, en harmonie avec les besoins et le génie des populations. Or serait-il prudent, alors que l'instruction donnée aux indigènes se lie aux questions religieuses et aux questions politiques, de vouloir poser dès à présent, sur cette matière, des bases qui pourraient aujourd'hui froisser les Arabes, et qui cependant plus tard nous sembleraient peut être insuffisantes.

Je dirai la même chose des institutions municipales dans un pays soumis depuis si peu de temps à notre domination. L'expérience nous apprend que de nouveaux besoins se révèlent en quelque sorte chaque jour; elle nous fait voir également quelles difficultés l'on rencontre pour modifier rapidement des coutumes et des usages qui reposent sur les croyances religieuses des populations.

La situation de l'Algérie nous paraît donc destinée à subir successivement des modifications. Ne nous pressons donc pas, et surtout ne perdons pas de vue qu'on ne saurait exiger d'ici à bien longues années des indigènes, dont les habitudes et les lois sont si éloignées des nôtres, ce que le temps et la civilisation peuvent amener, surtout par le contact des populations et l'effet des rapports qui en sont la conséquence.

Des dispositions ayant force de loi règlent actuellement les points qu'il importe de fixer pour assurer le fonctionnement de l'autorité relativement aux besoins des populations indigènes. Le temps fera connaître successivement les besoins nouveaux, et d'autres dispositions, modifiant celles qui sont en usage, y pourvoiront. Il n'y a pas selon moi autre chose à faire.

C'est avec raison, Messieurs les Sénateurs, que la Constitution a déclaré qu'il y aurait une législation spéciale pour l'Algérie. Ce sont surtout les principes de cette législation et la désignation des pouvoirs dont elle émanera que le sénatus-consulte organique doit régler.

Il y a en Algérie deux sociétés distinctes, l'une européenne, la seconde indigène. La population européenne est en partie française, en partie étrangère. Cette diversité de races, de nations, constitue des besoins différents.

La question d'état des personnes tient le premier rang parmi celles dont le sénatus-consulte nous paraît devoir s'occuper.

L'état des personnes doit être examiné et réglé à l'égard des Français et des indigènes ainsi qu'à l'égard des étrangers. Et, à l'occasion de ces derniers, il y aurait lieu de statuer sur un point important, celui de la naturalisation.

Viennent ensuite les questions d'impôt, de recrutement, celles relatives aux droits et aux devoirs de chacun, etc.

Le sénatus-consulte aura à déterminer à quel pouvoir appartiendra le soin et le devoir de les légiférer, précisant ce qui sera du domaine de la loi ou du décret. Ce n'est pas le moment d'entrer dans plus de détails sur cette importante question.

En exposant en quelques lignes au Sénat les dispositions principales que me semble devoir renfermer le sénatus-consulte organique; j'ai un peu abusé de ses moments, mais j'ai cru préciser, mieux que je ne l'avais fait dans le commencement de ce discours, les motifs qui me font penser qu'il n'y a pas lieu de recommander à l'attention des ministres compétents les passages cités plus haut des pétitions dont j'ai parlé, comme également ment les considérations qui me déterminent à ne pas partager l'opinion de la Commission au sujet de quelques questions qui, d'après son rapport, devraient être réglementées dans le sénatus-consulte organique.

M. le Président. M. le rapporteur a la parole.

M. le baron Dupin, *rapporteur.* Je puis satisfaire notre honorable collègue au sujet des diverses pétitions dont il a parlé.

Nous avons eu soin d'écarter, de mettre de côté les pétitions particulières qui présentaient des propositions individuelles sur certains points, sur des dispositions qui pouvaient être contestées comme devant faire partie d'un sénatus-consulte de l'Algérie.

Mais nous avons eu deux pétitions générales, reproduites en très-grand nombre, n'exprimant elles-mêmes que des généralités, et qui, par conséquent, se trouvent en dehors des observations présentées par l'honorable général Charon.

Ainsi, nous ne demandons au Sénat que le renvoi des seules pétitions qui sont en dehors de toute espèce d'objection, qui sont l'expression du sentiment véritable de toute la colonie, qui demandent en termes généraux un sénatus-consulte organique. Or, ce renvoi n'est pas contesté par notre honorable collègue.

Maintenant, dans le discours qu'il a prononcé, je ne vois pas de contradiction essentielle entre ses opinions et celles du rapport ; il est d'accord avec nous au fond sur les grandes différences qui existent entre l'état commercial de 1845 et celui de 1862, et le progrès qu'elles attestent.

Sans doute l'état social est changé ; sans doute il s'est amélioré ; mais cette amélioration s'est faite par

les efforts réunis du Gouvernement, des colons européens, j'ajoute aussi des Arabes. Pour obtenir ce résultat, tout le monde a concouru lorsque la pacification est arrivée ; et c'est l'harmonie de ces différents
efforts qui a produit le développement considérable et
l'extrême amélioration qu'à signalés consciencieuse-
ment le rapport.

Mais ce que j'ai dit n'en est pas moins vrai, c'est que
si vous prenez le même nombre d'Arabes, tels qu'ils
existent maintenant et qu'ils existaient avant 1830,
l'avantage est tout au présent, et la différence est immense......

Voyez ce qu'était à la première époque le commerce
d'Alger ; voyez ce qu'est encore aujourd'hui celui de
Tunis et du Maroc, et vous pourrez juger ce que vaut
l'effort de l'Arabe abandonné à lui-même et dépourvu
des lumières, des conseils et du concours des colons
européens.

Nous n'avons rien retiré à la valeur des Arabes ; c'est
une population intelligente, énergique, qui a ses qualités dont on peut et dont on commence déjà à tirer
un grand parti ; mais elle est encore à beaucoup d'égards
dans un état d'enfance et d'incivilisation.

En réalité, la distance est énorme entre les populations africaines abandonnées à elles-mêmes, à leur état
séculaire, à cet état imparfait que je n'ai pas craint
d'appeler de la barbarie, et ces mêmes populations
s'élevant au-dessus d'elles-mêmes quand elles sont com-
binées avec les populations européennes, apportant

tous nos moyens d'industrie, de savoir et de bonne harmonie que nous avons signalés.

L'honorable orateur nous dit que les Arabes commencent à perfectionner leur agriculture, et même qu'au milieu d'eux quelques-uns emploient la charrue Dombasle! S'en sont-ils avisés tout seuls? Non sans doute; c'est parce que les colons qui les entourent leur ont dit : Laissez là ces méthodes imparfaites, surannées et barbares, ces méthodes que vous suivez depuis des siècles et qui ne donnent que des résultats misérables. Voilà ce que j'appelle l'influence européenne. C'est là ce que j'ai voulu défendre et faire briller dans tout son jour.

Je ne veux rien discuter de ce que notre collègue a dit relativement à la milice; j'ai peut-être été quelque peu gagné par la connaissance que j'avais des services rendus par les milices dans les anciennes colonies françaises; il se trouve au milieu du Sénat d'honorables collègues qui ont habité ces colonies, et qui pourraient en rendre témoignage. Toutes les fois que le Gouvernement a eu besoin des colons aux Antilles, à l'île de France, à la Réunion, ils se sont levés, ils ont marché, ils ont vaillamment combattu. Eh bien, j'affirme que si, dans quelques années, les colons d'Algérie se trouvaient réellement menacés, et qu'on leur demandât de défendre leur famille et leurs propriétés, quelques-uns sans doute pourraient faire ce que font certaines recrues, même en France, ils pourraient éprouver quelques hésitations; mais, une fois sous les drapeaux, ils serviraient bien, et, soyez en sûrs, ils se battraient avec courage. Le sang français qui coulent dans leurs veines ne se démentirait jamais.

Relativement aux observations que j'ai présentées sur le fanatisme musulman, je les crois fondées. Vous trouvez tout naturel qu'il existe une intolérance musulmane : moi aussi je le trouve assez naturel, ou du moins très-explicable; mais c'est précisément pour cela qu'il faut se méfier et se tenir en garde, et prendre des mesures dictées à la fois par la prévoyance et la sagesse.

Ici je ne crois pas qu'en cela mon honorable collègue puisse différer d'avec moi; remarquez donc ce qui s'est passé dans l'Inde il y a cinq ans. Les Anglais étaient possesseurs du pays depuis cent ans, et en un moment il s'est opéré la levée de boucliers la plus formidable : les Européens, disséminés, ont été massacrés, et ceux des régiments assassinés à la tête de leurs cipayes, et cela s'est produit au bout d'un siècle d'occupation. Je ne veux pas dire qu'il faille avoir aucun mauvais sentiment contre les Arabes, ni contre les autres indigènes, mais on doit reconnaître qu'il faudra encore longtemps surveiller leurs menées secrètes et leurs sentiments cachés.

J'ai dû présenter ces observations, parce que je ne voulais pas qu'on crût que je me suis laissé dominer par un esprit de système. Non; j'ai consulté les faits, j'ai cité des résultats commerciaux qui ne pouvaient pas être démentis, je les ai puisés dans le tableau des douanes que publie, chaque année, le ministère des finances, et vous savez avec quelle conscience il est rédigé! Je n'ai voulu rien exagérer, mais aussi rien atténuer. Les progrès que j'ai signalés sont évidents, et personne n'oserait en nier la grandeur. On peut chercher à les atténuer quelque peu, mais mon espoir c'est qu'ils continueront de croître encore bien au delà du terme que j'ai constaté, si l'on continue d'encourager la colonisation et qu'on ne la regarde pas comme une superfétation. Il importe beaucoup qu'on lui rende justice, et la France sentira l'avantage énorme qu'il y a de la favoriser en restant juste avec elle.

A l'égard des cultures, les produits améliorés ont dû leur amélioration précisément aux conseils, aux enseignements, aux procédés pratiqués par les colons; ils ont prêché d'exemple, et leurs succès ont été signalés, récompensés, même par l'étranger.

Il n'y a que les Européens qui puissent rendre de semblables services : ce sont eux qui donneront les produits perfectionnés ; ils ont déjà commencé à le faire, car à la dernière exposition on n'a pas seulement applaudi à la quantité des produits, on a applaudi, pour le plus grand nombre, à une qualité remarquable, et les colons se sont fait remarquer pour la qualité de leurs produits.

Je demande pardon d'avoir présenté ces explications. Je ne vois pas d'objections, quant au fond des choses, à prononcer le renvoi contre lequel le Gouvernement ne fait pas de difficultés.

M. le Président. Personne ne demandant plus la parole, je mets aux voix les conclusions de la commission. Elles tendent au renvoi des pétitions au ministre d'État et au Ministre de la guerre, en ce qui concerne la demande d'un sénatus-consulte organique.

(Le double renvoi est prononcé.)

RAPPORT

SUR

LE SÉNATUS-CONSULTE RELATIF A L'ALGÉRIE.

SÉANCE DU 8 AVRIL 1863.

M. le Président. L'ordre du jour appelle le rapport sur le projet de sénatus-consulte relatif à la constitution de la propriété en Algérie, dans les territoires occupés par les Arabes.

La parole est à M. le comte de Casabianca, (Mouvement d'attention.)

M. le comte de Casabianca, *rapporteur.* Messieurs les Sénateurs, le projet de sénatus-consulte dont vous nous avez confié l'examen, a pour but de constituer d'une manière définitive la propriété indigène dans les territoires de l'Algérie occupés par les Arabes.

Ce projet soulève des questions d'une haute gravité qu'il était de notre devoir de soumettre à une discussion approfondie. Aussi, non-seulement nous avons eu plusieurs conférences avec les commissaires du Gouvernement, mais encore nous avons entendu les colons français de l'Algérie, par l'organe de leurs principaux délégués, ainsi que des officiers supérieurs que le ministre de la guerre nous a désignés comme s'étant livrés sur les lieux, pendant un grand nombre d'années, à l'étude spéciale des coutumes et de l'organisation des tribus arabes.

Nous venons vous rendre compte des résultats de nos investigations.

Les dispositions du projet de sénatus-consulte ne peuvent être appréciées sans quelques notions générales sur la situation géographique de l'Algérie, sur les éléments divers de sa population, l'état actuel de la propriété indigène et l'administration intérieure des tribus.

L'Algérie se divise en deux parties :

Le Tell au nord,

Le Sahara au sud.

Sa superficie, qui égale à peu près celle de la France, est d'environ 54 millions d'hectares.

Sa population se compose de 3 millions d'indigènes et de 200,000 Européens.

Le Tell commence au littoral de la Méditerranée, et s'étend des frontières de Tunis à celles du Maroc jusqu'au Sahara. Il embrasse la Kabylie dans ces vastes limites.

Il est habité par les 200,000 colons européens, dont 120,000 Français: par 700,000 Kabyles et 1,500,000 Arabes, divisés en 1,200 tribus qui se fractionnent en 10,000 douars.

Sa contenance est de 14 millions d'hectares.

Les Kabyles en occupent un cinquième.

Deux millions d'hectares sont cultivés annuellement par les Arabes; 4 à 500,000 ont été concédés aux Européens; le restant consiste en landes et terres de parcours, ou fait partie du domaine public ou du domaine de l'État.

Ce dernier domaine comprend environ 2,600,000 hectares, dont 900,000 cultivables.

Le Sahara ne renferme que d'immenses pâturages, sauf quelques cultures dans des accidents de terrain, près des limites du Tell, et sauf les oasis clair-semées dans les plaines sablonneuses qui le terminent au sud.

On évalue approximativement sa superficie à 40 millions d'hectares, sa population à 800,000 Arabes, et le nombre des tribus à 200.

La propriété individuelle est constituée en Kabylie comme en France, suivant des lois qui paraissent avoir été empruntées aux Romains. Il en est de même dans les oasis. Chaque champ y est limité par des murs, des fossés ou des haies.

Le sol que les tribus arabes occupent dans le Tell se divisent en terres de parcours et en terres de culture. Les premières sont en commun; on repartit les autres en lots d'une contenance moyenne de 1 o hectares entre les familles qui possèdent des attelages de bœufs. Chaque lot est la quantité de terrain qu'un attelage laboure et ensemence dans une saison. Les familles conservent presque toujours les mêmes champs, sans avoir le droit de les aliéner si elles cessent de les cultiver, sauf les jachères. Si ces champs redeviennent en friche, le conseil du douar ou de la tribu se réunit et prononce la déchéance. Ces champs retournent alors au fonds commun, d'où l'on distrait les parts nécessaires aux familles nouvelles qui se constituent.

Ainsi la propriété ne s'acquiert et ne se continue que par le travail.

Ces règles sont exactement observées dans les tribus qui avoisinent les centres européens ou la Kabylie; mais dans l'intérieur de l'Algérie, et surtout près des frontières du Sahara, où l'on n'apprécie point encore tous les avantages de la propriété individuelle, la distribution des terrains est faite par les chefs arabes et change souvent d'année en année.

Un Arabe qui s'était fait remarquer par son courage ou par sa piété, et qui avait longtemps cultivé le même terrain, obtenait quelquefois un titre du gouvernement turc. Il pouvait alors transmettre ce terrain à ses descendants ou même en disposer au profit des tiers. C'est la propriété connue sous la dénomination de *melk,* qui a toujours été respectée.

Le projet de sénatus-consulte la confirme.

La famille reste longtemps unie, alors même qu'elle se compose de plusieurs branches. Le père exerce une autorité presque absolue; mais dès que ses facultés physiques ou intellectuelles s'affaiblissent, il est remplacé, sans distinction de primogéniture, par celui des membres de la famille qui s'est montré supérieur aux autres.

Le douar ou la réunion de plusieurs tentes est administré et commandé par le cheikh; la tribu par le caïd.

C'est le cadi qui rend la justice; ses sentences peuvent être déférées en appel à la cour impériale d'Alger. Si une communauté d'intérêts rallie entre elles plusieurs tribus, elles sont placées sous la direction d'un aga.

Tous ces chefs sont soumis à l'autorité française, qui les nomme et les révoque à son gré.

L'impôt ne frappe que les produits. Il est établi sur les troupeaux [1] par tête de bétail et sur les céréales, à raison des parts de culture que chaque famille a ensemencées pendant l'année. Il s'acquitte en une seule fois et en numéraire.

[1] L'impôt sur les troupeaux, appelé *zakat*, est actuellement de :

4 fr.	oo cent.	par chameau ;
3	oo	par bœuf ;
o	15	par mouton ;
o	20	par chèvre.

Voyez état actuel, page 445.

L'impôt sur les céréales varie suivant l'abondance de la récolte [1].

Le Gouvernement ne perçoit aucune taxe si la récolte est mauvaise.

Les rôles individuels sont préparés par les chefs des douars, et contrôlés successivement par le caïd et l'aga, qui les déposent au bureau arabe. Après que le général commandant la division, ou le préfet, suivant que le territoire est militaire ou civil, les ont rendus exécutoires, ils sont remis au receveur des contributions directes qui en opère le recouvrement. Chaque famille est avertie dans le Tell de la somme qu'elle doit payer, et peut adresser ses réclamations soit à ses chefs immédiats, soit à l'autorité française.

Dans le Sahara, les distances ne permettent pas que la perception de l'impôt soit individuelle. C'est la tribu qui le paye collectivement; mais comme la taxe porte presque exclusivement sur les troupeaux, la famille en connaît d'avance le montant proportionné au nombre des têtes de bétail qu'elle possède. Il n'y a donc point lieu à l'arbitraire.

Le sombre tableau que l'on a présenté quelquefois

---

[1] L'impôt sur les céréales, nommé *achour*, se divise en quatre catégories, selon que la récolte a été très-bonne, bonne, médiocre ou mauvaise.

Dans le premier cas, la taxe est de 75 francs, à raison de chaque part de culture.

Dans le second, de 50 francs.

Dans le troisième, de 25 francs.

Dans le quatrième, la taxe est nulle.

des exactions et des cruautés commises par les cheiks,
les caïds et les agas sur leurs malheureux administrés,
a été emprunté aux époques de guerres et de troubles,
où notre puissance n'était pas encore affermie dans
l'intérieur de l'Algérie ; mais depuis la reddition d'Abd-
el-Kader, les chefs arabes ne sont plus que les délégués de la France, sur qui retombe la responsabilité de
leurs actes. Aussi des mesures sévères ont-elles mis
fin à ces désordres. Il est fait droit à toutes les réclamations légitimes des indigènes, et la justice civile et
administrative leur est aussi impartialement rendue que
le permet l'état social d'une population éparse dans un
immense territoire et constamment armée

Telle est l'organisation de la tribu arabe. Quoique
évidemment adaptée aux coutumes et aux besoins d'un
peuple qui la conserve depuis tant de siècles, elle a le
vice inhérent à toutes les institutions musulmanes.
Elle s'oppose à tout progrès, à toute amélioration.
Elle condamne l'agriculture à une perpétuelle enfance.

Aujourd'hui, comme il y a mille ans, le laboureur
arabe effleure à peine la terre, et y jette, sur un sillon
unique et sans engrais, quelques grains qu'il abandonne jusqu'à la récolte sous la protection du prophète.
Que faut-il pour l'arracher à ce déplorable usage, à
cette chétive existence ? L'attacher au sol comme le
Kabyle, en substituant à son droit précaire de jouissance le droit de propriété, source de toute richesse
publique et privée.

Lorsqu'il sera devenu maître absolu du champ qu'il

doit féconder de ses sueurs, il ne tardera pas à échanger sa tente d'abord contre une cabane, ensuite contre une ferme, son fusil contre une bêche, sa charrue en bois contre nos instruments aratoires.

L'Assemblée législative avait posé les bases de cette transformation sociale dans sa loi du 16 juin 1851, dont les articles 10 et 11 sont ainsi conçus :

« Art. 10. La propriété est inviolable, sans distinction, entre les possesseurs indigènes et les possesseurs français ou autres.

« Art. 11. Sont reconnus, tels qu'ils existaient au moment de la conquête, ou tels qu'ils ont été maintenus, réglés ou constitués postérieurement par le Gouvernement francais, les droits de propriété et les droits de jouissance appartenant aux particuliers, aux tribus et aux fractions de tribus. »

Cette loi définissait en même temps le domaine public et le domaine de l'État. Elle ne rangeait dans ce dernier domaine que les forêts et les biens du *Beylick,* dont le gouvernement turc s'était réservé la libre disposition, en ne les concédant jamais aux indigènes qu'à titre provisoire et à charge de redevance.

Quant aux autres immeubles, l'État s'interdisait la faculté d'en opérer la distraction au détriment des possesseurs, si ce n'est pour cause d'utilité publique, par la voie de l'expropriation et moyennant une juste et préalable indemnité.

En ce qui concerne les colons, les titres qui leur

avaient été délivrés les mettaient à l'abri de toute recherche et ne les soumettaient à d'autres engagements qu'à ceux qu'ils avaient contractés eux-mêmes.

Ainsi cette grande question de la propriété semblait définitivement résolue sur toute l'étendue du territoire algérien. Malheureusement la loi de 1851 avait laissé subsister, par l'ambiguïté de son texte, des incertitudes sur les droits des tribus arabes. Elle s'était bornée à maintenir les droits dont ces tribus jouissaient antérieurement à la conquête, et comment les constater dans un pays où n'existaient ni législation précise, ni titres réguliers, sauf de rares exceptions?

De là une situation précaire qui inquiète à la fois les indigènes et les colons, et retarde indéfiniment la mise en valeur d'un sol que nul n'a la certitude de conserver.

Cet état de choses ne pouvait manquer d'appeler la haute sollicitude de l'Empereur. Sa mémorable lettre du 6 février dernier a proclamé la nécessité d'asseoir dans toute l'Algérie la propriété sur des bases immuables.

Quels que soient les droits de la France victorieuse sur les territoires occupés par les Arabes vaincus et soumis, l'Empereur a manifesté l'intention de convertir, par un acte solennel, cette possession en propriété incommutable.

Le projet de sénatus-consulte que le conseil d'État a préparé par ses ordres et qu'un décret impérial nous a transmis sanctionne cette grande détermination.

L'article 1ᵉʳ du projet du Gouvernement est ainsi conçu :

« Les tribus ou fractions de tribus sont déclarées pro-
« priétaires des territoires dont elles ont la jouissance
« permanente et traditionnelle, à quelque titre que ce
« soit. »

Plusieurs membres de la commission ont combattu cette rédaction comme établissant en faveur des tribus arabes un droit de propriété préexistant. D'après eux, la disposition de l'article 1ᵉʳ est, de la part de la France, un acte de libéralité, et il importe essentiellement de lui conserver ce caractère.

La majorité de la commisssion n'a point partagé cet avis. Si la loi du 16 juin 1851 n'a pas formellement décidé la question de propriété au profit des tribus arabes, on ne saurait contester qu'elle n'ait au moins laissé cette question douteuse. Le projet de sénatus-consulte n'a point pour but d'interpréter cette loi pour ou contre le domaine. La déclaration formulée dans l'article 1ᵉʳ n'est ni une reconnaissance des droits anté-rieurs des tribus, ni une renonciation à ceux de l'État. C'est le sénatus-consulte, qui, sans réagir sur le passé, dispose pour l'avenir, et de son autorité suprême, met un terme à un litige qui lèse l'intérêt public. Voilà ce qu'exprime l'article 1ᵉʳ.

La rédaction proposée par le Gouvernement doit donc être maintenue. Elle substitue un fait matériel et facile à vérifier (la jouissance continue) aux consta-tations légales qu'exigeait la loi du 16 juin 1851 et qu'il fallait chercher dans une législation confuse où le droit civil se confond avec le dogme religieux ; mais si les tribus arabes n'ont plus à craindre désormais de se voir troubler dans leurs possessions actuelles, c'est sous la condition expresse de ne jamais revendiquer les terrains qu'elles pouvaient posséder antérieurement et qui sont passés dans le domaine ou de l'État ou des colons européens.

Pour faire mieux ressortir l'indivisibilité de ces deux dispositions, nous avons reporté à l'article 1er l'article 6 qui confirme tous les actes, partages et distractions de territoires intervenus entre l'État et les indigènes.

Nous avons retranché de l'article 1er ces mots : *fractions de tribus*, qui ne correspondent à aucune division territoriale actuellement existante. Il n'y a en Algérie que des tribus et des douars. Les fractions de tribus constituées séparément y sont inconnues.

Le projet de sénatus-consulte ne devait d'abord concerner que les territoires du Tell ; mais, depuis, on a pensé que les limites du Tell et du Sahara n'étaient point partout nettement définies ; que cette partie méridionale de l'Algérie renfermait, indépendamment des oasis, quelques terrains cultivés où la propriété individuelle pouvait être établie comme dans le Tell ; que les tribus pastorales du Sahara avaient toutes des territoires distincts, et qu'il était utile de comprendre ces territoires dans une délimitation générale.

Ces motifs ont déterminé le Gouvernement à appliquer le projet à toutes les tribus arabes de l'Algérie.

Voici en quels termes nous avons arrêté la rédaction de l'article 1ᵉʳ :

« Les tribus de l'Algérie sont déclarées propriétaires des terrains dont elles ont la jouissance permanente et traditionnelle, à quelque titre que ce soit.

« Tous actes, partages ou *distractions de territoires* an-
« térieurement intervenus entre l'État et les indigènes,
« relativement à la propriété du sol, sont et demeurent
« confirmés. »

Cet article, ainsi modifié dans son texte primitif, a été accepté par les commissaires du Gouvernement.

L'objet principal du sénatus-consulte c'est la constitution de la propriété individuelle; mais elle ne peut avoir lieu qu'à la suite d'opération successives dont la première est la délimitation des territoires des tribus. En effet, si l'on ne commençait point par fixer les limites de ces territoires, on s'exposerait à donner aux membres d'une tribu des terrains qui appartiendraient à ceux des tribus voisines. Ces limites sont généralement marquées par des signes apparents et non contestés; néanmoins, lorsqu'il s'agira de tracer des lignes invariables, des différends pourront s'élever. Ils seront décidés administrativement, sauf les questions de propriété qui appartiendraient au domaine judiciaire.

On procédera ensuite à la distraction des biens domaniaux et des biens Melk. Aussitôt après aura lieu la répartition du territoire ainsi délimité entre les douars. Cette répartition est d'une nécessité absolue. Le douar c'est la commune; il a son administration spéciale, ses champs de culture, son fonds commun, et même quelquefois des coutumes particulières.

Le projet du Gouvernement ne renferme aucune disposition relative aux terres de parcours. Nous avons comblé cette lacune. Il nous a paru essentiel, non-seulement de rassurer les indigènes par la consécration de leurs droits sur le sol dont ils jouissent, mais encore de prévenir les appréhensions que leur inspirerait la constitution de la propriété individuelle si elle devait entraîner la suppression de la communauté des pâturages. L'Arabe tient à son troupeau plus encore qu'à son champ, et le troupeau qui vit en plein air ne subsiste que par le parcours.

Ainsi, en opérant la répartition des territoires des tribus entre les douars, on réservera les terres affectées à la dépaissance.

La propriété des terrains de culture sera ensuite divisée entre les membres des douars partout où cette mesure sera reconnue possible et opportune.

Les commissaires du Gouvernement nous ont fait observer que si la propriété individuelle pouvait être constituée sans retard dans les tribus limitrophes des centres européens et de la Kabylie, où presque chaque chaque famille avait des possessions distinctes, il n'en était point ainsi dans les autres tribus, surtout dans celles voisines du Sahara. L'indivision y est non-seulement conforme à leurs habitudes à demi nomades, mais encore à leurs préjugés religieux. Leur imposer la propriété individuelle avant qu'elles aient pu en apprécier les bienfaits par leur contact avec les colons, ce serait compromettre, par une précipitation imprudente, le succès d'une mesure dont l'exécution rencontrera de si graves obstacles. En effet, lorsqu'on réfléchit aux formalités qu'exige le partage en nature entre trois ou quatre héritiers d'une succession composée d'immeubles, on ne peut se dissimuler les difficultés de la tâche que le Gouvernement aura à remplir pour diviser équitablement de si vastes territoires entre 1,500,000 Arabes formant 3 à 400,000 familles, pour décrire et borner les parts de manière à ne pas susciter plus tard d'inextricables litiges; mais nous avons une confiance pleine et entière dans le soin religieux que le pouvoir exécutif apportera à l'accomplissement d'un grand acte solennellement proposé par l'Empereur et sanctionné par le premier corps de l'État.

Pour mieux exprimer sa pensée, la commission a ajouté au texte du projet que ces diverses opérations auront lieu dans le plus bref délai, sous la réserve que nous venons d'énoncer.

Dans la répartition entre les membres des douars, on tiendra compte des droits acquis et des usages locaux. Des titres seront remis aux copartageants.

Quoique la propriété des douars ne doive être que transitoire, il était nécessaire de prévoir le cas où, soit dans un intérêt public, soit dans l'intérêt de la colonisation, il conviendrait de traiter avec eux pour obtenir la cession d'une partie de leur territoire.

Un règlement d'administration publique déterminera les conditions et les formes de cette aliénation, ainsi que celles des diverses opérations que nous venons de mentionner.

Telle est l'économie des articles 2 et 3 du projet de loi dont la rédaction a été arrêtée, de concert avec les commissaires du Gouvernement, de la manière suivante :

ART. 2.

« Il sera procédé administrativement et dans le plus « bref délai :

« 1º A la délimitation du territoire des tribus;

« 2º A leur répartition entre les différents douars « de chaque tribu du Tell et des autres pays de cul- « ture, avec réserve des terres qui devront conserver le « caractère des biens communaux;

« 3º A l'établissement de la propriété individuelle « entre les membres de ces douars, partout où cette « mesure sera reconnue possible et opportune.

« Des décrets impériaux fixeront l'ordre et les délais « dans lesquels cette propriété individuelle devra être « constituée dans chaque douar. »

ART. 3.

« Un règlement d'administration publique détermi- « nera :

« 1° Les formes de la délimitation des territoires
« des tribus;

« 2° Les formes et les conditions de leur répartition
« entre les douars et de l'aliénation des biens appar-
« tenant aux douars; .

« 3° Les formes et les conditions sous lesquelles la
« propriété individuelle sera établie, et le mode de déli-
« vrance des titres. »

Les articles qui suivent n'apportent que de très-lé-
gères modifications à la loi de 1851.

L'article 4 maintient les rentes, redevances et prestations dues à l'État par les détenteurs des territoires
des tribus. Ces désignations générales comprennent les
impôts de toute nature perçus actuellement sur les
indigènes. Nous avons réservé au Gouvernement la faculté d'opérer dans l'assiette de ces impôts les changements qui pourraient être jugés nécessaires. Cette
réserve ne se trouvait que dans l'exposé des motifs; il
nous a paru plus régulier de l'ajouter au texte même de
l'article.

L'article 5, relatif au domaine public, au domaine
de l'État et aux biens *melk*, ne contient aucune déro-
gation à la loi du 16 juin 1851.

L'article 14 de cette loi était ainsi conçu :

« Chacun a le droit de jouir et de disposer de sa
propriété de la manière la plus absolue, en se confor-
mant à la loi. »

« Néanmoins aucun droit de propriété ou de jouissance portant sur le sol du territoire d'une tribu ne
pourra être aliéné au profit de personnes étrangères à
la tribu.

« A l'État seul est réservée la faculté d'acquérir ces
droits dans l'intérêt des services publics ou de la colonisation, et de les rendre, en tout ou en partie, susceptibles de libre transmission. »

Le projet de sénatus-consulte confirme le premier
paragraphe et abroge les deux autres.

La situation de l'Algérie en 1851 rendait nécessaire
la prohibition des achats imprudents qui pouvaient
placer quelques colons aventureux au milieu des tribus
arabes, frémissantes encore de leur récente défaite.

Ce motif n'existe plus aujourd'hui.

La libre transmission de la propriété privée donnera
un nouvel essor à la colonisation, et hâtera la fusion
des indigènes et des Européens, que la multiplicité
des rapports commerciaux et la communauté du travail
ont déjà commencée. Désormais rien ne s'opposera à
la vente des biens Melk, même au profit de personnes
étrangères à la tribu; mais nous avons cru devoir in-
terdire le trafic prématuré des droits éventuels afférents
aux Arabes sur les territoires à répartir, jusqu'à ce que
la propriété nouvelle soit régulièrement constituée par
la délivrance des titres. Ce trafic aurait fait passer entre
les mains d'avides spéculateurs ces terrains, même
avant leur partage définitif; et il faut, autant que pos-

sible, que leur possesssion reste à celui qui doit les mettre en valeur.

Le dernier article du projet se borne à maintenir les dispositions de la loi de 1851 qui n'ont pas été abrogées par les articles précédents, et spécialement celles relatives à l'expropriation forcée pour cause d'utilité publique et au séquestre.

D'après les termes de l'article 18 de cette loi, l'expropriation est autorisée pour la fondation des villes, villages ou hameaux, ou pour l'agrandissement de leur enceinte ou de leur territoire.

Ainsi, quel que soit le développement de la colonisation, le Gouvernement aura toujours le droit d'y ajouter tous les terrains dont elle pourra avoir besoin.

Si la France se montre généreuse envers les indigènes, si elles les couvre de la protection de ses lois, si elle améliore progressivement leur position morale et matérielle, elle a le droit d'être rigoureuse envers ceux qui méconnaîtraient ses bienfaits, qui renouvelleraient contre son autorité d'impuissantes attaques.

Le Gouvernement se réserve la faculté de séquestrer leurs biens et de les réunir au domaine, pour les causes et suivant les formes spécifiées dans l'ordonnance du 31 octobre 1845, que la loi de 1851 a expressément maintenue. Le projet de sénatus-consulte donne à cette mesure une consécration nouvelle.

Cette loi continue également à régler les droits des propriétaires de la Kabylie et des oasis, droits qu'elle a déclarés inviolables par son article 10.

Et maintenant que vous connaissez en détail toutes les dispositions du projet de sénatus-consulte, vous remarquerez combien étaient peu fondées les appréhensions manifestées par les colons français. Aucune de ces dispositions ne lèse ni leurs droits, ni leurs intérêts.

S'agit-il, en effet, ou de leur retirer en tout ou en partie les concessions qui leur ont été faites, ou d'affaiblir les garanties administratives et judiciaires que leur assure leur qualité de Français? L'avenir de la colonisation n'est point menacé par la constitution de la propriété dans les mains des Arabes. Les colons la sollicitent eux-mêmes avec instance et voudraient qu'elle fût immédiate. L'État ne se dessaisit point par le sénatus-consulte des terrains qui pourraient plus tard être livrés aux colons. Les 4 à 5oo,ooo hectares qui leur ont été concédés dans l'espace de plus de vingt ans ne sont pas encore entièrement défrichés. Le domaine en possède 9oo,ooo autres destinés à des concessions nouvelles, et il peut en outre, par voie d'expropriation, dans les cas prévus par la loi et moyennant une juste et préalable indemnité, opérer sur les territoires des Arabes toutes les distractions qui deviendraient nécessaires.

Ainsi, alors même que l'immigration européenne prendrait des développements inespérés, elle trouverait plus de terrains qu'elle ne pourrait en exploiter.

Que les colons se rassurent; les sympathies de leurs concitoyens, la bienveillance et la protection de l'Empereur, l'appui des grands corps de l'État ne leur feront jamais défaut. Tous nous rendons justice au courage, au dévouement qu'ils ont déployé en cimentant par le travail la conquête d'une terre arrosée du sang de nos soldats. Ils ont déjà reçu un éclatant témoignage des sentiments du Sénat dans un rapport où ont été décrit avec tant d'éloquence les obstacles qu'ils ont eus à vaincre, les succès qu'ils ont obtenus. Bien loin de nuire à leur noble et patriotique entreprise, le projet de sénatus-consulte que nous allons voter leur assurera l'indispensable concours de cette population arabe, qui, devenue propriétaire, initiée à notre agriculture, contribuera à réaliser avec eux les généreuses pensées exprimées dans la lettre de l'Empereur, et répondra à l'attente de la France.

Au moment où la commission, après avoir entendu la lecture du rapport, se disposait à procéder au vote, un membre, voulant formuler l'opinion que la minorité avait émise dans le cours de la discussion, a présenté une note conçue en ces termes :

L'opinion de la minorité se résume ainsi :

« Le projet de sénatus-consulte contient une déclaration de principe bonne et libérale : la reconnaissance de la propriété aux habitants. Mais il faut, dans son application, ne pas donner à ce principe des conséquences qui le rendraient dangereux pour notre occupation et empêcheraient tout progrès et toute civilisation en Algérie.

« La minorité croit que la reconnaissance de la propriété aux Arabes satisfait le principe, tandis que la constitution successive, mais prochaine, de la propriété individuelle, délivrée de toute entrave, sans passer par une propriété collective, répond aux objections fondées sur la puissance qui serait donnée à l'agrégation fatale de la tribu.

« Elle croit que la propriété individuelle sera le plus puissant moyen de civilisation, de fusion des deux races et de progrès.

« Elle s'associe très-franchement au principe généreux qui reconnaît la propriété de la terre aux Arabes, en constatant la grande libéralité que cet acte prouve de la part de la France. La propriété de l'État sur la plus grande partie des terres, autres que les terres *melk*, c'est-à-dire possédées individuellement dès aujourd'hui, a toujours été revendiquée par la France depuis sa conquête; toutes les administrations ont soutenu cette revendication depuis trente-deux ans : c'est donc, à son avis, un abandon fait par le Gouvernement français aux Arabes, qui n'ont qu'un droit de jouissance révocable, que l'on transforme en un droit permanent de propriété.

« Elle soutient la propriété individuelle comme un grand principe de progrès dans toute société. La propriété collective lui paraît opposée à toute civilisation; l'homme ne peut être complet que quand il est libre et peut devenir propriétaire. Ces vérités, vraies partout, le sont plus spécialement en Algérie.

« Elle considère la tribu comme une organisation

très-défectueuse, comme le cadre de toutes les insur-rections, comme un danger public.

« *Elle croit que la propriété collective, loin d'être un acheminement vers la propriété individuelle, but à atteindre, sur lequel nous sommes tous d'accord, sera un obstacle presque insurmontable.* »

« Elle croit que la propriété individuelle libre est le meilleur acheminement à une colonisation féconde, et qu'il suffit de se poser ces deux questions : « Que deviendra l'Algérie, livrée aux tribus arabes, avec la propriété collective? que deviendra-t-elle, au contraire, avec la propriété individuelle, qui, seule, peut amener une population européenne et une fusion des deux races? »

« Par la tribu, le peuple arabe est livré à l'arbitraire des chefs, à leur domination civile, et souvent religieuse, qui le rend incapable de tout progrès et de toute émancipation morale; c'est la tribu qui, depuis des siècles, maintient ce peuple dans l'ignorance et l'incurie; c'est par elle que la terre reste inculte, que les forêts disparaissent, que le bétail s'amoindrit, que l'industrie agricole est impossible, le progrès moral nul, la barbarie perpétuée; et c'est cette institution, que la minorité craint de voir renforcée par la propriété, que le sénatus-consulte abandonne à l'agglomération arabe.

« Par la propriété individuelle, les Arabes se civiliseront, se mêleront avec les Européens, la terre sera cultivée, les forêts conservées, le bétail amélioré, l'industrie prospère, en un mot, la civilisation se répandra et se propagera.

« D'un côté, elle voit le fanatisme et l'immobilité représentés par la tribu ; de l'autre, le progrès et l'activité développés par l'individu. Pour arriver au contact et à la fusion de l'Européen et de l'Arabe, elle croit que la propriété individuelle successivement organisée est indispensable.

« Quant à l'exécution et à la période nécessairement transitoire pour arriver à la propriété individuelle, elle pense qu'il faudra commencer par délimiter administrativement les tribus et les douars, pour arriver à un lotissement individuel, soit sur les principes d'une quotité par chef de famille, soit par tête de bétail, ce qui serait discuté plus tard et spécifié par un règlement d'administration publique ; que des titres de propriété devraient ainsi être délivrés à l'individu seulement ; que la propriété devrait être affranchie de toute entrave et soumise au droit commun.

« Elle ne voit pas de difficultés d'exécution : les Arabes qui ont attendu pendant plus de trente ans, avec une menace perpétuelle pour les terres dont ils jouissaient, pourront attendre pendant la période courte, mais nécessaire pour arriver à la propriété individuelle ; rassurés, par la reconnaissance de leur propriété sur la terre, on trouvera chez les Arabes même un concours empressé. Ils auront ainsi, par l'abandon que l'État fait de ses droits sur les terres qu'ils occupent, une menace de moins, et ils seront assurés d'avoir prochainement une propriété incontestée.

« Elle pense que la propriété collective, renforçant la tribu, sera un obtacle presque insurmontable quand il s'agira de la désagréger et de répartir les terres.

« Elle croit que, pour répondre aux objections tirées du système agricole des Arabes, la réserve de terrains communaux, pour l'élève du bétail surtout, est suffisante; que, tout en respectant le principe de la propriété individuelle, de vastes communaux répondront aux besoins et aux habitudes arabes.

« Enfin elle indique comme conséquence de son opinion, qui se résume par la constitution de la propriété individuelle *sans passer par la propriété collective.*

« 1° Un acte de générosité de la part de la France;

« 2° Une satisfaction et une facilité données à la colonisation;

« 3° Un bienfait pour le peuple arabe;

« 4° Un affaiblissement de la tribu;

« 5° Une garantie de sécurité;

« 6° Une augmentation d'impôts.

« Par ces motifs, la minorité a combattu les dispositions qui reconnaissent la propriété collective, même à titre transitoire. »

Après la lecture de cette note, la commission a persisté dans son opinion; elle a décidé qu'une réfutation spéciale de ce document était inutile, et que l'ensemble du rapport y répondait suffisamment. Elle a ensuite voté la rédaction de ce rapport et le texte du projet de sénatus-consulte, qui ont été adoptés à l'unanimité moins une voix.

En conséquence votre commission a l'honneur de vous proposer l'adoption du projet de sénatus-consulte dont la teneur suit :

PROJET DE SÉNATUS-CONSULTE

RELATIF

A LA CONSTITUTION DE LA PROPRIÉTÉ EN ALGÉRIE

DANS LES TERRITOIRES OCCUPÉS PAR LES ARABES.

———

ARTICLE 1er. Les tribus de l'Algérie sont déclarées propriétaires des terrains dont elles ont la jouissance permanente et traditionnelle, à quelque titre que ce soit.

Tous actes, partages ou distractions de territoires intervenus entre l'État et les indigènes, relativement à la propriété du sol, sont et demeurent confirmés.

ART. 2. Il sera procédé administrativement et dans le plus bref délai :

1° A la délimitation des territoires des tribus;

2° A leur répartition entre les différents douars de chaque tribu du Tell et des autres pays de culture, avec réserve des terres qui devront conserver le caractère de biens communaux.;

3° A l'établissement de la propriété individuelle entre les membres de ces douars, partout où cette mesure sera reconnue possible et opportune.

Des décrets impériaux fixeront l'ordre et les délais dans lesquels cette propriété individuelle devra être constituée dans chaque douar.

Art 3. Un règlement d'administration publique déterminera :

1° Les formes de la délimitation des territoires des tribus ;

2° Les formes et les conditions de leur répartition entre les douars et de l'aliénation des biens appartenant aux douars ;

3° Les formes et les conditions sous lesquelles la propriété individuelle sera établie, et le mode de délivrance des titres.

Art. 4. Les rentes, redevances et prestations dues à l'État par les détenteurs des territoires des tribus continueront à être perçues comme par le passé, jusqu'à ce qu'il en soit autrement ordonné par des décrets impériaux rendus en la forme des règlements d'administration publique.

Art. 5. Sont réservés les droits de l'État à la propriété des biens du Beylick et ceux des propriétaires des biens Melk.

Sont également réservés le domaine public, tel qu'il est défini par l'article 2 de la loi du 16 juin 1851, ainsi que le domaine de l'État, notamment en ce qui concerne les bois et forêts, conformément à l'article 4, paragraphe 4 de la même loi.

Art 6. Le second et le troisième paragraphe de l'article 14 de la loi du 16 juin 1851, sur la constitution de la propriété en Algérie sont abrogés; néanmoins, la propriété individuelle, qui sera établie au profit des membres des douars, ne pourra être aliénée que du jour où elle aura été régulièrement constituée par la délivrance des titres.

Art. 7. Il n'est pas dérogé aux autres dispositions de la loi du 16 juin 1851, notamment à celles qui concernent l'expropriation pour cause d'utilité publique et le séquestre.

M. LE PRÉSIDENT. Le rapport sera imprimé et distribué.

S'il n'y a pas d'opposition, la discussion aura lieu à la séance de samedi prochain......

(La discussion est fixée à samedi.)

SÉANCE DU SAMEDI 13 AVRIL 1863.

———

PRÉSIDENCE DE S. EXC. M. LE PREMIER PRÉSIDENT TROPLONG.

M. le baron DE LACROSSE, *sénateur secrétaire*, donne lecture d'une lettre de S. Exc. le Ministre d'État contenant l'ampliation d'un décret qui adjoint M. Mercier-Lacombe, Conseiller d'État, aux commissaires du Gouvernement déjà chargés de soutenir devant le Sénat la discussion du projet de sénatus-consulte relatif à la constitution de la propriété arabe en Algérie.

M. LE PRÉSIDENT. L'ordre du jour appelle la délibération sur le projet de sénatus-consulte relatif à la constitution de la propriété en Algérie dans les territoires occupés par les Arabes.

(LL. EExc. MM. Baroche, ministre, président du conseil d'état; Billaut, ministre sans portefeuille; MM. le général Allard, président de section; Darricau et Mercier-Lacombe, conseillers d'État, sont présents au banc de MM. les commissaires du Gouvernement.)

M. LE PRÉSIDENT. La parole est à M. Ferdinand Barrot.

M. Ferdinand BARROT. Messieurs les Sénateurs, ce que je redoute dans le sénatus-consulte soumis à vos délibérations, ce n'est pas l'esprit qu'il a réellement, mais l'esprit que certaines gens lui prêtent; et, si j'accepte avec confiance ce sénatus-consulte, je déclare que je me tiens en garde contre ses commentateurs; — c'est contre eux qu'il est utile de faire ses réserves.

Ils sont de deux sortes : Les uns sont ceux qui, ayant cru trouver le courant que pouvait suivre leur complaisance, s'y sont jetés avec toutes les maladresses et toutes les exagérations d'un zèle excessif. Ceux-là ont supposé que la pensée qui a présidé au sénatus-consulte était absolue et exclusive. — Voyant la part fort large de sympathie et de générosité faite aux indigènes, ils en ont conclu que toute considération et toute protection devaient être retirés aux Européens.

Et alors, avec cette ardeur de flatterie qui les aveugle, nous les avons entendus prodiguer les trésors de leur tendresse et de leur admiration à la race arabe, — affectant de regarder avec une sorte de dédain les hommes de notre propre race; marchandant l'appui qu'on leur doit, calomniant leurs longs et pénibles efforts, niant avec une légèreté coupable les résultats qu'ils ont chèrement conquis au profit de la civilisation.

De tels interprètes feraient de ce qui est un acte de justice et de générosité pour les uns, un acte d'injuste abandon et de mépris pour les autres!

Je vous reconnais bien, inévitables courtisans toujours prêts à gâter les bonnes œuvres, et qui, toutes les fois qu'on a le malheur de vous écouter, faites verser le pouvoir du côté où il penche.

Les autres commentateurs que je redoute, ce sont ceux qui s'effrayent mal à propos, qui sèment autour d'eux le découragement et sont prêts à crier le sauve-qui-peut. Ils ont manqué sans doute de sang-froid et de modération devant ce qu'ils ont considéré comme la menace de leurs droits et la défaite de leurs intérêts. Ceux-là sont excusables au moins, car ils ont pu se tromper aux vains bruits qui s'étaient faits avant et qui se sont faits après le sénatus-consulte.

Leur tort a été d'en chercher le sens en dehors et au delà de ses dispositions.

Pour moi, je n'ai pas douté un instant de la générosité et de l'esprit de justice qui a inspiré la pensée souveraine formulée dans le projet de sénatus-consulte. J'aurais cru la calomnier si j'avais accepté les commentaires qui en détournaient ou en obscurcissaient le sens. Je me rappelais qu'un jour solennel, sur la terre même de l'Algérie, j'ai entendu, d'une bouche qui ne laisse jamais échapper de paroles vaines et dont les discours sont des programmes, la déclaration suivante :

« Dans nos mains, la conquête ne peut être qu'une rédemption, et notre premier devoir est de nous occuper du bonheur des trois millions d'Arabes que le sort des armes a fait passer sous notre domination.

« La Providence nous a appelés à répandre sur cette terre les bienfaits de la civilisation ; or, qu'est-ce que la civilisation ? C'est de compter le bien-être pour quelque chose, la vie de l'homme pour beaucoup, son perfectionnement moral pour le plus grand bien. Ainsi, élever les Arabes à la dignité d'hommes libres, répandre sur eux l'instruction, tout en respectant leur religion, améliorer leur existence en faisant sortir de cette terre tous les trésors que la Providence y a enfouis et qu'un mauvais gouvernement laisserait stériles, telle est notre mission : nous n'y faillirons pas.

« Quant à ces hardis colons qui sont venus implanter en Algérie le drapeau de la France et, avec lui, tous les arts d'un peuple civilisé, ai-je besoin de dire que

la protection de la métropole ne leur manquera jamais? Les institutions que je leur ai données leur
font déjà retrouver ici leur patrie tout entière, et, en
persévérant dans cette voie, nous devons espérer que
leur exemple sera suivi et que de nouvelles populations viendront se fixer sur ce sol à jamais français. »

C'est en m'abritant sous ces paroles que je me sens
rassuré contre les passions, les erreurs ou les défail-
lances.

Le but de l'acte important que nous allons consacrer
par nos votes est, avant tout, de définir et de concilier
les droits des sujets de la France, à quelque race qu'ils
appartiennent, de faire à chacun sa part de justice et
de protection, de réunir et de solidariser des éléments
aujourd'hui épars confusément sur le sol de la conquête, et enfin de constituer notre royaume arabe sous
une nationalité exclusivement française.

C'est bien là l'esprit du sénatus-consulte, et lui en
supposer un autre ce serait renier la mission provi-
dentielle que, depuis un tiers de siècle, la France poursuit persévéramment et qu'elle ne songera jamais à
déserter.

Messieurs, de la présentation seule du sénatus-consulte résulte un grand bien dont l'Algérie doit tenir
compte et dont elle doit se réjouir.

Ce qui a toujours manqué aux questions algériennes,
ce sont les solutions; ce qui a manqué aux intérêts
algériens, c'est d'avoir pu trop rarement se produire
directement et, pour ainsi dire, constitutionnellement

dans les délibérations des grands corps de l'État.

Eh bien, aujourd'hui, les solutions viendront, tenons-le pour certain, car nous voyons engagés dans ces questions le génie, la volonté et la puissance de l'Empereur, et déjà, sous cette impulsion décisive, voici que le Sénat est appelé à commencer l'œuvre de la constitution algérienne, promise et attendue depuis tant d'années.

D'un autre côté, l'opinion publique elle-même s'est émue; la question algérienne s'est posée dans la polémique quotidienne avec un caractère éminemment national. — Les avis se font jour dans des sens très-divers et souvent très-contradictoires; mais dans cette libre discussion, à côté d'erreurs ou de propositions insensées, se produiront de sages et salutaires opinions; la lumière se fera par l'étude; et de la conscience publique jaillira la vérité.

Messieurs, je suis tout disposé à accepter le sénatus-consulte comme un meilleur règlement de l'état précaire où on tenait le droit de propriété pour les indigènes.

La loi de 1851 avait entrepris d'établir les véritables fondements de ce droit; mais, depuis douze ans qu'elle est promulguée, il semble que toutes les tentatives faites pour en poursuivre l'application aient été frappées d'impuissance. Cela tient à ce que le principe du droit de propriété n'y est pas posé dans des termes absolus; qu'on y distingue entre les diverses nuances qui séparent la propriété incommutable et la possession à titre de jouissance, entre la propriété ou la jouissance individuelle et la propriété et la jouissance collective de la tribu.

Je ne voudrais que l'article 11 de la loi de 1851 pour tenir en haleine, pendant tout un siècle, la dialectique et l'esprit d'interprétation des juristes.

« Art. 11. Sont reconnus, tels qu'ils existaient au moment de la conquête, ou tels qu'ils ont été maintenus, réglés ou constitués postérieurement par le Gouvernement français, les droits de propriété et les droits de jouissance appartenant aux particuliers, aux tribus et aux fractions de tribus. »

Sont reconnus les droits de propriété et de jouissance, tels qu'ils existaient au momen de la conquête.... Sur ces cinq ou six mots on a écrit des volumes. On aurait pu en écrire cent fois plus, sans trouver la solution juridique de la question.

C'est qu'en effet ce n'était point par les principes de notre droit qu'on devait la résoudre, c'était par le droit musulman.

Quel était le droit de propriété et de jouissance avant la conquête? Ne craignez pas, messieurs, que j'entreprenne de vous l'expliquer. Il y a douze ans qu'on passe son temps à discuter cette question sur les brouillards du Coran. Il faut le reconnaître, le Coran est une loi complaisante pour ceux qui la consultent. Elle est de bonne volonté pour tous. C'est un miroir fidèle qui reflète toujours l'image de celui qui s'y regarde.

La solution juridique était, en dernière analyse, impossible. Les jurisconsultes l'ont vainement cherchée. Le Conseil d'État lui-même, ce sénat de jurisconsultes éminents, s'y est repris à plusieurs fois sans pouvoir trouver la formule exacte d'un droit certain.

C'est en présence de cette difficulté, je dis mieux, de cette impossibilité, que des hommes, plus politiques que juristes, cherchèrent, dans la reconstitution de la propriété en Algérie, un moyen de transaction.

Sur cette idée première, de nombreux systèmes se produisirent.

Les uns, prenant exemple sur les colonies fondées à diverses époques, poussaient jusqu'à l'extrême les pratiques admises sur divers points du globe par les Hollandais, les Anglais ou les Américains. Selon eux, la terre conquise appartenait au conquérant. Il était dangereux, pour le maintien de la conquête, de garder sur le territoire des habitants dont les tendances, dont les passions, dont le devoir religieux les portaient incessamment à la révolte. Il était, d'un autre côté, insensé d'espérer voir jamais se fondre entre elles des races hostiles, de mœurs contradictoires, et s'assimiler dans un patriotisme commun les vaincus et les vainqueurs. Ceux-ci, au nom de la civilisation qu'ils représentent, du droit de conquête pratiqué dans tous les temps, devaient s'emparer du pays tout entier, en chasser la barbarie et ouvrir un champ vaste et libre à la civilisation du monde. Ce système, radical dans ses prémices, avait pour conséquences logiques tous les crimes du droit du plus fort et ces inévitables monstruosités qu'on retrouve dans l'histoire de presque toutes les fondations d'État.

On arrivait alors à prononcer deux mots très-politiques peut-être, mais exécrables, les mots d'extermination ou de refoulement qui, en somme, sont solidaires et vont inflexiblement au même but.

Ces deux mots ne pouvaient faire fortune dans la France généreuse et chrétienne du XIXe siècle.

Mais loin, bien loin de ce système odieux, s'était produit un système se fondant sur la justice, tenant compte des nécessités sociales, plein d'esprit de conciliation, visant au partage équitable et utile d'une contrée que la France avait la tâche de civiliser et de féconder. C'est ce qu'on a appelé d'un nom peut-être mal choisi, mais en tout cas mal compris; je veux parler du *cantonnement.*

J'ai le désir de ne pas abuser de l'attention du Sénat et de ne pas le fatiguer par les détails d'une discussion juridique fort complexe.

Le rapport si clair de votre commission vous a fait connaître l'état bien vague du droit régissant la possession de la terre arabe.

Ce droit comprenait la propriété pleine et incommutable, presque toujours individuelle, et qu'on appelle *melk,* et, à côté, une jouissance presque toujours collective, d'un caractère précaire en principe, mais ayant, en fait, la plupart du temps, une durée longue et presque traditionnelle. Les terres ainsi possédées s'appellent *arch*.

Les terres *arch*, personne ne saurait le contester, restaient sous le libre arbitre des dominateurs qui nous ont précédés en Algérie. Elles ne se confondaient pas, à vrai dire, avec le domaine de l'État, qui est toujours resté distinct; elles constituaient une sorte de domaine politique sur lequel se mouvaient les combinaisons administratives ou gouvernementales du souverain.

En présence d'une légalité dont je vous donne les termes généraux, mais qui se compliquait de droits, de traditions, d'usages variant selon les localités, la position des Arabes était nécessairement misérable. Sous la domination turque ils avaient une propriété mal définie et toujours menacée; sous notre domination, cette propriété restait tout au moins mal définie et mal assise. — On voulait donner à ces populations le sentiment du droit de propriété et la sécurité dans la possession, les meilleures sources de l'ordre et de la paix.

Tel était le but qu'on se proposait par le cantonnement.

Et alors on disait aux Arabes : Vos propriétés *melk* sont incontestables; vous les garderez, quelle qu'en soit l'étendue; elles vous sont à tout jamais garanties, et elles jouiront d'une protection égale à celle qui couvre toute propriété abritée sous nos propres lois,

Quant à la propriété *arch*, dont vous n'avez qu'une

possession collective et précaire, si précaire que, depuis des siècles, vous ne la cultivez qu'avec défiance, nous allons la consolider dans vos mains à titre de propriété incommutable et individuelle.

Quels sont les besoins de vos familles? Nous tiendrons compte de votre inexpérience, de vos habitudes agricoles et pastorales. Nous compterons largement. Il vous faut 20, 25 hectares par famille, nous vous les donnerons; en voici les titres.

Vos douars doivent avoir des communaux pour les parcours dans la mauvaise saison; le domaine arch est assez grand pour les fournir. Ainsi étaient solidement constituées, sur cette terre jusque-là mouvante, la propriété individuelle et la propriété communale.

Ce qui était précédemment propriété ne perdait rien de son caractère; ce qui était jouissance devenait propriété de plein domaine.

Dans cette nouvelle condition, la famille arabe prenaît possession d'un territoire qui, à mesure que ses habitudes de travail se seraient améliorées, devait progresser en produits et prendre une valeur vénale plus élevée.

On a appelé cette grande et libérale mesure du nom de spoliation.

C'était au contraire la régénération, la vivification légale de la propriété.

L'œuvre était juste autant qu'humaine.

Les restants de ce partage rentraient à la disposition de l'État, qui vendait les terres ou les concédait, soit à des indigènes, soit à des Européens.

Par là s'opérait le mélange des propriétés, et, par suite, le mélange des mœurs et des habitudes agricoles; les nécessités du voisinage, cet enseignement mutuel de la civilisation, se produisaient; les races rapprochées, se connaissant mieux, perdaient leurs préventions réciproques et s'apaisaient dans une commune condition.

A un certain moment, il y a quelques mois à peine, tout le monde comprenait ainsi la portée et l'économie du cantonnement. On avait déjà procédé à sa réalisation avec prudence et ménagement, sans y appliquer cet esprit de système dont la brutale logique a compromis bien souvent les meilleures mesures essayées au sein de cette population, si diverse, si impressionnable, craintive à l'excès.

Déjà seize tribus, les plus voisines de nos centres de population, avaient non pas subi, mais consenti volontiers le cantonnement.

Je voudrais que le Sénat pût connaître comment cette mesure a été, à diverses époques, appréciée.

Je ne citerai devant lui que les autorités les plus hautes et les plus compétentes.

Dans une circulaire de M. le Maréchal duc d'Isly, Gouverneur général de l'Algérie, en date du 10 avril 1847, nous lisons :

« Je crois vous avoir dit plusieurs fois que ma doctrine politique vis-à-vis des Arabes était, non pas de les refouler, mais de les mêler à notre colonisation; non pas de les déposséder de toutes leurs terres pour les porter ailleurs, mais de les resserrer sur le territoire qu'ils possèdent et dont ils jouissent depuis longtemps lorsque ce territoire est disproportionné avec la population de la tribu.

« Je considère la longue possession comme équivalente aux titres écrits et devant donner lieu aux mêmes ménagements, avec cette différence, cependant, que lorsque les circonstances permettent de resserrer une tribu qui n'a d'autres titres qu'une longue jouissance, on peut se dispenser de lui donner des indemnités pour ce territoire qu'on lui prend. »

Dans un rapport fort remarquable, fait à l'Empereur par M. le Maréchal Vaillant, alors Ministre de la guerre, on lit ce passage :

« La propriété dans les tribus n'est pas encore régulièrement constituée. L'Arabe occupe un sol dont la possession ne lui est pas garantie, et, en face des progrés de la colonisation, il n'est pas exempt d'inquiétudes. Il comprend que l'installation de la population européenne exigera de vastes espaces, et qu'il faudra qu'il se resserre pour lui faire place. Il redoute d'autant plus cette éventualité que, chaque jour, en augmentant ses labours, il s'attache davantage au sol qui l'enrichit.

« La solution de ces difficultés est dans le cantonnement des tribus. Cette grande mesure, préparée par de sages dispositions, exécutée progressivement et avec justice, s'opérera sans danger par suite de l'influence

toujours croissante que nous exerçons sur les indigènes.
Elle donnera donc à la colonisation les terres qui commencent à lui manquer, et dissipera les appréhensions des indigènes, surexcitées par des rumeurs de toutes sortes.

« Le cantonnement a pour objet de fixer d'une manière définitive les surfaces du sol qui sont indispensables aux Arabes pour y vivre, en tenant compte de leurs moyens actuels de culture et de leurs habitudes agricoles. »

Il semblerait que tous les hommes qui ont le plus sincèrement étudié cette question se fussent donné le mot pour exprimer nettement, clairement leur opinion sur ce grave sujet.

Tout le monde rend hommage à l'éminent esprit gouvernemental de M. le Maréchal Randon, qui a fourni sa glorieuse carrière en Algérie et qui y a laissé l'ineffaçable souvenir d'un remarquable homme de guerre et d'un excellent administrateur.

Je lui demande la permission de citer son opinion émise dans une circulaire en date du 20 mai 1858.

« Cette question du cantonnement des indigènes a pourtant une importance immense, et l'on peut dire qu'elle domine l'œuvre entière de la colonisation. Elle doit avoir, en effet, pour résultat principal de nous fournir des ressources territoriales suffisantes pour que la colonisation européenne puisse progresser rationnellement et équitablement; elle aura de plus ce grand avantage, en posant des limites à l'expension de l'élément colonial, de calmer les justes appréhensions qui agitent trop souvent les populations indigènes.

« Je désire donc que cette question du cantonnement, qui est pour tous d'une si impérieuse nécessité, sorte enfin de la spéculation pour entrer dans l'ordre dés faits. »

Enfin, en 1861, dans un discours prononcé devant le conseil supérieur de l'Algérie, voici comment s'exprimait, sur la question qui nous occupe, le Gouverneur général duc de Malakoff :

Observations présentées par M. le Maréchal duc de Malakoff au Conseil supérieur du gouvernement, le 7 octobre 1861.

« La plupart des discussions qui ont lieu sur le cantonnement des tribus me paraissent reposer sur des malentendus. On prête aux indigènes des droits, et une nationalité auxquels ils n'ont jamais songé. Aujourd'hui même, les tribus sont étrangères aux doctrines qui ont cours sur la propriété du sol affecté à leurs labours et au pacage de leurs troupeaux.

Sous le gouvernement turc, les tribus algériennes étaient à la merci du dey, qui les plaçait et déplaçait au gré de sa politique, ou d'après les nécessités du commandement et de la police du pays. Des garanties ? il n'y en avait pas plus pour les biens que pour les personnes ; à ce régime, le seul que les tribus puissent invoquer dans le passé, si loin que remonte leur histoire, le gouvernement français veut faire succéder un état de choses stable et régulier : le projet de décret n'a pas d'autre but.

« La nationalité des Arabes n'existait pas plus que les droits collectifs de propriété, qu'on leur attribue avec des définitions puisées dans des codes et dans des jurisprudences qui n'ont pas été faits pour eux et qu'ils ne connaissent pas......

« .... Enfin, on ne réfléchit pas assez que ce n'est jamais à l'aide des procédés ordinaires que l'on pose les assises premières d'une société. L'histoire de tous les peuples est là pour l'attester.

« Au lieu de s'appesantir et de discuter sur des nuances de formes, il faut dire : — L'Algérie renferme près de 20 millions d'hectares. Elle n'a que 3 millions d'habitants. La propriété y est généralement sans valeur, frappée d'immobilité, de mainmorte. D'immenses parties du territoire sont incultes, couvertes de bois et de broussailles, composées de terres vagues qui, à toutes les époques et dans toutes les législations, ont été considérées comme vacantes et sans maîtres. La population souffre de cette situation digne des temps barbares qui lui ont donné naissance, et dont elle perpétue la durée : nous lui devons un meilleur sort.

« Il faut dire encore : tout nous commande de fixer en Algérie une population européenne nombreuse et forte, d'abord pour transformer le sol, ensuite pour le conserver. L'effectif de l'armée ne pourra pas toujours être maintenu à son chiffre actuel. Il faut prévoir le jour où il aura diminué, et mettre, dès lors, nos établissements en état de se défendre eux-mêmes, aussi bien contre des attaques extérieures que contre des soulèvements intérieurs. Pour cela, il n'est pas indifférent que la population européenne soit placée au hasard : il faut qu'elle occupe les points stratégiques, les grandes voies de communication, et qu'elle s'y développe avec sécurité et liberté.

« Et comme il peut y avoir place pour tout le monde, sans sacrifier absolument aucun intérêt à un autre, il faut, de toutes les exigences qui se produisent, faire une cote mal taillée : donner, en père de famille, la terre à celui qui est à même d'en tirer parti; en assurer la propriété incontestable à celui qui a su la mettre en valeur; à défaut, offrir de justes compensations; faire entrevoir à chacun les moyens d'améliorer sa situation, en se défiant, toutefois, des velléités cupides qui s'agitent autour de l'administration. Enfin il importe d'atteindre ces résultats par les moyens les plus simples, les plus expéditifs et les plus économiques; ceux-là seront toujours les plus justes. »

Les choses en étaient à ce point, lorsqu'une grande pensée éclata au milieu de l'opinion publique, un peu surprise d'abord, mais bientôt entraînée.

Cette pensée prenait sa source aux plus hautes inspirations de la justice et de la générosité.

Le cantonnement ne laissait-il pas dans l'esprit quelque doute? ne donnait-il pas lieu à des plaintes? Aux yeux d'un grand nombre ne pouvait-il pas ressembler au refoulement? Ces terres possédées depuis des siècles par les mêmes habitants, par le fait des jouissances presque patrimoniales, fallait-il donc en chasser les habitants, leur dire d'aller plus loin dresser leurs tentes, laissant derrière eux les ossements de leurs pères?

Ne vaut-il pas mieux, n'est-il pas plus humain et partant plus politique de ne pas marchander avec ces populations misérables? Donnons-leur sans réserve les terres qu'elles occupent, nous y aurons semé la reconnaissance pour nos bienfaits.

Toutes les fois qu'on tente la magnanimité de la France, on peut être assuré qu'elle cédera à la tentation. Elle y a cédé cette fois encore. Après tout, cela ne lui a jamais porté malheur.

Tout en regrettant l'idée du cantonnement, je me laisse entraîner, un peu malgré moi, vers la pensée souveraine devant laquelle de plus forts et de plus autorisés se sont courbés.

Le premier avantage du sénatus-consulte est d'apporter une solution à cette question de la propriété arabe, posée depuis si longtemps et jamais résolue. C'est par là que devait commencer la colonisation.

La propriété certaine aux mains des Arabes, définie en droit comme en fait, c'est évidemment la fixité et la sûreté de la propriété européenne. Toutes les parties du territoire, quelle que soit l'origine de la propriété, qu'elle soit européenne ou arabe, se relieront désormais sous la solidarité d'un même droit.

J'avoue qu'en y réfléchissant je ne me préoccupe pas trop des termes un peu absolus de l'article 1er du

sénatus-consulte : « Les tribus sont déclarées propriétaires... »

On craint qu'il n'y ait là une déclaration du droit
qui pourrait être interprétée dans un sens rétroactif.
On aurait voulu qu'elle exprimât plus clairement l'idée
de la généreuse concession faite aux Arabes.

Il n'y a pas, à mon avis, deux interprétations possi-
bles, et l'article 1er veut bien dire : Vous étiez possesseurs, à titre de jouissance, de certaines terres; à
partir de la promulgation du sénatus-consulte, je vous
en fais propriétaires. Les Arabes sont les premiers à
le bien comprendre; et, quant à nous, je n'imagine pas
que nous nous y trompions jamais.

Oui, certes, la pensée généreuse est évidente et la
générosité est immense!

Nous relevons cette race abâtardie dans la misère
en l'appelant à la propriété, ce qui veut dire le travail,
la prévoyance, la liberté, la dignité humaine, la richesse, le sentiment de son droit, le respect des droits
d'autrui ; ce qui veut dire, en un mot, la civilisation.

Une appréhension s'était fait jour dans l'opinion;
elle a été nettement exprimée au sein de la commission; en constituant la tribu propriétaire du territoire
qu'elle occupe, on consolide, dit-on, la féodalité arabe,
cet élément de force, d'action et de révolte qui a soulevé si souvent la guerre contre nous.

Assurément, si la tribu devait rester propriétaire à
titre indivisible, cette féodalité, d'une assiette assez
vague aujourd'hui, tendrait à se constituer et à se for-

tifier. — La tribu a ses grands seigneurs, puissants par leur fortune, ayant en eux le prestige de la noblesse de famille ou de caste, exerçant une influence décisive sur leurs concitoyens. — Que la tribu soit maintenue en un seul corps sous l'indivision du territoire... il y aura une âme qui animera ce corps, une intelligence qui le dirigera... Cette âme et cette intelligence, c'est le chef réel de la tribu. Vous pourrez nommer des aghas ou des bachagas, le grand seigneur de race sera toujours l'inspirateur de la tribu.

Aussi je réclame l'exécution la plus prompte, immédiate, si c'est possible, de l'article 2 du sénatus-consulte, § 1, § 2 : (Signe d'assentiment de M. le Ministre président du Conseil d'État.)

« Il sera procédé administrativement et dans le plus « bref délai : 1° à la délimitation des territoires des tribus; « 2° à leur répartition entre les différents douars de « chaque tribu du Tell et autres pays de culture, avec « réserve des terres qui devront conserver le caractère « de biens communaux. »

Le rapport de la commission ne laisse aucun doute sur la nécessité de procéder avec prudence, sans doute, mais avec une énergique promptitude, à ces deux opérations fondamentales.

Le jour où le territoire de la tribu sera divisé en douars, si je comprends bien le sénatus-consulte, la tribu n'existera plus.

Je suppose qu'on fera alors ce qui s'est fait en France par la loi du 22 décembre 1789 qui a voulu effacer jusqu'à la trace des provinces sous les divisions nouvelles des départements, brisant ainsi le faisceau séculaire des traditions et des affinités qui constituaient la province, et qui auraient pu être un obstacle à la réalisation de l'unité politique de la France.

Lorsque les douars seront constitués, on se gardera bien, je le suppose, de les faire entrer dans les cadres, d'ailleurs mal tracés, des tribus. La même circonscription administrative ou militaire comprendra les douars divers de diverses tribus ; plusieurs tribus pourront s'y rencontrer sous une même direction, ou bien encore la même tribu se diviser entre plusieurs circonscriptions voisines. C'est par là que le fantôme de féodalité dont parle l'exposé des motifs se dissipera. C'est par là que se fondera l'unité de votre pouvoir, et que se constituera, sous l'influence et au profit de la France, une nationalité qui n'a jamais existé au milieu de ces races vagabondes.

Ce jour-là vous aurez fait faire un pas immense à la colonisation algérienne, et vous aurez véritablement jeté les fondations d'un royaume arabe, frère fidèle et dévoué de l'Empire français.

Mais attendez-vous à une chose, c'est à la résistance sourde et passive des chefs dont je vous parlais. Vous verrez quels obstacles ils vous susciteront pour la délimitation des territoires, et surtout que d'empêchements vous rencontrerez pour la répartition entre les douars.... Ils avaient espéré, ils espèrent toujours que votre reconnaissance de la tribu propriétaire profitera longtemps encore à eux seuls.

Ils ont été les avocats du système nouveau, espérant que l'action s'arrêterait en route, et que la tribu, conservée dans son ancienne condition territoriale et administrative, n'en serait que plus riche et plus puissante.

La propriété individuelle, j'en suis convaincu, se constituera plus facilement dans le domaine du douar. Elle se fera presque d'elle-même : ce sera un cantonnement sans réserves et sans reprises, plus généreux que l'autre,

Après cela, que Dieu vous aide dans l'accomplissement de votre œuvre !

Je souhaite que vous trouviez des sujets reconnaissants et fidèles dans les hommes comblés de vos bienfaits. Je souhaite que votre sollicitude pour eux éteigne la haine sainte que leur commande leur religion et que leur soufflent leurs prédicateurs.

Le rapport de M. le comte de Casabianca a prévu tous les cas. A côté du mot de générosité, se place le mot châtiment….. Il en devra être ainsi. Que la France se montre une mère juste et bonne pour les enfants de son adoption, mais qu'ils la sachent toujours forte et vigilante.

Je ne partage pas entièrement les espérances de ceux qui croient à une prochaine transformation des mœurs arabes, et qu'il soit facile de les amener dans les pratiques même élémentaires de notre civilisation.

La tâche sera ardue, longue, semée de mécomptes et de découragements.

Mais si, Dieu aidant, vous l'accomplissez, vous aurez fait la plus miraculeuse conquête de l'humanité.

Tout se trouve pour ainsi dire accompli chez une population qu'on commence à connaître et à apprécier, les restes, dit-on, des races romaines ou aborigènes, et qui semblent avoir conservé les traces d'une ancienne civilisation. La propriété est, chez eux, individuelle, limitée et assurée par des titres réguliers, protégée par un droit incontestable. Là des villages nombreux régis par une sorte de droit municipal. Là le travail assidu de la terre; là une industrie au moins élémentaire. Les Kabyles rappellent nos montagnards de l'Auvergne ou des Cévennes, amoureux de leurs montagnes, durs à la fatigue, économes et prévoyants, vivant chez eux et n'en sortant que pour aller gagner les salaires qu'ils rapportent fidèlement à la famille.

La terre y est prise et occupée tout entière. Il y a là des sujets qui grandiront sous notre influence, qui se formeront à nos exemples, qui s'assimileront les procédés de notre industrie et de notre agriculture, et qui dans un temps prochain marcheront à côté de nous d'un pas égal.

Soyez bons et justes pour eux, ils seront loyaux et fidèles pour vous.

Mais hors de ces montagnes et jusqu'au delà des confins du Tell, il y a une race qui n'est ni la race maure, ni la race berbère. Elle ne s'est jamais confondue avec aucune autre. Née dans les déserts de l'Arabie d'Asie, partout où elle s'est portée elle a fait le désert autour d'elle. C'est elle qui, en dehors des villes où tenaient encore les anciennes races, a effacé sous ses pas les derniers vestiges de la civilisation romaine. Il y a six mille ans que cette race fuit devant la civilisation; elle est restée ce qu'elle était au temps antiques de la Bible, immobile dans ses coutumes, endormie dans sa barbarie.

Vouloir faire un peuple avec cet élément isolé et réfractaire, c'est comme si on entreprenait de bâtir un édifice avec le sable de leur Sahara ; le sable fuirait sous la main.

Dans l'exécution réservée par le sénatus-consulte aux décrets impériaux et aux règlements administratifs, il importe de tenir grand compte de cette condition sociale de la race arabe.

Il faudra tendre avec persévérance, et par tous les moyens que la justice et l'humanité pourront permettre, à mêler cette race aux éléments de force et de vie qui sont dans nos races européennes.

Vivant au milieu de nous, à côté de nous, les Arabes finiront par prendre quelques-unes de nos habitudes; ils se plieront aux nécessités d'une société fondée sur l'ordre et le travail.

Déjà notre voisinage les entraîne et triomphe de leurs préventions invétérées ; on compte environ 16,000 Arabes employés dans nos travaux d'industrie ou d'exploitations agricoles, mais un grand nombre de ces travailleurs vient de la Kabylie.

On appelle les Arabes un peuple agricole et pastoral; c'est une illusion. La culture chez eux est restée à l'état le plus primitif. Leurs instruments, peu nombreux, sont ceux du temps d'Abraham. Ils donnent à la terre un travail insouciant, mais, en bonne mère, la terre leur rend au delà de leur peine et au delà de leurs besoins. Voyez le laboureur arabe: il arrive sur le champ qu'il veut ensemencer, il y jette son grain sur le chaume des récoltes précédentes et sur les herbes desséchées par l'été, puis il y fait passer et repasser son araire, la détournant à la moindre pierre, respectant le plus mince buisson; puis il attend le moment de la récolte que Dieu soignera jusque-là.

J'ai entendu vanter cette culture et prétendre qu'elle était la seule qui eût des produits certains; erreur profonde. La culture intelligente de nos Européens obtient d'excellents résultats. Si l'Arabe retire de sa terre 5 ou 6 p. o/o, l'Européen en tire 18 ou 20, et dans certaines localités 25 ou 30. Sa dépense est peut être double, mais sa récolte est quadruple.

L'Arabe n'est pas même pasteur. (Réclamations.)

Un sénateur. Cela s'explique parce qu'il n'est pas propriétaire.

M. Ferdinand BARROT. Il est propriétaire au moins en partie; mais sur la partie dont il est propriétaire, il cultive dans les conditions que je viens d'expliquer.

Il a trouvé dans les régions septentrionales de l'A-
frique les plus belles races du monde, et on en retrouve
encore aujourd'hui quelques types perdus au milieu
de leurs troupeaux. Dans leurs mains ces races se sont
abâtardies successivement, et elles sont aujourd'hui
dans un état de dégénérescence honteuse. L'honorable
général Charon vous disait à votre dernière séance que
la plus grande partie du bétail vendu en Algérie ou
exporté en France appartenait aux Arabes. Leur part,
dans cette exportation, est du dixième seulement pour
la race bovine, du tiers pour la race ovîne. Le reste
a été élevé ou soigné et engraissé dans nos fermes européennes.

Un sénateur. Oui, mais acheté aux Arabes.

M. Ferdinand BARROT. Nous sommes d'accord, on
l'a acheté aux Arabes. Mais permettez-moi ici une
réflexion. Si le bétail n'avait pas été acheté par les Européens, je suis bien convaincu que pas une seule tête
des troupeaux arabes ne se vendrait sur les marchés
d'Algérie ni ailleurs.

Je le répète, laissés à eux-mêmes, les Arabes n'a-
vanceront point d'un pas, même dans les industries de
la terre, les seules qu'ils pratiquent. C'est sous l'impulsion de la race européenne que vous les verrez se
lever et marcher.

Nous nous emploierons tous à cette œuvre, sans
marchander nos efforts et notre sollicitude pour aider

à la réalisation des hautes et politiques visées du sénatus-consulte.

Mais le sénatus-consulte n'est que le commencement d'une œuvre qui va se poursuivre.

A côté de ces enfants de notre adoption que vous
traitez avec une si grande magnanimité et une si infinie indulgence, il y a les enfants de notre sang que la
France a appelés sur cette terre par mille provocations.
Ceux-là vous demanderont leur part de justice et de
sympathie. Je l'affirme, elle est faite déjà dans vos
cœurs et dans le cœur du Souverain.

Mais d'où vient qu'il est nécessaire, jusque dans
cette enceinte, de protester contre l'injuste dédain
dont ils ont été l'objet, et contre des appréciations ve-
nues du dehors, appréciations mêlées d'erreurs si
criantes que cela les fait ressembler à des calomnies?

Il fallait refouler cette réaction attardée, devenue si
bruyante et si audacieuse depuis qu'elle a cru que la
route lui était ouverte. Ses violences ont dépassé toutes
les limites. Elle a eu ses avocats plus arabes que les
Arabes eux-mêmes, et qui demandaient l'abandon de
l'Algérie par la France, c'est-à-dire le déshonneur de
notre pays aux yeux du monde. (Très-bien! très-bien!)
On parle même d'une récente brochure où on propose
la monarchie arabe sous le sceptre d'Abd-el-Kader. (On
rit.)

Cette dernière idée n'est pas neuve : c'est la réédi-
tion d'une idée humoristique jadis émise par un homme
d'infiniment d'esprit qui trouve beaucoup d'idées, mais

qui n'est pas toujours heureux et ne tombe pas toujours sur les meilleures. (Nouvelle hilarité.)

Mais aujourd'hui, pour vous donner une juste appréciation de la situation des colons, que vous dirai-je de mieux que ce que vous a dit dans son éloquent et consciencieux rapport, M. le baron Dupin?

Les termes chaleureux de ce rapport ont eu de l'écho en Algérie, et je ne résiste pas à citer des paroles de notre honorable collègue M. Forcade de la Roquette, et de l'illustre Maréchal duc de Malakoff; tous deux absents pour le service de l'Empereur, peuvent être rappelés au souvenir du Sénat.

M. de la Roquette s'exprimait ainsi dans une réunion de colons d'Alger :

« Lorsque l'ennemi dévastait vos premiers essais de culture, le soldat et le colon ont défriché, combattu, succombé ensemble dans ces plaines aujourd'hui salubres et fertiles où la maladie fut longtemps aussi meurtrière que le feu de l'ennemi. Tous les dévouements ont dû concourir au rude labeur des premiers jours.

« Dans ces temps de luttes et d'épreuves les capitaux ne répondaient pas toujours à votre appel, mais les bras ont fait ce que les capitaux hésitaient à faire. Des rangs de l'armée sont sortis des cultivateurs intrépides.

« Les ordres religieux ont fourni, comme au temps de la primitive Église de pieux laboureurs, qui ont planté la croix à côté de la charrue.

« La France a envoyé une première avant-garde de
cette forte race de paysans si ardents à s'approprier la
terre et à agrandir leur domaine par l'économie et par
le travail.

. . . .

« Vous aurez l'honneur, messieurs, de transformer
par la paix, par la liberté, par le travail, ce pays immobile depuis des siècles, et que la Providence a
voulu placer, pour le civiliser, entre les mains de la
nation la plus sociable et peut-être la plus mobile de
l'univers. Vous avez reçu de notre glorieuse armée ce
dépôt précieux, et vous saurez le féconder comme elle
a su le conquérir. (Applaudissements.) »

Le Maréchal duc de Malakoff ajoutait :

« Il est bon, en effet, messieurs, pour ceux qui,
comme moi, peuvent, en parlant des luttes de tout
genre auxquelles a donné lieu la conquête de l'Algérie,
dire comme le poëte : *et quorum pars magna fui* (Bravo !) ;
il est bon dis-je, d'entendre apprécier aussi sainement
la situation, et rendre également justice aux hommes
de la lutte, comme aux travailleurs de la première
heure et à ceux qui leur ont succédé (Très-bien !) »

Je n'avais pas besoin de ces paroles pour croire au
courage de notre population française, et j'avais entendu raconter cent fois l'héroïsme qu'elles ont déployé de 1835 à 1842 sur les points où se poursui-
vait la guerre. Je trouve inutile de les défendre contre
une citation empruntée à une plume qui a écrit partout le témoignage de ses sentiments d'estime et de

sympathie pour la population européenne et qui a souvent honoré publiquement son courage.

Ce que je suis heureux de constater, c'est que la discussion de la question algérienne a mis toute vérité en son jour, et qu'elle a été toute à l'honneur des colons algériens.

Je suis l'un d'eux, et entre tous, par le fait de circonstances bien étrangères aux choses de l'Algérie, je suis le seul qui ait le droit et, en quelque sorte, le devoir de parler de leurs intérêts. J'obéis à mes sentiments d'affection et de dévouement en venant apporter mon témoignage à ceux dont je suis le compagnon et dont, un jour, j'ai été le représentant élu.

Il y a vingt ans bientôt que je connais ces lutteurs infatigables. Ils sont encore debout sur le champ de la lutte. J'ai assisté à leurs efforts et j'ai applaudi à leurs progrès; mais j'ai aussi compté leurs sacrifices et souvent les immenses douleurs dont ils ont payé cette fortune qu'on leur envie et qu'ils ont si longuement et si chèrement acquise. J'espère qu'en France on finira par les mieux connaître, et qu'alors on leur rendra une éclatante justice.

Un jour, qui était un jour de fête pour l'Algérie, car l'Empereur était venu visiter son royaume d'outre-mer, on voulut lui en montrer d'un seul coup toutes les splendeurs :

On avait appelé à Alger les Arabes des tribus, et ils étaient arrivés, au premier signe, de tous les points de l'horizon, nombreux, richement ou bizarrement costumés, maniant hardiment leurs armes qui resplendissaient au soleil, conduits par leurs chefs couverts d'habits éclatants; ils venaient passer la revue du sultan de la France.

Le spectacle de ces guerriers à moitié sauvages, de races si diverses, d'aspects si étranges, frappait tous les esprits et laissait l'imagination sous une impression profonde. J'étais là. Je m'attristais cependant de cette brillante et habile mise en scène; j'aurais voulu détourner un instant seulement tous les regards vers un tableau bien différent et qui aurait ému tous les cœurs.

A droite, à peu de distance, j'aurais montré une contrée toute luxuriante de végétation dont on pouvait apercevoir les eaux limpides et courantes briller au soleil; elle se reliait par une traînée de verdure au village prospère de Beni-Mered et aux riches jardins de Blidah. Ce coin qui, aujourd'hui, semble béni de Dieu, c'est le Bouffarick dont le baron Dupin vous faisait une saisissante peinture, c'est cette redoute défendue par la fièvre pestilentielle, arrachée à la barbarie au prix de deux générations qui ont succombé dans la lutte, mais qui a été la plus héroïque conquête des colons algériens.

Si Bouffarick a été le champ de bataille le plus meurtrier de la colonisation européenne, on s'est battu un peu partout, et les batailles, pour n'avoir pas été racontées, n'en ont pas moins été honorables et fécondes.

Je m'étonne et je m'afflige que des hommes qui ont vécu en Algérie, qui étaient en position et qui avaient le devoir de tout connaître, ne soient pas les premiers à signaler à la France les incontestables progrès de notre civilisation européenne.

En parcourant la carte de l'Algérie, je pourrais mettre le doigt sur un grand nombre de localités où la richesse s'est créée sous l'effort du colon.

Là encore, à quelque distance d'Alger, depuis la Maison-Carrée jusqu'à la pointe orientale de la baie, sur un espace de quelques kilomètres, j'ai compté, à la suite les unes des autres, 122 fermes occupées et cultivées par les Européens.

Dans la province d'Oran on pourrait citer de nombreuses exploitations établies sur les plus larges bases, munies de matériels qu'envieraient les plus grandes fermes de France; riches en troupeaux, dirigées avec un ordre admirable, et qui sont de véritables terres seigneuriales créées par la main européenne. J'en sais une où un homme d'énergie et d'une haute intelligence a fondé un établissement modèle dont la dépense, résumée par la comptabilité la mieux tenue, représente une somme de 1,200,000 francs. Je le nomme : c'est M. du Pré de Saint Maur, président du conseil général d'Oran. Je trouve bon d'honorer, dans la personne de l'un d'eux, ces hommes qui ont répondu avec assez de confiance à l'appel de la France, pour engager en Algérie, non pas leur personne seulement, comme fait un soldat, mais qui y vont avec leurs femmes, donnant

la main à leurs enfants, et s'y établissant avec la certitude que là est encore la patrie. (Vive approbation.)

Dans la province de Constantine l'agriculture a pris
des développements qu'on ne saurait contester. Je connais des villages pleins de prospérité, et j'ai vu en dix
ans s'élever dans une vallée comprenant 4 ou 5,000 hectares, 23 fermes parfaitement cultivées, outre deux
villages dont l'un cultive à lui seul plus de 700 hectares.

Nous avons aperçu quelquefois passer à deux ou
trois kilomètres de là, sur la grande route, ornée d'arcs
de triomphe, quelques gouverneurs ou quelques ministres. Nous aurions été heureux que l'un d'eux vînt
passer la réjouissante revue de toutes ces fermes. A
Constantine, à Bône, dans l'Edough, à Guelma, dans
les forêts de la Calle, l'œuvre européenne est flagrante,
et j'entends dire ici même que la part la meilleure en
est due au travail arabe ; mais je le nie par les faits
que j'ai vus de mes yeux, par les protestations que j'ai
entendues de mes oreilles. Je le nie ayant à la main
toutes les statistiques officielles qui attestent que tout
ce qui se meut et vit en Algérie est pour les neuf
dixièmes l'œuvre des Européens. J'entends traiter ces
hommes comme s'ils mendiaient votre assistance ; mais
vous vous trompez : ils vous seront reconnaissants de
la protection générale que vous devez à toute terre
française, et ils vous seront reconnaissants des routes
que vous ouvrirez, des travaux publics que vous ordon-
nerez, de la sécurité que vous leur ferez ; mais pour

eux-mêmes ils ne vous demandent que deux choses : un peu de liberté et la faculté de pousser leur œuvre en avant.

Vous voyez donc bien qu'ils sont sûrs du présent et qu'ils ont confiance dans l'avenir.

Assurément, messieurs les Sénateurs, lorsque, dans un temps prochain, l'Empereur daignera donner l'ordre qu'on vous apporte un projet de sénatus-consulte ayant pour but de régler la condition des Européens en Algérie, votre intérêt et votre bienveillance leur seront acquis à l'avance.

Le sénatus-consulte actuel a ouvert la porte à cette constitution, car l'obstacle principal, l'incertitude de la propriété arabe, a désormais disparu.

Le temps n'est pas venu de discuter les éléments de cette constitution, mais je trouve dans la lettre impériale une phrase qui pourrait lui servir de frontispice. Je la signale :

« Au gouvernement local, écrit l'Empereur, le devoir « de supprimer les réglementations inutiles et de laisser « aux transactions la plus entière liberté. »

Cette phrase, je la résume en un mot, inconnu depuis trente ans en Algérie et qui serait pourtant son salut. Ce mot, c'est *simplification*. (Très-bien! très-bien!)

Ce qu'on a dépensé d'esprit d'organisation en Algérie est incroyable. Je ne sais pas de pays plus organisé que l'Algérie; il y a là des cadres administratifs où l'on

ferait entrer à l'aise une population vingt fois supérieure à celle qui existe. Je m'élevais déjà dans un
rapport que j'ai eu l'honneur de lire au Sénat en 1858
contre l'esprit de système qui a si lourdement pesé sur
la colonie algérienne. On a essayé en effet des systèmes de toutes sortes, mais jamais un seul qui ne fût
au moins aussi compliqué que ceux qui s'appliquent
en France.

On aurait dit que l'Algérie était comme une de ces
usines sacrifiées, où on envoie toutes les vieilles machines de la métropole. (Hilarité générale.)
L'idéal pour moi ce serait une machine produisant
des solutions en vingt-quatre heures, au lieu de les
produire en deux ans et encore fort imparfaites.

Ce qu'il faut redouter pour l'Algérie, ce sont ces
hommes irrésolus, craintifs, amoureux des détails, fanatiques des commissions et des rapports, et qui après
de longs mois ont à peine eu le temps de composer
leur dossier. (Assentiment marqué.)

Ce qu'il faut à l'Algérie, ce n'est pas, croyez-le
bien, cette multitude de décrets qui ont fait de la législation algérienne une indéfrichable broussaille ; ce
dont elle a besoin, c'est de mouvement et d'affaires,
c'est de liberté et d'espace. Ne croyez pas qu'elle manque d'initiative ; on essaye, on entreprend en Algérie
plus que partout ailleurs ; on ne réussit pas souvent,
mais on recommence toujours. Cela s'explique. Il faut
avoir déjà un grand fonds d'initiative pour s'être décidé à devenir colon.

Résolution et solution, ce seraient les deux forces vivifiantes de l'Algérie.

Je voudrais pouvoir citer cent faits dont regorge mon dossier, et qui prouveraient tous les préjudices de ces complications administratives. Vous verriez combien de gens pleins de bonne volonté, de confiance, apportant avec eux des ressources réelles, et non pas un certificat de ressources, ce billet de confession qu'on demande au colon avant de le laisser entrer, vous verriez combien de braves gens ainsi prêts et disposés se sont fatigués, dégoûtés, ruinés dans les circuits qui les menaient, pendant des années entières, du pouvoir civil au pouvoir militaire qui s'entendaient peu, des bureaux du ministère à Paris aux bureaux du gouvernement à Alger qui ne s'entendaient guère. A certain on disait : Allez en Afrique, dans telle province, tel cercle, sous tel numéro; il y a une terre à concéder. Voyez si elle vous convient, et nous vous la concéderons. — On y allait. — Au retour, le système des concessions était remplacé par celui de l'adjudication, et les lots étaient modifiés; second voyage pour s'assurer des nouvelles contenances et des nouvelles conditions. Au retour la terre avait été concédée.

Simplification donc en toutes choses !

Organisez tous les services en vue de l'utilité effective qu'ils peuvent avoir; le moment n'est pas venu d'entrer dans les détails; cette occasion nous sera bientôt offerte, je l'espère.

Il faut abréger un discours déjà trop long.

Un grand nombre de sénateurs. Non! non!

M. Ferdinand BARROT. Mais, avant de finir, j'exprime un vœu : C'est que la constitution de l'Algérie s'occupe, avant tout, du développement de l'élément municipal, cette première assise de toute société et cette excellente école de *self-government.* Pourquoi ne la donnerait-on pas, dans toute sa vérité, aux populations européennes? La municipalité est le signe de la mise en possession des droits du citoyen, c'est la première garantie des intérêts, le premier élément de l'esprit d'association et de solidarité. Elle est cette protection toujours à portée, toujours prête et vigilante; née de l'estime des citoyens, elle impose le devoir de la mériter toujours. Avec l'institution municipale, une population vivrait et prospérerait jusque dans le désert.

La commune existe en Algérie, mais comme un point purement administratif. Pourquoi ne pas l'émanciper, lui donner l'élection comme en France, avec la nomination du maire par le Gouvernement? Les communes existantes sont riches et peuvent se suffire. En vérité, ce ne serait pas une grande hardiesse que de faire cette concession à ceux de nos concitoyens qui, pour avoir été plus courageux, ou si vous voulez plus téméraires, pour être en présence de dangers et de misères qui sont trop souvent leur partage, n'en ont que plus besoin de se sentir aidés et soutenus par le premier de leurs droits civiques, celui de constituer la commune.

Au reste, maintenant que l'Empereur a l'œil sur l'Algérie, tout cela se fera ; c'est de Lui, je le dis sans flatterie, que j'attends désormais le mouvement et la vie pour la colonisation algérienne. (Ce discours est suivi d'un mouvement vif et prolongé d'approbation.)

M. LE PRÉSIDENT. La parole est à M. le général de La Ruë.

M. le général comte DE LA RUË. Messieurs les Sénateurs, si j'ai demandé la parole, ce n'est pas comme membre de la commission dont les travaux si importants, surtout au point de vue de la jurisprudence, seront au besoin développés et défendus par les hautes spécialités à côté de qui j'ai eu l'honneur de siéger, mais c'est que, pendant quinze ans, à des titres divers, j'ai été mêlé aux affaires de notre colonie, et que j'ai pu en connaître les progrès et les complications.

Je tâcherai d'avoir, dans les quelques paroles que j'aurai l'honneur de prononcer devant le Sénat, toute la modération que conseillait avec une énergie si accentuée, au début de son discours, l'honorable sénateur qui vient de parler, et sans prétendre professer quelques théories dont le retentissement ira non sans danger en Algérie.

La lettre de l'Empereur au Maréchal duc de Malakoff et les bases du sénatus-consulte qui est soumis à vos délibérations ont été très-contestées par la population française de l'Algérie : la lettre de l'Empereur, parce qu'elle détruit des illusions en proclamant des vérités; le sénatus-consulte, parce qu'ils n'avaient pas été compris.

Pour en apprécier toute la valeur, il est utile d'examiner d'abord les projets qui étaient opposés, les plaintes qui se sont fait entendre, et de donner quelques renseignements sommaires sur les diverses phases de la colonisation, qui est le grand but du Gouvernement, et qui a été de tous temps l'occasion de bien des réclamations, mais aussi de bien des encouragements; enfin, il peut être opportun de fixer un moment l'attention du Sénat sur des questions qui n'avaient point été discutées dans les Chambres depuis douze ans.

Deux de nos honorables collègues ont tout récemment donné et rectifié des détails de statistique pleins d'intérêt; je ne traiterai pas ces sujets après eux.

Dans ces derniers temps, on a essayé le cantonnement des Arabes; on avait même parlé en Algérie de refoulement......

Le refoulement eût été possible en 1848, lorsque Abd-el-Kader venait d'être fait prisonnier et que nous avions une armée victorieuse de 108,000 hommes en Algérie. Nous pouvions dire aux tribus vaincues, après de successives révoltes et dix-huit années de guerre : Nous déchirons les conditions de la capitulation de 1830, vous subirez la loi du vainqueur, et, de la côte à vingt ou trente lieues vers le sud, tout le territoire sera évacué par les Arabes et livré à la colonisation... Mais, après quinze ans de paix, lorsque les tribus acceptent sans résistance notre domination, ce système, d'une équité et d'une utilité très-contestable, même en 1848, est impraticable aujourd'hui à tous les points de vue.

On a, assez récemment, essayé le cantonnement, qui est une dépossession jugée maintenant arbitraire, et un refoulement successif des tribus sur leurs territoires respectifs; cette mesure, d'une exécution, à la rigueur, possible sur les tribus avoisinant nos terres de colonisation, eût, en l'appliquant à celles qui sont plus éloignées, laissé successivement entre ces tribus mécontentes des enclaves libres où il eût été bien audacieux à des chrétiens de s'intercaler, et bien impolitique à l'administration, responsable de la protection à leur assurer, de les laisser s'aventurer.

Ces systèmes avaient pour but de livrer des terres aux Européens.....

Sans affirmer ni discuter les chiffres indiquant la quantité des terres cultivées par la colonisation, celles encore disponibles, chiffres si peu d'accord dans les documents officiels et même dans les pétitions et brochures récemment distribuées, il est constant qu'il reste dans les trois provinces une suffisante quantité de terres domaniales pour satisfaire longtemps encore aux besoins d'expansion des colons réellement cultivateurs, et le mode des concessions gratuites ayant été très-judicieusement abandonné, l'application à peu près immédiate du sénatus-consulte, à l'égard des tribus les plus rapprochées de nous, en y constituant

la propriété individuelle, assurera la facilité des transactions destinées à fournir aux colons toutes les terres
dont ils pourront avoir besoin, donnant ainsi satisfaction à la plus fondée de leurs demandes.

Parmi les pétitionnaires, ce vœu est à peu près unanime. Il en est cependant qui, différemment avisés,
désireraient le maintien de la propriété collective,
prévoyant que l'extrême division de la propriété dans
les tribus aura pour conséquence de fixer les Arabes
chez eux et de rendre leur main-d'œuvre nécessairement plus rare et plus chère. Car il faut constater qu'au
lieu de tendre à l'implantation dans leurs établissements agricoles ou industriels de Français, ou tout au
moins d'Européens, ce qui est et doit être l'intérêt national, nos colons n'ont guère d'autre ressource que
d'utiliser les bras indigènes.

Je demandais, ces jours derniers, à un des directeurs
de la grande compagnie cotonnière de la province
d'Oran, par qui ils comptaient exploiter leurs terres et
faire faire la cueillette du coton? Il me répondit : Par
nos Arabes et par les Marocains. Cela paraît, en effet,
plus rationnel et plus facile que d'aller chercher des
Chinois, à défaut d'Européens.

Cependant, dans toutes leurs brochures, les colons
demandent très-hautement l'implantation d'une nombreuse population chrétienne, d'accord en cela avec le
Maréchal Bugeaud, qui en proclamait la nécessité,
pour rester maîtres du pays contre toutes les éventualités de guerre. Et c'est dans ce but que l'établisse-

ment de familles européennes avait été une des conditions des grandes concessions faites avant 1848. Mais combien y a-t-il de ces concessionnaires, pétitionnant aujourd'hui, qui aient exécuté cette condition acceptée alors par eux?

Pour bien apprécier la valeur des vœux actuellement émis, il importe de rappeler qu'à toutes les époques, même dans le temps où la guerre était des plus actives, l'établissement civil a été développé et la colonisation protégée et encouragée. Aussi, pendant les dix années qui ont précédé la révolution de 1848, particulièrement sous le ministère du maréchal Soult, qui avait si bien et avec tant de prédilection étudié l'Algérie; et, dans ce même temps, sous le maréchal Bugeaud, qui la gouvernait si vigoureusement, la colonisation acquit-elle de notables développements, et, dès 1840, on vit se produire un mouvement prononcé.

Comme exemple des sollicitudes du Gouvernement, je me bornerai à citer que, de 1846 à 1848, pour stimuler la colonisation et activer les immigrants, vingt-deux villages nouveaux furent bâtis par l'administration, avec l'église, le presbytère, la mairie, l'école, la fontaine et le lavoir public; le culte, les municipalités et un service médical gratuit furent organisés; des familles furent établies dans ces maisons avec des concessions de 10 et 20 hectares; des semences, des arbres leur furent donnés; les champs furent défrichés et labourés par la troupe la première année.

Des concessions plus considérables furent faites à des colons riches, mais des conditions de culture, de bâtisses, d'établissement de familles européennes sur ces terres furent posées par le Gouvernement.

Dès ces premiers temps, et pendant que l'État développait, dans les villes, dans les ports et à l'intérieur, les travaux d'utilité publique, ceux-ci surtout exécutés avec les bras de l'armée, ces colons des diverses catégories firent, avec des chances variables comme le climat, de très-énergiques efforts, même en face de l'insurrection des tribus.

A la fin de 1847 on avait ainsi déjà, dans les trois provinces, rebâti 19 villes, créé 45 villages, 26 hameaux et 1,257 exploitations isolées.

Mais la crise financière qui eut lieu en France, en 1847, eut un contre-coup funeste sur l'immigration et sur toutes les affaires en Algérie, où l'exagération des spéculations de terrain et des constructions, dans les principales villes, causa de nombreuses faillites et la rentrée en France des ouvriers qui restaient sans travail. Ce fait est prouvé par le mouvement de la population, qui, de 95,000 Européens en 1845, était monté à plus de 109,000 en 1846 et tomba à 103,000 à la fin de 1847; l'argent devint rare, les entreprises particulières se ralentirent, et les bras inoccupés quittèrent la colonie ou tombèrent à la charge de l'administration.

La révolution de 1848 et les événements de 1851 firent arriver en Algérie un surcroît de population qui ne fut qu'un embarras sérieux pour le gouverneur d'alors, sans devenir une ressource effective pour la colonisation.

Ces mécomptes divers, connus dans les campagnes de France, n'y popularisèrent point l'Algérie, et il faut ajouter franchement que si notre colonie algérienne ne prend pas une plus rapide extension, ce n'est pas qu'elle soit inconnue dans nos villages, mais c'est que, surtout depuis dix ans, le sort des paysans en France est devenu très-prospère ; les journaliers gagnent 3 et 4 francs par jour, et nos cultivateurs vendent si cher et exportent si facilement leurs denrées qu'ils ont tous de l'argent en réserve. Ils font de plus en plus exonérer leur fils du service militaire, mais ne songent nullement à émigrer.

Toutes ces circonstances, en quelque sorte de force majeure, expliquent les insuccès, les découragements et les plaintes, écoutées, du reste, à toutes les époques avec intérêt, et que je ne rappelle sommairement que pour apprécier celles qui se formulent encore aujourd'hui.

Ainsi, bien avant 1840, on reprochait à ce qu'on appelait *le régime du sabre* d'arrêter les immigrants ; le Gouvernement se hâta de donner satisfaction à ces plaintes plus spécieuses que fondées. Pour rassurer les consciences et garantir les intérêts, on organisa au complet tous les services civils, religieux, judiciaires, financiers, municipaux, préfectoraux, de telle sorte que cette grande machine administrative, pouvant

suffire à plus de deux millions d'administrés, ne fonctionne encore aujourd'hui que pour 200,000 Européens.

A cette époque, comme à présent, on s'est plaint
aussi des lenteurs de l'Administration dans la délivrance et la mise en possession des terres concédées.
Sans prétendre tout justifier, il est cependant facile
d'expliquer ces retards par la nécessité où a toujours
été le Gouvernement de tenir compte des formes administratives, afin de pouvoir, surtout alors, fournir ici
aux commissions de finances très-ombrageuses, dans
les deux chambres, les renseignements les plus nombreux et les plus détaillés ; car, à côté de ce reproche
de lenteur se formula bruyamment celui de dilapida-
tion du domaine de l'État. L'opinion publique n'était
point encore, en 1845 et 1846, familiarisée avec les
grandes entreprises industrielles, et l'on voyait en
France, avec une certaine défaveur méfiante, les avantages que l'on supposait devoir enrichir les concessionnaires.

C'est ainsi que les grandes concessions de terres et
de mines, faites par le Maréchal Soult, en 1845, de-
vinrent, devant la chambre des Pairs, contre lui et ses
subordonnés, le sujet des accusations les plus violentes:
dénonciations reconnues profondément injustes, et
dont les auteurs furent sévèrement condamnés par les
tribunaux. Faut-il s'étonner qu'alors et depuis le Pouvoir ait dû entourer ses actes de toutes les sauvegardes
administratives, même maintenant que toutes les

affaires se décident à Alger certainement plus promptement ? Il n'est pas très-exact de dire que jamais les intérêts algériens n'ont été débattus de manière à assurer des solutions. J'en appelle au souvenir de tous ceux qui ont suivi les délibérations des chambres pendant dix-huit ans.

Récapitulons donc les vœux successivement émis et exaucés :

La conquête générale du pays, pour donner la sécurité complète à la colonisation européenne;

Les institutions civiles organisées pour donner satisfaction aux consciences et aux intérêts;

Dispense d'impôt foncier pour les colons ;

Les grands travaux publics, routes et ports exécutés ;

Dès le principe, pour développer la colonisation, les concessions de terre accordées dans les plus diverses proportions, avec des encouragements de tous genres et, ainsi que les concessions de mines et de forêts, entourées la plupart des plus persévérantes indulgences pour l'inexécution des conditions ;

De 1851 à 1858, nouvelle impulsion donnée à la colonisation, qui porte le chiffre de la population européenne à 189,000 âmes.

A cette époque, l'établissement de chemins de fer, ardemment désiré, ordinairement destinés à desservir des populations préexistantes, mais décrétés et commencés pour les attirer en Algérie.

Aujourd'hui un besoin très-hautement manifesté

d'avoir de grands territoires à livrer, sans aucun doute,
à la culture et sans arrière-pensée de spéculation;...
le sénatus-consulte y pourvoit.

Quand le moment sera venu, on discutera ici la valeur de ces autres vœux demandant une représentation
coloniale élue, un budget spécial et une liberté d'action plus grande dans les communes de l'Algérie que
dans celles de la métropole.

J'abrége, et je m'empresse de louer d'autant plus
les énergiques colons qui ont persévéré et qui ont fait
si honorablement figurer les produits algériens aux
grandes expositions de Paris et de Londres, quand je
vois que tant de sacrifices de la part de la France et
tant de motifs d'espérance ne nous montrent encore,
trente-deux après avoir planté le drapeau français en
Algérie, que 200,000 habitants européens.

Mais je me risquerai à leur dire qu'ils devraient, en
présence de tous ces faits bien connus, être moins
animés dans les plaintes et les vœux formulés, d'abord
avec tant d'amertume, présentés depuis avec moins d'u-
nanimité, et avoir plus de confiance dans le présent,
destiné à développer l'avenir, aujourd'hui que l'Empereur a plus particulièrement fixé son attention, toujours si féconde, sur l'Algérie, dont les destinées se
trouvent aux mains des deux maréchaux qui s'y sont
illustrés, qui la connaissent si bien et la jugent susceptible de si riches développements.

A tous les vœux des colons je serais tenté d'en ajouter
un pour assurer la plus prompte expédition des affaires

en général, et en ce moment la rapide et sûre application du sénatus-consulte, à la fois dans les territoires
civils et dans les territoires militaires : ce serait de
simplifier et d'unifier les pouvoirs, qui sont partagés
entre les généraux et les préfets.

Cette situation a été de tous temps une source de
conflits, de lenteurs et de paralysie des agents secondaires, comme on a pu le voir, entre autres, dans
l'opération du cantonnement récemment essayé.

Aussi n'hésitai-je pas à dire qu'il y aurait tout
avantage à rappeler sur le continent les trois préfets
de l'Algérie, à mettre les fonctionnaires qui relèvent
d'eux sous les ordres des généraux commandant les divisions, en supprimant les bureaux civils aujourd'hui
placés près de ceux-ci.

Il y aurait alors unité de direction et d'action pour y
garantir les intérêts des colons, et vis-à-vis des indigènes, toujours plus soumis aux généraux qu'aux fonctionnaires civils. Par ces raisons et d'autres j'insisterais
pour que du moins les généraux fussent seuls chargés
de faire exécuter le sénatus-consulte dans les territoires
civils tout aussi bien qu'en territoires militaires.

Il faut apprécier maintenant ce sénatus-consulte au
point de vue des Arabes.

Il est bien démontré que cette mesure de haute
politique aura pour effet de rassurer ces populations
dans leurs plus chers intérêts, en évitant d'entrer dans
le dédale du droit musulman, sur la constitution si

controversée et encore si peu connue de la propriété en pays d'Islam.

Quant aux diverses opérations à faire pour son application, telles que : la délimitation à peu près indiquée du territoire des tribus, la constatation des terres du domaine, de celles à l'usage de chaque douar, et de celles dont jouissent déjà un certain nombre de chefs de famille, en raison de leurs ressources pour la culture, quelques-unes de ces opérations sont d'une exécution facile ; les autres, plus compliquées, seront fixées par le règlement à intervenir, qui devra préciser les conditions destinées à régir cette propriété d'origine nouvelle et complexe. Car il est impossible de se rendre, dès aujourd'hui, un compte exact des conséquences pratiques et politiques qui pourront sortir de la mise à exécution de cette importante mesure ; peut-être donc le paragraphe 3 de l'article 3 du sénatus-consulte portant : « un règlement d'administration publique déterminera....3º les formes et les conditions sous lesquelles la propriété individuelle sera établie et le mode de délivrance des titres, » eût-il dû dire « sera établie et régie ainsi que le mode..... »

Le sénatus-consulte s'appliquant d'abord aux tribus qui nous avoisinent, donnera, comme nous l'avons dit, satisfaction au vœu des colons, en facilitant promptement les transactions et assurant l'expropriation pour utilité publique, destinées à étendre, quand le besoin s'en fera sentir, le territoire des cultures européennes.

Nous avons entendu des projets impatients de changer radicalement la constitution intérieure de la tribu en la désagrégeant, et de détruire brusquement les influences séculaires qui existent parmi les Arabes.

La prudente et politique habileté des Gouverneurs et de nos généraux a toujours fait, dans le but de diminuer l'importance des grands chefs, dont nous avons accepté les soumissions, loyalement observées par eux depuis vingt ans, ce que le Code Napoléon fait en France pour les successions, et nous atteignons ainsi, sans violence, un résultat qu'il est impolitique et dangereux de proclamer et d'annoncer; car, quelles que soient les tendances unitaires de notre époque, nous ne pouvons perdre de vue que nous sommes en Algérie, en face d'une race guerrière, qui nous a résisté vingt ans, les armes à la main, avant de se soumettre; dont tous les individus jouissent, dans l'intérieur de la tribu, de certaines franchises et ne sont point, comme quelques personnes paraissent le croire, courbés sous le servage d'une aristocratie militaire ou religieuse; mais dont traditionnellement ils acceptent l'influence en tout temps, et le commandement pendant la guerre.

Et, croyez-le bien, quoique aujourd'hui diminuée d'importance, cette noblesse ne se laisserait pas patiemment décréter ici une nuit du 4 août, ni le peuple la rupture brusque des liens de la tribu qui y garantissent aussi l'exercice de notre autorité, car même après la constitution de la propriété individuelle, la tribu devra subsister dans l'intérêt de notre domination comme unité d'administration et de commandement. Les modifications même très-prudentes et lentes, que nous apportons à cet état social séculaire, nous obligent à maintenir longtemps encore en Algérie, comme dans nos grands centres en France, des garnisons suffisantes pour prévenir et réprimer, au besoin, toute tentative de désordres.

Ne précipitons pas notre marche à l'égard des Arabes; sachons borner nos prétentions à leur soumission chaque jour mieux assurée par la satisfaction et le développement des intérêts, par l'assimilation des indigènes à nos formes administratives, sans prétendre à la fusion des races, tout aussi impraticable pour la France en Algérie que pour l'Angleterre dans l'Inde, la Russie dans le midi de son empire et la Hollande dans ses colonies.

Ayons confiance dans l'œuvre du temps, car déjà on peut en constater de très-favorables effets, dûs à l'autorité si honorablement, si équitablement exercée par les gouverneurs, par les généraux et ceux de nos officiers en contact journalier avec les tribus.

Un grand et fondamental résultat est acquis : ces populations musulmanes acceptent maintenant la souveraineté d'un prince chrétien, et prient pour lui dans les mosquées, parce que, sous notre administration, partout exercée sans résistance, elles se sentent affranchies des exactions et des avanies du régime turc.

Déjà les mœurs des indigènes se modifient : ils préfèrent la justice de nos tribunaux à celle de leurs cadis ; ils payent exactement l'impôt, dont la perception est

régulière et facile; ils ont acheté, dans l'année 1862,
comme on vous l'a déjà dit, plus de 600 charrues à la
Dombasle, et perfectionnent chaque année leurs diverses cultures; les chefs, enrichis par l'état de paix,
sortent leur argent de terre et se familiarisent avec les
placements hypothécaires; leur exemple a même gagné
des chefs marocains de la frontière. Ils tiennent à honneur de porter le burnous rouge, qui est le signe de
nos fonctionnaires dans les tribus; leurs contingents militaires nous servent, même au bout du monde, avec un
dévouement soutenu; les routes sont sûres jusque dans
les parties les plurs reculées de nos possessions, et sur
le littoral les naufragés trouvent, aujourd'hui, pour
leurs personnes et les épaves plus de sécurité que sur
bien des rivages chrétiens.

Ainsi la conquête, glorieusement faite par les armes,
se consolide et s'étend chaque jour sous l'impulsion
d'un Gouvernement intelligent et fort et au contact de
de nos colons.

Tous ces détails sur les résultats obtenus pour la
colonisation et pour notre domination sur les Arabes
doivent donc inspirer confiance; ils seront complétés
par le sénatus-consulte, et ils justifient bien les solici-
tudes de l'Empereur pour ses sujets algériens, chrétiens ou musulmans.

M. LE PRÉSIDENT. La parole est à M. Barbaroux.

M. BARBAROUX. Messieurs les Sénateurs, après les brillantes généralités dont vous a entretenus et dont on

vous a présenté le tableau, mon honorable ami M. Ferdinand Barrot; après les détails d'un intérêt majeur dans lesquels vient d'entrer l'honorable général de La Ruë, vous n'attendez pas sans doute de moi que je pénètre si avant dans le fond des choses. Du reste, le mandat que je me suis imposé est tout autre. Je vous prierai seulement d'avoir quelque bienveillance à m'écouter ; je suis en ce moment le représentant de la minorité de la commission, et c'est pour cela, Messieurs, après les sympathies que déjà vous éprouvez pour les conclusions de la commission, et pour le remarquable rapport que M. de Casabianca a lu, et que vous avez relu vous-mêmes, que je vous prierai de vouloir bien m'écouter avec quelque complaisance. Le rôle que j'ai à remplir ne laisse pas que d'être plein de difficultés. La matière est délicate ; c'est sur un point particulier et spécial que je dois appeler votre attention.

Vous vous souvenez qu'une note additionnelle a été ajoutée au rapport de M. le comte de Casabianca au moment où il allait être déposé, et lorsque le temps manquait à la commision pour l'introduire dans le cours de sa rédaction. Dans cette note spéciale, il s'agissait d'une proposition qui avait été faite à la commission pour apporter à l'article 1er du sénatus-consulte une rédaction qui en modifiait profondément le sens. Je dois dire, en peu de mots, où se trouvent la ressemblance et la différence de cette proposition d'avec l'article 1er, non que je veuille discuter cet article, seulement le système même sur lequel repose le sénatus-consulte. L'article 1er porte ce qui suit :

« Les tribus de *l'Algérie* sont déclarées propriétaires des territoires dont elles ont la jouissance permanente et traditionnelle, etc... »

Nous pensions qu'on pouvait mettre à la place de ces mots : *Les tribus sont déclarées propriétaires,* etc. cet autre texte : *Les Arabes de l'Algérie sont reconnus propriétaires,* etc. Il semble, au premier abord, que ces deux expressions ne sont absolument que la répétition l'une de l'autre. Eh bien, messieurs, il y a entre elles une différence très-considérable qu'il est dans mon intention de faire ressortir en expliquant les motifs de la proposition qui avait été faite à la commission.

En reconnaissant, comme le fait l'article 1er du projet, la propriété dans la tribu, c'est-à-dire la propriété indécise telle qu'elle existe maintenant, et faisant ensuite passer cette propriété de la tribu au douar, du moins quant à la division, et du douar à l'individu, on suit une échelle graduée qui paraît une chose extrêmemement raisonnable au premier coup d'œil.

Eh bien, messieurs, nous n'en avons pas jugé de même, et nous avons trouvé que cette échelle, au lieu de favoriser la colonisation lui était tout à fait contraire, et voici comment nous avons raisonné.

Dans la tribu, quelle qu'elle soit, il y a un certain nombre de propriétés privées, ce que l'on appelle *melk,* dans la langue du pays, et cette propriété est reconnue par le sénatus-consulte comme tout à fait indépendante des dispositions qui suivent. Aussi nous la mettons de côté.

Le reste de la tribu se subdivise ainsi : Dans son sein beaucoup d'hommes, beaucoup de familles travaillent; ils occupent une surface de terrain, la valeur de ce que l'on appelle une, deux, trois charrues, selon qu'ils ont plus ou moins de paires de bœufs, de troupeaux.

Une grande partie du territoire de la tribu reste en commun : personne n'y pénètre, excepté les intéressés. Les gens d'une tribu ne vont pas faire leurs dépaissances sur le territoire d'une autre tribu : c'est sur le même territoire que la chose se passe.

Nous nous sommes dit : Mais pourquoi les individus qui possèdent actuellement et qui cultivent un morceau de terrain n'en seraient-ils pas reconnus propriétaires immédiats, comme cela nous paraît être l'intention de la lettre de l'Empereur? — On nous répond : Mais ce projet lui-même sanctionne cette proposition. — Non, il ne la sanctionne pas. Il établit, au contraire, que c'est la tribu qui est propriétaire, la tribu à laquelle se trouve remis tout le terrain qu'elle occupe à titre provisoire, sauf les opérations nécessaires pour arriver à l'individualisation de cette propriété.

Dans cet ordre d'idées la tribu restera donc en état d'indivision jusqu'au moment où il conviendra, d'après les règlements d'administration publique et d'après le texte du sénatus-consulte, d'en opérer le partage, non encore entre les individus, mais entre les douars, c'est-à-dire entre les communes dans le canton : tandis qu'au contraire, d'après l'idée que nous avions conçue, la propriété était déférée immédiatement à celui qui en cultive le sol, là où il l'a cultivé, c'est-à-dire dans la tribu, tout comme dans le douar. Ainsi, selon nous, on arrivait immédiatement à la solution qui est la fin du projet lui-même : seulement le texte du sénatus-consulte y apporte des retardements nombreux, et dans notre système il n'y en avait aucun.

En effet, messieurs, il ne faut pas se laisser alarmer de cette déclaration de principe de la propriété indivi-duelle dans chacune des tribus. Pourquoi? Parce que, d'une part, l'individu qui deviendrait propriétaire im-médiat, en vertu de la déclaration contenue dans la lettre de l'Empereur et dans les dispositions du projet, ne quittera pas pour cela sa tribu, mais il y restera d'autant plus sérieusement qu'il sera propriétaire in-commutable du sol qu'il laboure.

On craint que la chose ne soit difficile à établir. Non. Elle l'est d'autant moins que chacun connaît par-faitement les bornes du terrain qu'il cultive depuis plus ou moins longtemps. Chacun connaît parfaitement les espaces qu'il exploite, le nombre de *charrues,* en langage algérien, qu'il possède, les lieux sur lesquels il opère; et ce sont ceux-là qui devront lui échoir en propriété.

Mais qu'arrivera-t-il de là? C'est que toutes les indi-vidualités semblables se trouveront en présence de certaines autres individualités supérieures, qui ont exercé et qui exercent encore une influence très-considérable sur le pays.

Ces influences-là, elles-mêmes se sont nécessairement soudées à cet esprit de domination des chefs, qui a dû s'emparer aussi de ceux qui ont pris possession du pays, et il est assez naturel qu'ils aient repoussé ensemble les éléments de colonisation qui auraient pénétré jusqu'à eux si la propriété avait été individualisée. Toujours, le désir des colons a été de s'étendre, d'acquérir des propriétés sur le sol arabe, et ceux que je désigne ici s'y sont opposés sous le prétexte qu'ils commettaient des imprudences. On craignait qu'ils ne compromissent notre drapeau par des actes répréhensibles ; c'est sous l'empire de cette préoccupation qu'on a eu recours à cette disposition expresse de la loi de 1851, qui prohibe l'entrée du territoire arabe aux colons. Et remarquez qu'on a vu successivement cette clôture du territoire arabe, d'abord établie d'une manière absolue par les habitudes militaires dans les affaires de l'Algérie, puis, après cela, confirmée assez timidement par la loi de 1851, à son article 14, contre lequel j'ai eu l'occasion de m'élever au sein de l'Assemblée nationale. Plus tard, et lors de la création du Ministère de l'Algérie et des colonies, cette disposition prohibitive fut annulée ou abrogée. Un peu plus tard, un nouveau ministre ayant succédé à celui qui occupait le ministère de l'Algérie, cette disposition de la loi de 1851 fut ravivée. Tout dernièrement, devant le Conseil d'État, elle n'avait pas été réproduite, et c'est dans la commission du sénatus-consulte qu'elle a fini par se reproduire une dernière fois, mais à titre provisoire, c'est-à-dire jusqu'au moment où la division en propriété individuelle serait faite entre les différents douars.

Cette disposition, qui rentre tout à fait dans l'ordre d'idées qui a dicté l'article 1er du projet, tend, je le répète, à séparer trop complétement la colonisation de la propriété arabe.

La disposition à laquelle je fais allusion, celle qui termine aujourd'hui l'article 6 du projet et qui n'est autre que la disposition, momentanément rétablie, il est vrai, de deux paragraphes de l'article 14 de la loi de 1851, est le complément tout naturel de l'article 1er, tel qu'il a été rédigé, c'est-à-dire lá déclaration de clôture du territoire arabe à l'élément européen pendant un temps plus ou moins considérable. J'ai dit, en outre, que l'article 1er, tel que nous l'entendrions, c'est-à-dire la reconnaissance immédiatement faite de la propriété individuelle partout où la possession serait réelle, établirait des éléments de désagrégation très-puissants dans les tribus, éléments de désagrégation qui, au lieu de la renforcer, de la soutenir, l'effaceraient autant que possible.

Voilà, messieurs, quel a été l'esprit dans lequel nous avions pensé qu'on aurait dû modifier l'article 1er, et alors nous aurions demandé qu'on n'ajoutât pas à l'article 6 ce que la commission y a ajouté. La situation est délicate, j'en conviens; les différents projets présentés à l'endroit de l'Algérie, et qui tendaient à cantonner les Arabes dans une partie de leur territoire et à laisser l'autre partie de ce territoire à la colonisation européenne; ces différents projets, qui ont été, en définitive, abandonnés, devaient faire place à quelque chose de plus large. Nous ne pensions pas, quant à nous, qu'ils pussent faire place à un projet dans lequel il s'agirait encore du maintien de cette clôture, contre laquelle nous nous élevions.

Nous pensions donc, et je pense encore, que le vrai moyen de civiliser le peuple arabe est de laisser une grande liberté dans les transactions entre ce peuple et le peuple européen; que tout ce qui gêne ces transactions, ce mouvement, dans la propriété comme dans les autres choses, est un obstacle et nullement un bien.

On prend vainement cette prohibition pour une utile précaution; ce n'en est pas une. Voici pourquoi : c'est que celui qui, parmi le peuple arabe, cultive le territoire, y a établi sa famille, qui réside en un mot et qui, avec sa charrue, ensemence une certaine quantité de terre, celui-là ne songe en aucune façon à se révolter d'une disposition qui le rend propriétaire.

C'est qu'en effet, en prenant aussi largement les intérêts de ces populations, en les protégeant, on obtient leur concours dévoué dans cette grande transformation de la propriété. Il ne faut pas se laisser aller à cette idée chimérique, à cette illusion de l'union militaire de tout le peuple arabe, qui pourrait mettre sur pied

5oo,ooo fantassins et 8o,ooo cavaliers, selon ce que nous disait, il y a deux ans, l'honorable général Dau-mas, selon ce qu'il faisait miroiter à nos yeux. Non, les choses ne sont plus les mêmes, parce que le système fondamental de la propriété change complétement.

La constitution de la propriété civile parmi les indigènes est, en effet, un événement immense.

Dès le moment que le système est complétement étranger aux idées qui avaient prévalu jusqu'ici, il faut examiner quels peuvent être les dangers de ce système comparé au précédent. Celui-ci, c'est-à-dire le cantonnement, révoltait les populations qu'il dépossédait: il froissait les intérêts les plus chers du peuple arabe et l'exaspérait contre la colonisation.

Aujourd'hui, avec le système que nous indiquons, qui est celui du projet, moins une lenteur que nous n'approuvons pas, avec ce système, dis-je, on peut espérer d'arriver bientôt à la colonisation la plus complète; je ne dis pas à la fusion des races, mais à la fusion des intérêts, et c'est par cette fusion que s'établissent toutes les autres. C'est le vrai point de départ d'une colonisation solide.

Que se passera-t-il donc si la propriété reste dans l'état d'indivision où le projet la maintient trop longtemps selon nous?

Nécessairement, les intérêts du peuple arabe restent séparés des nôtres pour longtemps, et nous n'arriverons à nous immiscer dans ces intérêts qu'avec de grandes difficultés et une grande lenteur.

Si vous faites passer la propriété par toutes les phases du projet, il est évident, si j'en crois tous les travaux de délimitation qui ont été faits sur la colonisation, qu'il en résultera des lenteurs infinies, et c'est un très-grand mal, tandis que, d'après le système que nous indiquons, il n'y aurait point de ces lenteurs et tout marcherait avec beaucoup plus de rapidité.

Mais, dit-on, les indigènes ne sont pas mûrs pour une pareille chose; vous voulez beaucoup plus qu'ils ne peuvent supporter. Je ne crois pas que ce raisonnement soit juste.

Lorsqu'on parle aux intérêts, on les éveille facilement; lorsqu'on les consolide, on ne peut pas troubler l'ordre des populations au milieu desquelles on agit.

Les indigènes ne sont donc pas du tout éloignés d'accepter un pareil système, parce qu'il flatte leurs intérêts, et, en les flattant, il s'unit à nos propres efforts. Les indigènes, en effet, ne sont pas aussi rebelles qu'on le croit aux efforts que nous faisons pour nous rapprocher d'eux; ils ne sont pas non plus aussi éloignés qu'on le croit d'accepter certaines de nos institutions. Ainsi, par exemple, ils n'ont pas hésité à accepter d'une manière complète les dispositions par lesquelles il a été établi que les appels des sentences des cadis seraient portés à nos tribunaux, non; au contraire, le nombre des appels portés devant la cour d'Alger a été infiniment supérieur, dans ces dernières années, à celui des années précédentes; c'est ce qui prouve qu'ils n'ont pas hésité à accepter cette situation comme un bienfait [1].

Ainsi, dans les territoires arabes très-voisins de nos établissements et compris dans nos territoires civils, ils ont accepté cette administration; il y a même mieux, plusieurs d'entre eux sont entrés dans nos rangs. Ils sont fonctionnaires. Ils ont très-bien accepté d'être jugés dans les affaires criminelles par nos juges, qu'ils reconnaissent comme étant beaucoup plus impartiaux que les leurs; ils ont accepté encore beaucoup d'autres choses; ainsi, par exemple, l'honorable général de La Ruë parlait tout à l'heure de ce nombre considérable de charrues Dombasle qui avaient été introduites et employées sur les terres arabes, et c'est un fait considérable. Il nous parlait encore de la facilité avec laquelle se perçoit l'impôt. C'est encore une manière fort remarquable de se plier à nos institutions. Oui, certainement, aujourd'hui l'impôt se perçoit avec une grande régularité et avec des formules qui se rapprochent beaucoup des nôtres [2]; de plus, on nous citait cet acte particulier d'humanité : ces naufragés, auxquels ils portent des secours très-désintéressés au lieu d'en profiter pour les piller comme autrefois. Je ne dirai pas, toutefois, que ce sont là des signes d'une civilisation avancée; mais c'est au moins la preuve d'une tendance

[1] Voyez à l'appendice, page 475.
[2] Voyez à l'appendice, page 445.

à se rapprocher de nous qui nous permet d'autant plus de faire un dernier effort afin d'ouvrir les portes du pays arabe à la colonisation.

En terminant, messieurs, permettez-moi d'ajouter que, quant à moi, je considère le sénatus-consulte que nous examinons comme le chapitre premier de la constitution de l'Algérie, car je ne pense pas qu'on puisse établir la constitution de tous les territoires d'un peuple, si différent de ses voisins, sans que l'action de l'un ne réagisse sur l'autre, sans qu'il y ait des institutions qui soient la garantie les unes des autres. La propriété territoriale n'est-elle pas elle-même la plus sûre des garanties pour nos établissements?

Vous le comprenez, messieurs, je ne puis pas avoir l'intention de faire revenir le Sénat sur la proposition que nous avions faite à sa commission, mais je devais à sa minorité d'en exposer les motifs, afin que le Sénat pût juger et de la portée de nos vues, et de la netteté de nos intentions et du désir bien vif de hâter autant qu'il est en nous le développement de la colonisation, désir aussi puissant chez nous qu'il peut l'être chez qui que ce soit.

M. LE PRÉSIDENT. La parole est à M. le général comte de Palikao.

M. le général COUSIN-MONTAUBAN, comte DE PALIKAO. Messieurs les Sénateurs, notre honorable collègue, M. Ferdinand Barrot, en parlant des inquiétudes qu'a-

vait soulevées le sénatus-consulte, a divisé en deux catégories ceux qui s'en sont occupés. Qu'il me permette
de lui dire qu'il a oublié une troisième catégorie :
c'est celle des hommes qui, sans passion et sans défail-
lance, veulent faire concorder le droit et la justice
avec l'intérêt des colons, mais des véritables colons,
de ceux qu'ils ont vus à l'œuvre. Je ne veux pas faire
de personnalités ; je ne parle pas ici des colons qui ont
eu de grandes concessions qui ont été cultivées par les
bras arabes : car ces concessions-là ou ce genre de
culture n'a pas fait faire un pas à l'agriculture en Algérie.

Maintenant, messieurs, pendant que je m'occupe du
discours de M. Ferdinand Barrot, je dirai que nous
n'avons pas à nous préoccuper du cantonnement dont
il a parlé très-longuement. Cette affaire a été jugée
par le Conseil d'État ; il l'a mise de côté complète-
ment. Du reste, ce cantonnement, depuis longtemps
j'en avais entendu parler, et, dans une circonstance
fortuite, j'ai eu l'occasion d'en causer moi-même avec
M. le Directeur civil des affaires de l'Algérie, qui est
ici présent. Dans une conversation particulière, j'avais
prédit d'avance ce qui est arrivé, que le cantonnement
ne réussirait point ou du moins qu'il ne serait probablement pas approuvé. Je trouve que M. Ferdinand
Barrot n'a pas été très-juste vis-à-vis du peuple arabe
qu'il a traité de peuple abâtardi. Si M. Ferdinand
Barrot avait eu des communications fréquentes avec les
Arabes, il aurait reconnu que c'est un peuple très-in-

telligent, et, quant à être abâtardi, je ne suppose pas que ce soit sous le rapport de sa valeur militaire; nous avons assez éprouvé, sous ce point de vue, quel était son degré de vigueur.

Quant à la colonisation, l'armée s'en est aussi préoccupée, même avant l'arrivée de M. Ferdinand Barrot en Algérie. Quand il y est venu, il a dû trouver déjà de grandes fermes établies, des cultures en très-bon état, tout cela fait par la main de l'armée; donc l'armée n'a pas été étrangère aux premiers essais de colonisation.

M. Ferdinand Barrot s'est également plaint de ce que les tribus sahariennes fuyaient la société ou du moins la civilisation, et ne venaient pas se mêler aux autres tribus. Mais je lui demanderai où auraient été pacager les troupeaux de ces tribus qui ne cultivent pas et qui n'ont pour vivre que les fruits de leurs troupeaux? Je ne reviendrai pas sur ce qu'a dit notre honorable collègue, M. le général Charon sur les ventes de troupeaux qui ont eu lieu. Il est bien évident que tout ce qui se vend de moutons ou de céréales importés en France provient des produits indigènes, et très-peu des produits de la colonisation; car, en général, les spéculateurs qui vont acheter dans le Sud transportent immédiatement leurs troupeaux en France et en tirent le parti que nécessite leur intérêt.

Une dernière question traitée par M. Ferdinand Barrot est celle du peu de terres trouvées par les colons quand ils se sont présentés, ce qui a été cause que beaucoup de colons sont revenus en France sans avoir obtenu ce qu'ils désiraient.

Il faudrait être un peu plus juste et reconnaître que ce n'est pas toujours la faute de l'administration militaire.

M. Ferdinand Barrot. Je n'ai pas parlé de l'administration militaire.

M. le général Cousin Montauban comte de Palikao. Eh bien, de l'administration algérienne si vous voulez. Il a été prescrit à tous les préfets de demander dans toutes les communes quels seraient les colons qui présenteraient certaines ressources pour cultiver et obtenir des terres en Algérie. Il y avait des villages complétement lotis qui n'attendaient que ces colons. Mais qu'est-il arrivé ? C'est que les maires, dans les communes, au lieu de satisfaire au vœu du Gouvernement, envoyaient, pour s'en débarrasser, des colons qui n'avaient aucune ressource, et qui nous arrivaient sur le littoral avec un simple matelas. C'était là ce qui constituait les cinq ou six mille francs que comportait le certificat qui leur avait été délivré.

M. Ferdinand Barrot a parlé beaucoup plus de la colonisation que du sénatus-consulte. Je m'occuperai seulement du sénatus-consulte.

L'article 1er de la nouvelle rédaction porte que « les tribus de l'Algérie sont déclarées propriétaires des territoires dont elles ont la jouissance permanente et traditionnelle, à quelque titre que ce soit. »

Je reviens à ce qui a été dit par le rapport de la commission. Le mot Algérie a été ajouté, parce que la commission a voulu comprendre non-seulement les tribus du Tell, mais celles du Sahara. On a prétendu que les tribus du Sahara n'avaient point de limites définies ; c'est une erreur.

Sans être très-bien définie, la délimitation des territoires occupés dans le Sahara existe parfaitement : au nord, par la ligne de séparation avec le Tell, et dans la largeur de l'est à l'ouest, jusqu'à la frontière du Maroc, par des usages que les tribus nomades ont conservé depuis des siècles.

Quant à la limite du sud, dans la province d'Oran elle peut être déterminée par la ligne des Ksours, dans lesquels nous avons nommé des caïds qui ont reçu le burnous d'investiture.

Il est donc aussi convenable de garantir la propriété collective dans le Sahara que dans le Tell ; les tribus du Sahara peuvent un jour nous servir d'intermédiaires avec les caravanes du Soudan venant par les oasis du Touat.

Ces produits, autrefois (je l'ai déjà dit dans le bureau dont je faisais partie) venus jusqu'à Touat, prenaient deux courants : l'un les portait par Figuig à Tanger et à Mogador, et l'autre, par Aïn-Sefisifa, les amenait dans la subdivision de Tlemcen et à Bel-Abbès, dans la province d'Oran.

L'un de ces courants a cessé ; c'est celui qui amenait les produits que les tribus sahariennes allaient chercher à Touat pour l'Algérie. Pourquoi ce courant a-t-il cessé? Par une raison bien simple, c'est que les caravanes qui amenaient ces produits vendaient en Algérie les nègres qui conduisaient les chameaux, et il a été prouvé que la vente des nègres indemnisait les marchands des frais de leur voyage.

Le jour où l'Algérie est devenue française, il n'y a plus eu d'esclavage; par conséquent le bénéfice que retiraient les caravanes de la vente des nègres ayant cessé, elles ont pris un autre cours. Les Anglais, qui ne perdent pas l'occasion, quand ils la trouvent, d'attirer le commerce à eux, ont établi à Touat, qui est la réunion de plusieurs oasis, un agent, un israélite, et ce qui nous arrivait par Bel-Abbès et Tlemcen passe aujourd'hui par Figuig et va à Mogador et Tanger. Les esclaves sont vendus dans le Maroc, et les Anglais profitent de ce commerce. J'ai été bien aise de donner ces explications et de dire que le rôle des tribus sahariennes n'est pas inutile, que plus tard nous pourrons en tirer parti.

Je reviens au sénatus-consulte.

La déclaration de collectivité des tribus a rencontré des objections de plusieurs natures. On a d'abord mis en doute le droit de propriété collective des Arabes, et pour cela on s'est fondé sur un prétendu article du Coran qui n'existe nulle part, article disant que, Dieu étant maître de toute la terre et le sultan étant le représentant de Dieu, naturellement le sultan était maître de toute la terre.

Ceci est très-contestable; d'ailleurs cela *n'est écrit nulle part*, et, d'un autre côté, l'Empereur, dans la lettre du 6 février, a rejeté toutes ces interprétations, et a pris les choses de plus haut et dans un intérêt politique plus élevé.

Plusieurs ouvrages ont traité de cette propriété arabe; entre autres, un des derniers qu'on a le plus consulté, est celui de M. Worms, qui a séjourné longtemps en Algérie, et qui s'est beaucoup occupé de cette question. Il a contesté la propriété collective des Arabes, et il a écrit sur cette question un ouvrage assez intéressant, mais il s'est appuyé sur le texte du Coran.

D'un autre côté, M. de Sacy, savant orientaliste, avait émis une opinion contraire avant que l'ouvrage de celui-ci n'ait paru.

Depuis l'ouvrage de M. Worms il y a eu des ouvrages très-remarquables, tels que les *Annales algériennes*, de Pelissier, qui s'est beaucoup occupé des affaires de l'Algérie; on peut encore citer M. Flour de Saint-Génis, M. Baude, qui a été nommé membre de la commission de l'Algérie, et M. Ducaurroy, orientaliste très-distingué. Ces écrivains ont contesté tout le système de M. Worms. Enfin, en 1838, M. Salvet, chargé de la rédaction du tableau de la situation de l'Algérie, a établi le système de la propriété collective des Arabes.

Donc il y aurait tout au plus doute en présence de toutes ces opinions contradictoires. Mais le Gouvernement, au milieu de toutes ces discussions, ne voulant pas se faire juge et partie dans la même cause, a préféré adopter la voie la plus loyale et la plus généreuse, celle de reconnaître la propriété collective des Arabes.

Tenons-nous en donc à la lettre de l'Empereur, qui répudie tout ce que la loi musulmane peut avoir de contraire au bon droit et à une saine politique, et appliquons la loi française.

La première convention passée en 1830 entre le maréchal Bourmont et le gouvernement turc disait :

« Art. 5. L'exercice de la religion mahométane restera libre ; la liberté de toutes les classes d'habitants, leur religion, *leurs propriétés*, leur commerce et leur industrie ne recevront aucune atteinte ; leurs femmes seront respectées, le général en chef en prend l'engagement sur l'honneur. »

Dès le principe, le droit de propriété était garanti par la France. Postérieurement des arrêtés de séquestre reconnaissant la collectivité de la propriété des tribus ont été rendus par les gouverneurs généraux ; je citerai notamment un arrêté de 1846, du maréchal duc d'Isly, qui confirme en termes irréfutables la propriété commune des Arabes. Voici quels en sont les termes :

« ART. 1er. Toutes les propriétés communes ou particulières appartenant à des tribus ou fractions de tribus (à cette époque, il y avait des fractions de tribus) actuellement émigrées sont déclarées propriétés de l'État.

« ART. 2. A l'avenir, toute tribu ou fraction de tribu

qui émigrera sera également dépossédée de ses propriétés communes ou particulières, si dans le délai
d'un mois. . .

« ART. 3. Un tableau des tribus dépossédées, en
vertu de l'article 1er, sera dressé immédiatement par les
soins des commandants des subdivisions, et nous sera
aussitôt transmis, pour être publié ainsi qu'il est dit. »

L'article 5 indique que l'insertion aura lieu au *Moniteur algérien* et dans le recueil des actes du Gouvernement.

Il est évident que si le Gouvernement s'était considéré comme propriétaire des terrains communs des
tribus émigrées, au lieu de dire que ces tribus seraient
dépossédées de leurs biens communs, il eût rendu un
arrêté dans une tout autre forme, et aurait dit : « Le
territoire dont les tribus émigrées avaient la jouissance
fait retour à l'État, le véritable propriétaire. »

Plus tard est intervenue la loi du 16 juin 1851, qui
reconnaît définitivement les droits de propriété et de
jouissance des particuliers et des tribus. Quelques personnes ont voulu appliquer le mot de *jouissance* à l'interprétation de la propriété commune, tandis que ce
mot de *jouissance* ne devait s'attribuer qu'à la propriété
melk. Je crois qu'ici il y a une erreur de mots. La propriété commune que l'on appelle *arch* ou *sebga*, est
une propriété toute particulière, et qui n'a pas de simi-
laire avec les droits de propriété en France, ni même
en Europe. Cette propriété n'a pas de maître. Ce n'est

pas l'État qui est propriétaire du sol, ce n'est pas l'Arabe non plus; cependant il est propriétaire sous la condition de cultiver, et personne ne peut lui enlever cette propriété, l'État encore moins que tout autre. Car si, par suite d'absence ou de mort, la propriété d'une partie de tribu ou de douar tombe en déshérence, ce n'est pas l'État qui en profite, mais bien la communauté de la tribu.

L'Empereur a donc placé, par son admirable lettre du 6 février dernier, la question sur son véritable terrain, en annonçant la reconnaissance de la propriété indigène.

L'article 1er du sénatus-consulte avait paru trop absolu à certaines personnes, en ce qu'il consacrait pour les Arabes un droit de propriété collective préexistant. Ce droit de propriété avait un peu inquiété, parce que l'on se demandait si les opérations faites pour la colonisation et le cantonnement ne seraient pas atteintes par cette propriété préexistante. Mais le paragraphe 2 de l'article 1er lève toutes les objections, puisque ce paragraphe déclare que « tous actes, ou partages, ou distractions de terrains, intervenus entre l'État et les indigènes, relativement à la propriété du sol, sont et demeurent confirmés. »

En présence de cette déclaration, il n'est pas possible d'admettre que l'on veuille revenir sur les opérations qui ont été faites, surtout pour le cantonnement, et c'est ce qui avait inquiété avant tout les colons.

On a voulu aussi établir que c'était à titre de cession

gracieuse, et notre honorable collègue, M. Ferdinand Barrot, a parlé dans ce sens, que la France cédait aux tribus arabes les territoires qu'elles occupent. Mais, d'après ce que j'ai eu l'honneur de vous dire, il me semble que dans le doute, puisqu'il y avait autant de droit pour les Arabes que pour l'État, on ne pouvait pas donner une chose dont on n'était pas sûr d'être possesseur. L'État, n'étant pas certain d'être propriétaire, ne pouvait donner à titre gracieux. La plus grande gracieuseté qu'il a pu faire, c'est de reconnaître qu'au lieu de procéder à un partage il était plus généreux et plus noble d'abandonner ses prétentions et de reconnaître la propriété arabe.

M. Ferdinand BARROT. C'est là ce qu'on nomme céder à titre gracieux.

M. le général COUSIN-MONTAUBAN, comte DE PALIKAO. Du tout.

M. Ferdinand BARROT. Du moment qu'il y a concession d'un droit, le titre gracieux s'y trouve implicitement. Quel grand mal y aurait-il à ce que le Gouvernement fît à titre gracieux une concession aux Arabes.

M. le général COUSIN-MONTAUBAN, comte DE PALIKAO. Il n'y a pas de titre gracieux dans ce qu'a fait le Gouvernement.

Deux individus sont en procès; l'un se désiste, ce n'est pas à titre gracieux, c'est parce qu'il ne peut soutenir ce qu'il prétend son droit, On ne donne que ce que l'on possède.

M. Ferdinand Barrot. Il n'y a pas grand mal à ce que ce soit à titre gracieux que le Gouvernement fasse cette cession.

M. le général Cousin-Montauban, comte de Palikao. Moi je trouve qu'il y en a un, et je le prouverai. Pourquoi serait-on plus royaliste que le roi? Puisque le Gouvernement ne veut pas discuter les titres de la possession, qu'il l'abandonne, il n'y a pas de raison pour le discuter.

En tout cas, c'est une erreur aussi de croire que les sentiments de crainte chez les Arabes ne seront pas plus puissants que ceux de la reconnaissance; chez eux, le sentiment de la crainte est le plus fort, surtout quand il s'agit de leurs biens.

M. Ferdinand Barrot. Je suis de votre avis.

M. le général Cousin-Montauban comte de Palikao. Ainsi, quand vous leur donnerez, admettez que ce soit le sultan qui leur donne, le sultan peut reprendre ce qu'il a donné; car les précédents nous fournissent nombre d'exemples, sans vous parler du cantonnement. Je citerai des faits qui se sont passés et qui sont bien établis.

Ainsi, quand on a voulu rendre les Arabes propriétaires, que leur a-t-on dit?

On leur a dit : cultivez une certaine étendue de terrain, bâtissez une maison, et autant vous aurez dépensé de cent francs sur ce terrain, autant on vous accordera d'hectares de terre.

M. le comte DE BEAUMONT. Donc ces terres n'appartenaient pas aux Arabes, puisqu'on les leur donnait.

M. le général COUSIN-MONTAUBAN, comte DE PALIKAO. Ces terres leur appartenaient collectivement. On disait à ceux qui étaient dans la tribu : à ceux d'entre vous qui bâtiront on donnera tant de terres.

M. le comte DE BEAUMONT. Donc ce n'était pas à eux.

M. le général COUSIN-MONTAUBAN, comte DE PALIKAO. Ces terres appartenaient à la tribu, seulement on allouait personnellement un certain nombre d'hectares à ceux qui remplissaient certaines conditions. Cela s'est passé sur les terres du Magzen, qui appartiennent plus particulièrement à l'État que les autres terres arabes.

Qu'en est-il résulté? C'est que des Arabes ont construit sur ces terrains, et qu'après avoir construit et obtenu de certaines quantités de terre on les leur a enlevées, non pour un intérêt général, mais pour un intérêt privé, pour les donner à des colons. Ceci s'est passé sous mes yeux, pendant que j'administrais la province d'Oran.

D'autres personnes ont proposé de laisser les choses

dans l'état où elles sont, plutôt que de reconnaître la collectivité de la propriété des tribus.

Mais alors il n'était pas nécessaire de faire un sénatus-consulte. En laissant les choses dans l'état actuel vous laissez subsister les craintes des Arabes, tandis que le sénatus-consulte a été fait pour mettre un terme à des agitations dont la prolongation est aussi nuisible à la colonisation qu'à la sécurité du pays. Ces Arabes, à qui on a enlevé des terres qu'ils cultivaient, à qui on a imposé le cantonnement qu'ils n'ont pas accepté, un des membres de la commission, qui doit le savoir, a dit que le cantonnement avait été repoussé par la plupart des Arabes, et que s'il n'avait pas été fait plus activement, c'est qu'ils y avaient mis la plus mauvaise volonté. Je ne suppose donc pas que ce soit de leur consentement qu'ils aient été ainsi cantonnés.

On vient de nous dire encore qu'il fallait surtout détruire la collectivité des tribus, parce qu'elles maintenaient le pouvoir féodal des chefs indigènes.

Je me demande ce que c'est que le pouvoir féodal des chefs?

Où sont d'abord, depuis nombre d'années, les individus *fellahs*, comme on les nomme en arabe, taillables et corvéables à merci?

Où voyez-vous la transmission du pouvoir parmi les chefs des tribus?

Pour n'en citer qu'un exemple, si je vous demandais ce qu'est devenu le fils du général Mustapha-ben-Is-maël, le plus grand chef arabe que nous ayons eu dans la province d'Oran, celui qui a le plus contribué à nous aider à la conquête de cette province, le fils de ce grand chef est simplement agha d'une petite tribu de la province d'Oran; tandis que l'agalik le plus important de cette même province, celui des douars et des smelas, est aux mains d'un ancien serviteur de ce même général Mustapha, d'un homme qui a compris avec intelligence notre administration et nos mœurs, dont le fils a été élève de Saint-Cyr et est aujourd'hui officier au 2ᵉ chasseurs d'Afrique.

Est-ce là le système féodal?

Maintenant je continue sur ce que l'on a dit du système féodal, et je me demande ce que sont devenus plusieurs chefs du Magzen qui nous ont aidés dans la conquête de la province d'Oran, et dont quelques-uns ont été décorés de la croix d'officier de la Légion d'honneur, en récompense de services qu'ils nous ont rendus. Parmi ces chefs, quelques-uns sont réduits aujourd'hui, pour vivre, à une pension de 1,200 francs du Gouvernement français. Est-ce donc là le régime féodal bien établi? Combien il est facile en France, à l'aide de certains mots, de jeter dans le public des idées funestes! Quant à *manger* leurs administrés, expression que j'ai trouvée reproduite dans certains écrits, peut-on encore l'appliquer à ces temps-ci? Le rapporteur de la commission vous a expliqué de quelle manière sont administrées les tribus arabes sous le rapport financier. Permettez-moi d'ajouter quelques réflexions à ce qui a été déjà dit à cet égard.

L'impôt est de deux sortes : l'impôt achour et l'impôt zekat. Il y en a un troisième cependant, dont je ne parle pas, c'est l'impôt lezma, connu sous ce nom dans la province d'Oran ; ce n'est pas, à vrai dire, un impôt régulier, mais plutôt un droit de parcours que payent les tribus nomades du Sahara pour mener paître leurs troupeaux. Prenons donc les deux espèces d'impôts que payent les Arabes dans nos relations avec eux.

On vous a parlé de la manière dont se perçoivent les impôts. Je n'y reviendrai pas. On vous a expliqué que les chefs arabes ne participaient qu'à l'établissement des listes. Ce qu'on aurait peut-être pu vous dire, c'est qu'ils sont intéressés à ce qu'on ne soustraie aucune portion de l'impôt, parce qu'eux-mêmes, chefs indigènes, caïds ou agas, ont le dizième de l'impôt à partager entre eux, pour leurs soins comme collecteurs, et même pour la majeure partie de leur traitement [1].

Or, comme je vous le disais tout à l'heure, l'intérêt personnel est le plus puissant de tous les mobiles pour les Arabes. En sorte que, si le caïd voulait favoriser un douar, ce serait à son détriment ; car si un douar ne paye pas la quotité qui lui est imposée, le caïd ou aga perd le dixième qui lui revient sur cette quotité ; l'aga qui a plusieurs tribus peut perdre plusieurs dixièmes. Donc les agents indigènes du contrôle sont intéressés eux-mêmes à ce qu'il ne soit soustrait aucune partie de l'impôt au Gouvernement.

[1] Voir l'Appendice, page 445.

Voilà pour le contrôle indigène.

Mais il existe un autre contrôle, c'est celui du bureau arabe, qui dresse les listes d'impôts, comme cela a été expliqué, et qui surveille les opérations relatives à la perception de ces impôts.

Maintenant, quant au système des amendes, l'ordonnance de 1844, de M. le Maréchal Bugeaud, avait institué les amendes et réglé la manière dont elles devaient se percevoir.

Les caïds sont chargés de cette perception. La plus forte amende que puisse imposer un caïd, est de 25 francs ; le maximum pour l'aga est de 100 francs.

Les caïds en tiennent un registre, vérifié tous les mois par le commandant supérieur de la localité. Ce registre contient le nom du chef qui a imposé l'amende, les causes de la faute et le montant de l'amende.

Prétendre que quelques abus n'ont pas pu avoir lieu serait contraire à tout ce qui se rattache à l'esprit humain ; mais les abus peuvent se produire dans les sociétés les mieux organisées ; et quand on a pris toutes les précautions pour les éviter, l'on a plus rien à désirer.

Une autre proposition a été faite, celle de constituer d'abord la propriété par douar. On n'a pas réfléchi que pour la constituer par douar, il fallait avant tout s'occuper de la propriété collective de la tribu, car le cantonnement et la colonisation ont pris des morceaux de territoire aux tribus et aux douars. Il faut donc avant tout rétablir un certain équilibre entre ceux-ci, avant de procéder à leur constitution territoriale.

Enfin, on a proposé de passer immédiatement à la constitution de la propriété individuelle. Cette proposition n'a pas pu être mûrement étudiée. Comment passer immédiatement à cette constitution sans être d'abord bien certain du terrain que le tribus et les douars auront, puisque, je le répète, le cantonnement et la colonisation leur en ont enlevé des portions. Avant de constituer régulièrement la propriété individuelle, pour éviter les procès et les troubles qui pourraient survenir, il est nécessaire que le sservices des domaines interviennent, sans quoi les transactions à venir ne reposeraient sur aucune base fixe.

Au milieu des tribus il y a des biens *melk*; il faut les reconnaître si vous voulez que les Européens puissent faire des transactions sûres avec les indigènes, puisque la propriété individuelle est le but auquel tout le monde tend.

Vous voyez que ce sont des opérations qui demanderont du temps, et je ne crois pas qu'on puisse arriver à un résultat immédiat.

D'un autre côté, en faisant ce que vous voulez, peut-être obtiendrez-vous un but tout opposé à celui que vous vous proposez.

Ainsi je suppose que dans des territoires déjà un peu éloignés vous puissiez constituer de prime saut toute la propriété individuelle, qui est-ce qui en profitera?

C'est ce système féodal, dont vous parliez tout à

l'heure; ce sont ces chefs indigènes, qui sont aujour-
d'hui possesseurs de l'argent, qui peuvent avoir encore
une certaine influence sur leurs administrés. Ce sont
eux qui profiteront de la mesure, c'est à eux que ven-
dront les Arabes. Et quand le colon se présentera, que
trouvera-t-il? des chefs indigènes, grands propriétaires.
Ce sera là la féodalité. Pour avoir voulu hâter la constitution de la propriété individuelle vous l'aurez recu-
lée à tout jamais.

Ainsi, messieurs, je crois qu'il faut opérer comme
l'a proposé le sénatus-consulte et comme on doit opérer
dans toute affaire régulière, en passant du simple au
composé. Le simple, c'est la tribu; après la tribu vient
le douar et enfin la propriété individuelle, système tout
nouveau au milieu des tribus, et qui présentera, par
cela même, plus d'obstacles.

J'avais dans la commission émis un avis : c'est qu'on
ne devait pas établir de titres de propriété collective.
Nous ne devions reconnaître la tribu que comme unité
administrative et politique, mais non pas comme unité
possédant. Ce n'est qu'un état transitoire qu'il faut faire
cesser le plus tôt possible.

J'avais donc proposé dans la commission de ne pas
reconnaître non plus le communal par tribu et de constituer le communal par douar.

Cette opinion a soulevé quelques objections, je n'ai
pas insisté. Mais il n'en est pas moins vrai que dans
l'opinion de la commission, comme dans celle de tous
ceux qui se sont occupés du sénatus-consulte, le but à

atteindre c'est la constitution de la propriété individuelle,
pour faciliter les relations entre les colons et les indigènes, et amener les indigènes à nos mœurs, à nos
habitudes, autant que le permettent leurs lois et leur
religion. On a jugé qu'il était important d'ajouter dans
le sénatus-consulte, au deuxième paragraphe de l'art. 2,
les mots : *dans le Tell*, afin de faire comprendre que
dans le Sahara les douars ne peuvent pas avoir de propriété collective, parce que ces tribus sont forcées de
changer fréquemment de territoires pour trouver de
l'herbe et de l'eau pour leurs troupeaux.

Je profiterai de cette circonstance pour parler de
l'opinion émise par la minorité, qui se résume par la
constitution de la propriété individuelle sans passer par
la propriété collective, et j'ajoute qu'elle sera :

1° Un acte de générosité de la part de la France ;

2° Une satisfaction et une facilité données à la colonisation ;

3° Un bienfait pour le peuple arabe ;

4° Un affaiblissement de la tribu ;

5° Une garantie de sécurité ;

6° Une augmentation d'impôts.

1° J'ai expliqué que la France ne peut pas faire acte
de générosité en donnant ce qu'elle n'est pas sûre de
posséder ; la véritable générosité, dans ce cas, est d'abandonner des droits douteux en faveur de la population
indigène qui revendique ces mêmes droits.

2°, 3°, 4° et 5° Personne ne conteste les avantages de

la propriété individuelle; il n'existe de différence dans les opinions que sur les moyens d'arriver à l'établissement de cette propriété.

La sécurité serait loin d'être garantie si l'on pouvait désagréger immédiatement toutes les tribus, à moins que la tribu ne conserve son unité administrative et politique, mais alors ce ne serait pas la propriété individuelle qui aurait constitué cet état de choses, ce serait la continuation des mesures prises par l'administration supérieure.

Que l'on n'oublie pas ce qui s'est passé à l'époque où l'on a détruit le principe de responsabilité des tribus, époque à laquelle les massacres ont recommencé et où la sécurité des colons a disparu.

6° Une augmentation d'impôts : Cette question ne me paraît pas parfaitement décidée, et il suffit de lire les procès-verbaux nombreux de la commission instituée à Alger, afin de préparer des projets de décrets relatifs à l'impôt à établir en territoire indigène, afin de substituer l'impôt foncier au mode existant aujourd'hui, pour se convaincre des difficultés énormes qui surgiront.

Dans le séance du 7 mai 1861, on a discuté la question de savoir si l'assiette de l'impôt foncier ne devait pas être établie sur la moyenne des impôts actuels pendant un certain nombre d'années; ce ne serait donc pas une augmentation acquise pour le Gouvernement.

Une autre question a été soulevée : on a demandé si

la propriété individuelle constituée entraînait avec elle l'établissement de l'impôt foncier. Mais si l'on établit tout de suite l'impôt foncier, est-ce que cet impôt ne pèserait que sur la population indigène ? est-ce que la population civile qui est à côté, et qui jouira de la propriété au même titre que les indigènes, sera soumise aux mêmes charges?

M. le comte DE BEAUMONT. Mais certainement!

M. le général COUSIN-MONTAUBAN, comte DE PALIKAO. Eh bien, demandez aux colons s'ils se soucient d'être imposés. Ils s'en soucient si peu que dans le conseil du Gouvernement on a demandé que l'impôt ne fût frappé qu'en 1870 pour la colonisation européenne.

M. le comte DE BEAUMONT. Ils peuvent le demander, mais cela ne signifie rien.

M. le général COUSIN-MONTAUBAN, comte DE PALIKAO. Cela vous prouve que les colons ne sont pas très-d'avis aujourd'hui de payer l'impôt, et je crois qu'effectivement ils aiment mieux voir rester les choses dans l'état où elles sont que d'être obligés de payer l'impôt foncier.

D'un autre côté, les Arabes qui payent l'impôt aujourd'hui, parce que c'est la continuation d'un système établi, ne font pas de réflexions.

Mais le jour où vous établirez l'impôt foncier sur leurs propriétés, s'ils voient que la propriété voisine de

l'Européen n'en est pas frappée, ils trouveront que
cela n'est pas juste et ils auront raison.

Lorsque les colons sont venus au sein de la commission, un des membres de la commission leur a demandé s'ils ne voudraient pas que l'on reconnût immédiatement les propriétés européennes, en les affranchissant de toute clause résolutoire. Ils ont répondu
qu'ils ne demandaient pas cela. Je me suis expliqué
pourquoi ils ne répondaient pas affirmativement, cela
ne tenait pas à autre chose qu'à la pensée qu'en accep-
tant la propriété sans condition elle serait soumise à
l'impôt foncier.

Ainsi que je vous l'ai dit tout à l'heure, messieurs,
le dernier alinéa de l'article 2 réserve au Gouvernement la faculté de fixer l'ordre et les délais dans lesquels la propriété individuelle devra être constituée
dans chaque douar. Cette mesure est très-sage, car,
comme je l'ai dit, si l'on voulait constituer immédiatement la propriété individuelle, elle tomberait très-
probablement entre les mains des chefs arabes.

Quant à la propriété *melk*, je demande que la plus
grande liberté soit donnée aux colons et aux Arabes,
c'est-à-dire que la colonisation pénètre dans les tribus,
mais seulement à une condition, c'est que les transactions devront être faites sur titres reconnus par le Domaine, pour éviter plus tard la confusion.

La constitution de la propriété individuelle pourrait
avoir lieu immédiatement dans les tribus qui avoisinent
les centres européens. Dans ces tribus, il y a déjà eu des

ralations fréquentes entre les indigènes et les Européens. Je crois que l'intention même du sénatus-consulte est d'établir ou de laisser établir ces transactions
le plus tôt possible. Mais cela ne pourra avoir lieu
qu'après la constitution de la propriété par douars.

Maintenant, messieurs, je n'ai pas voulu dans cette
question sortir du cadre dans lequel se renferme le
sénatus-consulte. Cependant je demanderai la permission de dire encore quelques mots en réponse d'abord
à notre honorable collègue M. Barbaroux, qui m'a précédé. L'opinion de la minorité, comme vous le savez,
avait demandé qu'on mît la propriété *par les Arabes*,
au lieu de la propriété collective.

Le mode que proposait M. Barbaroux pour arriver
à une prompte solution de la question ne me paraît
pas praticable. D'abord notre honorable collègue s'est
trompé en croyant que les familles cultivaient toujours
le même territoire.

Dans les douars, les terrains se donnent chaque
année, en raison des mutations de matériel d'agriculture qui ont pu avoir lieu dans l'année. Tel individu
qui avait deux ou trois charrues l'année dernière n'en
a peut-être qu'une cette année, et alors, s'il avait le
même terrain, une partie resterait en friche et ne serait pas cultivée. La propriété individuelle ne peut
donc être immédiatement constituée chez les indigènes
comme le demande M. Barbaroux, en laissant aux familles ce qu'elles cultivent une année, par exemple,

parce que l'année suivante elles peuvent ne plus cultiver la même portion de terrain.

J'ai vu de près les efforts des colons algériens, et j'ai pu apprécier pendant longtemps toutes les difficultés qu'ils ont eu à vaincre pour amener la colonisation au point où elle est aujourd'hui. Le rapport remarquable de notre illustre collègue M. le baron Dupin a fait ressortir des chiffres qui témoignent assez haut de l'infatigable persévérance des colons. L'accueil favorable que le Sénat a fait à leurs pétitions prouve tout l'intérêt qu'il leur porte. Il n'existe rien dans le projet de sénatus-consulte qui puisse diminuer cet intérêt ou atténuer les bonnes dispositions du Sénat à leur égard. Tout ce qu'il renferme tend à améliorer leur position et à développer les relations commerciales entre les Européens et les indigènes. Ces derniers, longtemps inquiets sur leurs propriétés, rassurés aujourd'hui par le sénatus-consulte, produiront davantage, élèveront plus de bestiaux, et, par conséquent, cette situation nouvelle donnera lieu à un plus grand nombre de transactions entre les Européens et les indigènes.

On a paru déprécier un peu trop la production indigène. On parle de leur manière de labourer, de gratter la terre; mais on est un peu trop oublieux. En 1856, quand notre armée était en Crimée, il fallut faire appel à l'Afrique pour la fourniture de grains.

Pour ne citer qu'un seul fait, la subdivision de Mostaganem, dans la province d'Oran, a, en moins de quinze jours, expédié à l'armée de Crimée 100,000 quintaux de blé et 65,000 quintaux d'orge achetés aux indigènes. Les colons auraient eu de la peine à fournir un pareil contingent.

Avant cette fourniture arabe, quand l'administration militaire fournissait du grain aux colons qui venaient lui en demander pour ensemencer leurs terres, tous demandaient du grain arabe et ne voulaient pas du grain acheté à l'étranger.

M. le comte DE BEAUMONT. Ils voulaient des blés durs.

M. le général COUSIN-MONTAUBAN, comté DE PALIKAO Il n'y en a pas d'autres en Algérie; les Arabes ne cultivent que le blé dur. C'est du reste le meilleur grain que l'on puisse faire dans ce pays.

Il ne me reste plus qu'une petite observation pour répondre à un passage du discours de notre honorable collègue M. le baron Dupin.

Il nous a présenté la position de l'Algérie comme devant être extrêmement progressive et très-heureuse. Je le désire de tout mon cœur. Mais il y a une chose sur laquelle je me permettrai de faire une réflexion. Quand notre honorable collègue a parlé de l'organisation de la milice, je crains qu'il n'ait oublié une chose : le nombre de colons étrangers dans certaines provinces. Ainsi, dans la province d'Oran (je ne parle que de cette province ; dans les autres, ce seront d'autres éléments qui concourront à la formation de la milice), dans la province d'Oran il y a autant d'Espagnols que de Français; les Espagnols sont de très-bons et très-braves soldats. Serait-il bien prudent d'avoir 12 ou 15,000 Espagnols bien armés? Nous sommes, il est vrai, dans les meilleurs rapports avec l'Espagne, mais les amitiés les plus vives tournent quelquefois en inimitiés, et si une guerre éclatait avec l'Espagne, serait-il bien prudant d'avoir dans cette province ces 12 ou 15,000 Espagnols?

En présence d'une puissance qui n'est séparée de l'Afrique que par trente lieues de mer sur certains points, qui possède les îles Béleares, qui a, à terre, Ceuta et Melilla, et à deux heures de la côte les îles Zafarines qui possèdent le meilleur port en face de cette côte, serait-il prudent d'avoir une milice de 12 ou 15,000 Espagnols pour garder nos villes? C'est une réflexion que je soumets au Sénat, et sur laquelle je n'insiste pas davantage.

Il faut que les inquiétudes colonisatrices, comme les inquiétudes religieuses, se calment. Le sénatus-consulte ne peut les attaquer en rien; il est loin d'être le contraire de la colonisation : je pense qu'il en favorisera le développement.

Quant à la religion, je ne crois pas que la croix soit jamais abaissée devant le croissant, sous le règne d'un prince qui a envoyé ses armées dans l'extrême Orient pour y replanter cette croix, et qui a soutenu à Rome, de tout son pouvoir, le souverain pontife de la religion catholique.

Je vote pour le sénatus-consulte.

M. le Président. La discussion est continuée à lundi prochain.

SÉANCE DU LUNDI 13 AVRIL 1863.

Présidence de S. Exc. M. le Premier Président Troplong.

L'ordre du jour appelle la suite de la discussion sur le projet de sénatus-consulte relatif à la constitution de la propriété en Algérie dans les territoires occupés par les Arabes.

LL. EExc. M. Baroche, Ministre, président du Conseil d'État; Billault, Ministre sans portefeuille; le général Allard, président de section au Conseil d'État; Darricau et Mercier-Lacombe, Conseillers d'État, sont présents au banc des commissaires du Gouvernement.

M. le Président. La parole est à M. Michel Chevalier.

M. Michel Chevalier. Messieurs les Sénateurs, le projet de sénatus-consulte qui est soumis à vos délibérations est émané d'une grande pensée. Cette pensée est celle des ménagements qui sont dus à des vaincus, à des peuples vaincus et soumis. Cette pensée est une de celles qui appartiennent au xixe siècle plus qu'à aucun de ceux qui l'ont précédé, et qui sont propres à

l'auguste Souverain qui a pris l'initiative du sénatus-
consulte, autant et plus qu'à qui que ce soit parmi les
hommes vivants. Cette pensée a déjà reçu une application heureuse et dont l'humanité n'a qu'à s'applaudir
dans l'affaire d'Abd-el-Kader. L'émir vaincu était prisonnier, il l'était malgré la capitulation ; il l'était parce
que des hommes auxquels on ne peut pas refuser d'être
éclairés supposaient que, malgré les engagements qu'il
pourrait prendre, il se servirait de sa liberté pour venir de sa personne fomenter des troubles nouveaux dans
nos possessions d'Afrique. L'Empereur a eu la magnanimité de croire à la sincérité du chef ennemi de la
France ; il lui a donné la liberté malgré de nombreux
avis qui militaient en sens contraire. Vous savez ce qui
est arrivé ; l'Empereur a reçu la récompense la plus
douce pour son cœur : l'émir, sur la bonne foi duquel
on avait répandu des doutes, transporté à Damas, est
intervenu le jour où le fanatisme musulman s'était dé-
chaîné et faisait parmi la population chrétienne tant de
victimes. Il s'est souvenu de la bonne foi d'un souverain
chrétien, de sa magnanimité, dont il avait été l'objet
lui-même ; il a voulu lutter de générosité. En s'exposant à de grands périls, il a sauvé la vie de plusieurs
milliers de personnes vouées à la mort.

C'est donc, Messieurs, une grande et belle pensée
qui a inspiré le projet de sénatus-consulte. Cette pensée
généreuse peut-elle être appliquée avec une grande
utilité publique en ce qui concerne la possession des

terres en Algérie ? Je n'hésite pas à répondre par l'affir-
mative.

Cette pensée de générosité pourrait également recevoir une application opportune, utile, politique, dans
la question des terres de l'Algérie. De sorte que, en
principe, je n'ai que des applaudissements à donner au
sénatus-consulte. Je dis en principe, car pour ce qui
est du mode d'exécution, des arrangements qui sont
stipulés dans la série des articles dont se compose le
sénatus-consulte, pour être franc, je suis forcé de dire
que mes éloges seraient mêlés d'un assez grand nombre
de critiques, et ce sont ces critiques que je demande
au Sénat la permission de lui exposer.

D'abord, une circonstance me frappe : il faut être
généreux envers son ennemi, pour moi, c'est évident;
mais il ne faut peut-être pas lui abandonner plus qu'il
n'attend. Or, en tendant la main aux Arabes vaincus,
le sénatus-consulte leur donne plus qu'ils n'auraient
espéré, on leur livre plus de terres qu'ils n'y comptaient, et on les leur donne en omettant des conditions
qu'il eût été facile de réserver, et qui leur eussent
profité en même temps qu'à la France. Je m'explique :
Pour ne parler que du Tell, qui est incomparablement
la partie la plus précieuse du domaine algérien, on
l'évalue diversement de 14 à 16 millions d'hectares.
Sur ces 14 à 16 millions d'hectares, on en livre environ 9 millions à une population arabe, qui, pour cette
partie de l'Afrique française est d'environ quinze cent
mille âmes; c'est-à-dire qu'on leur donne 6 hectares

environ par tête, ce qui est beaucoup. Vous savez qu'en France il y a environ 1 hectare 1/2 par tête d'habitant. On leur abandonne donc beaucoup. Et ce qui donne de la gravité à cet abandon, ce qui restera à distribuer ensuite se réduit à assez peu de chose, car le rapport de votre commission vous annonce seulement, comme domaine public disponible, une superficie d'environ 900,000 hectares. Et je dois encore ajouter, car il faut tout dire, que j'ai entendu des personnes, qui connaissaient bien l'Algérie, soutenir que l'on ne trouverait pas, à beaucoup près, 900,000 hectares de terres cultivables dont il fût possible de disposer en faveur de colons européens.

Si vous étiez comme les États-Unis, qui ont possédé dans l'Amérique du Nord un domaine public de 600 millions d'hectares, c'est-à-dire onze fois la surface de la France, je comprendrais bien que, dans vos libéralités et votre bienveillance, vous ne regardassiez pas à 2, 3 ou 4 millions d'hectares de plus ou de moins,

Soit par ce qu'ils avaient au moment où ils se rendirent indépendants de l'Angleterre, soit par les acquisitions qu'ils ont faites à prix d'argent au premier consul, qui leur vendit la Louisiane pour 80 millions; à l'Espagne, qui leur vendit la Floride avec ses dépendances; puis au Mexique, avec qui ils firent un marché en lui mettant quelque peu le couteau sur la gorge, marché qui aboutit à la cession, moyennant 15 millions de dollars, de la Californie, du Nouveau-Mexique et d'autres territoires, les États-Unis sont arrivés à avoir ce do-

maine public de 600 millions d'hectares dont je parlais
tout à l'heure. Là-dessus ils ont vendu ou concédé avec
intelligence, comme vous le verrez tout à l'heure, 160
millions environ, de sorte qu'il leur reste encore 440
millions d'hectares environ, c'est-à-dire plus de huit
fois le territoire de la France, et ce vaste territoire
est d'une fécondité moyenne égale à celle de notre propre pays. Dans des circonstances pareilles on peut
opérer largement, se livrer à des largesses.

Mais en Afrique il n'en est plus de même; la seule
portion ayant vraiment de la valeur, c'est le Tell. Je
ne dirai pas que le désert du Sahara ne vaut absolument rien; il fournit pendant une partie de l'année d'u-
tiles pâturages, mais le reste de l'année il est inhabi-
table. En somme, c'est un territoire d'une fort médiocre
utilité en comparaison du Tell ou des terres de France.
La conséquence du sénatus-consulte, c'est qu'une fois
qu'il aura été voté, nous nous trouverons à peu près
démunis.

Je demanderai tout à l'heure au Sénat la permission
de lui dire ce qu'il peut résulter de ce fait, que nous
soyons démunis; mais je voudrais d'abord appeler son
attention sur la facilité avec laquelle ces 9 millions
d'hectares sont abandonnés aux tribus. Le sénatus-
consulte leur donne pour le plaisir de leur donner; il
ne se réserve pas certaines conditions qui eussent été,
sinon toutes, du moins la plupart avantageuses aux
Arabes eux-mêmes.

Je me réfère à l'exemple de l'Amérique du Nord,

parce qu'enfin c'est certainement l'exemple le plus éclatant qu'offre l'histoire du passé ou du présent d'une grande distribution de terres.

Au gouvernement fédéral appartient la disposition des terres formant le domaine public. Il en répartit la majeure portion par le moyen des ventes, mais il prend des soins pour que la distribution profite, dans une certaine mesure, à la civilisation du pays, et voici comment : premièrement, il est entendu que sur chaque commune ou *township*, on appelle de ce nom une superficie qui représente environ 9,300,000 hectares, il est entendu que ce qu'on nomme une *section*, soit 259 hectares, soit réservé pour l'usage des écoles primaires, indépendamment des donations qui sont faites pour l'enseignement supérieur et qui s'élèvent à une quantité moins considérable.

De plus on réserve, pour les routes de l'État où sont les terres, une part sur le produit de la vente. La conséquence est facile à voir ; on assure ainsi aux différents états où les terres publiques sont situées des moyens d'assistance pour leurs écoles et pour leur viabilité. Une réserve analogue est stipulée pour l'emplacement des villes. Enfin des donations spéciales sont faites à des canaux et à des chemins de fer.

Qu'est-ce qui aurait empêché et qu'est-ce qui empêcherait encore que dans le sénatus-consulte, alors que nous sommes si généreux pour les Arabes, nous fissions des réserves de ce genre ? Est-ce qu'il ne serait pas utile d'en stipuler une dans l'intérêt de l'enseignement? Vous savez où en sont les Arabes : ils sont soumis, il paraît même qu'ils se comportent avec une sagesse exemplaire au point de vue extérieur, mais, vous ne l'ignorez pas, tous les hommes qui connaissent l'Afrique le disent, au fond du cœur l'Arabe ne nous aime pas ; il y a beaucoup de causes d'antipathie entre lui et nous : d'abord nous sommes les vainqueurs et il est le vaincu, nous sommes les conquérants et il est le conquis ; et puis il y a la plus profonde différence qui puisse exister entre deux catégories d'hommes, la différence de religion. Leur religion nous dépeint aux Arabes comme des infidèles, comme des giaours dont la domination est dégradante. A leurs yeux, nous sommes en Afrique des intrus avec lesquels il faut temporiser jusqu'à ce qu'on puisse les expulser.

Est-ce que vous ne croyez pas que l'éducation, l'ouverture de leur esprit aux connaissances de l'Europe, l'organisation parmi eux d'une instruction publique élémentaire qui serait appropriée à leur état, seraient de nature à faire disparaître cette inimitié sourde qui, à un moment donné, pourrait se traduire en soulèvement? Les éclairer, c'est les rapprocher de nous, c'est leur donner le goût de notre industrie et de nos usages.

Il me semble donc désirable qu'en même temps que l'on fait aux Arabes des concessions aussi inespérées, on réserve une portion de terres pour former une dotation aux écoles; de même pour les chemins, on aurait pu réserver deux ou trois pour cent des terres pour constituer un fonds d'encouragement destiné à la construction de ces chemins. Ici je dois ajouter que, dans ma pensée, les terres sur lesquelles on ferait ces réserves ne seraient pas de celles que les Arabes tiennent à l'état de culture. Pour celles-là il convient de les donner, ce qu'on fait du reste intégralement et sans condition. On assure qu'elles font deux millions d'hectares. Mais les réserves seraient prises sur les terres beaucoup plus étendues sur lesquelles ils n'exercent qu'une faculté de parcours fort élastique. Sur celles-ci vous pourriez, sans léser personne, réserver des fractions qui fourniraient un fonds de dotation pour les écoles et pour les routes, Il est évident qu'en cela vous auriez rendu service aux Arabes.

De même on aurait pu faire une autre réserve pour l'emplacement des villes, sauf ensuite à troquer ces terrains mis à part contre d'autres que l'expérience aurait fait connaître comme mieux situés.

En agissant ainsi, vous feriez une chose utile aux Arabes. Vous vous montreriez, je le crois, plus prévoyants et vous vous épargneriez des embarras futurs, car vous aurez des embarras quand il s'agira de doter leurs écoles, de leur faire faire des chemins, de fonder des centres de populations.

Il y a encore en Amérique un usage qui a été pratiqué avec succès, et qui aurait pu être introduit avec avantage dans le sénatus-consulte, celui de donations de terres pour les grandes entreprises de travaux publics, pour les grandes communications autres que les routes.

L'expérience a révélé au gouvernement fédéral un système ingénieux. Quand il a voulu favoriser quelque canal important, comme ceux qui traversent l'État d'Ohio, ou l'État d'Indiana, ou l'État d'Illinois, on a fait une catégorie à part, sur cinq milles (huit kilomètres) de large, des terres situées à droite et à gauche de la ligne. On en réservait la moitié pour le trésor public, et on a concédé l'autre moitié à la compagnie ou à l'État qui s'était chargé de l'entreprise. Il était évident que lorsque le canal serait achevé, les terrains qui sont immédiatement contigus prendraient une grande valeur.

La combinaison suivie est celle-ci : Tous les cinq milles ou tous les huit kilomètres, alternativement, l'entrepreneur du canal, Compagnie ou État et le Trésor fédéral, alternent sur l'un et l'autre côté de la ligne. Ainsi, 8 kilomètres appartiennent à l'entrepreneur du canal, et les 8 kilomètres suivants demeurent au domaine fédéral, et la concession ayant lieu aussi sur 8 kilomètres d'épaisseur, il en résulte pour chacune des deux parties une propriété de grande valeur, si la communication établie est utile. Ce que je dis d'un canal est également vrai pour un chemin de fer.

Comme en Afrique nous ferons des chemins de fer avec de grands sacrifices de la part de l'État, et comme il est hors de doute qu'ils féconderont l'Algérie, comme il est également certain que les terrains qui les borderont auront un jour une grande valeur, je crois qu'il eût été sage de statuer qu'au moins la

moitié des terres, suivant le système américain, sur
une épaisseur de 8 à 10 kilomètres, resterait à la disposition du gouverneur général de l'Algérie pour en
faire l'objet de concessions ultérieures, ou pour in-
demniser quelque jour l'État des dépenses que la
France s'impose en Afrique.

Une combinaison de ce genre m'aurait paru très-
soutenable, d'autant plus qu'elle répond à une opinion
exprimée par des militaires et par d'autres observateurs éclairés, savoir, qu'il serait utile que, le long
de ces grandes communications, des terres fussent ré-
servées à l'effet d'y placer des colons européens, attendu que ces colons, de cette manière, se trouveraient occuper la meilleure situation stratégique pour
dominer les grandes voies du transport des hommes et
des choses, dans le cas d'un soulèvement ou d'une invasion étrangère.

Je ne m'explique pas pourquoi on n'a pas introduit
des réserves de ce genre dans le sénatus-consulte, car
certainement la commission qui l'a préparé, et qui était
composée de personnes au courant de toute chose,
savait, aussi bien que qui que ce soit, ce qui se passe
aux État-Unis à l'égard des terres publiques.

Voilà une première critique que je fais au projet
du sénatus-consulte. Maintenant il y en a une autre
d'une nature peut-être supérieure. C'est une critique
de l'ordre politique.

Bien que j'aie l'honneur d'être titulaire d'une chaire
d'économie politique, je ne suis pas de cette catégorie

assez nombreuse d'économistes qui croient que les frais que fait un État pour fonder des colonies sont des dépenses superflues ou mal avisées; je professe l'opinion contraire. Je crois que les grandes nations doivent coloniser, que c'est une nécessité pour elles d'étendre leur domination, leur langue, leur race sur des terres lointaines, jusqu'alors abandonnées à des peuples sauvages ou barbares. Je pense qu'un peuple qui cesse de coloniser donne par cela même un signe de décadence. Et rien ne serait plus affligeant pour moi que d'avoir à reconnaître la décadence de mon pays. D'ailleurs, Messieurs, les faits le montrent, la France n'est pas en décadence. Nous sommes un peuple qui a éprouvé des revers douloureux, mais qui a repris un mouvement ascendant; dans cette situation de la France, les entreprises de colonisation, à la condition bien entendu d'être menées sagement et habilement, me paraissent faire une partie essentielle d'une politique intelligente et patriotique. Je désirerais donc beaucoup que nous puissions rétablir l'empire colonial que les événements ont détruit, et il me semble qu'il n'y a pas de contrée où il soit plus naturel et plus facile d'opérer cette résurrection de la puissance coloniale de la France que sur les rivages du nord de l'Afrique.

La distance, en effet, n'est pas grande; le climat n'est pas extrêmement différent de celui de nos départements méridionaux, et puis la preuve existe, la preuve péremptoire, que les races européennes peuvent prospérer et se développer sur cette partie du sol africain, car du temps des Romains elles s'y étaient répandues et multipliées, et y jetaient un vif éclat. Dans les trois ou quatre derniers siècles de l'empire romain, la civilisation répandait autant d'éclat sur le littoral du nord de l'Afrique que dans quelque partie que ce fût de l'Europe. Ainsi l'entreprise de fonder un empire colonial en Algérie est parfaitement judicieuse. C'est une idée qu'il serait déplorable de ne pas suivre.

Cependant nous ne devons pas nous dissimuler que, jusqu'à ce jour, la colonisation de l'Algérie a été lente. Je n'en fais de reproche à personne, je sais combien sont rudes les commencements de toutes les grandes entreprises. Avant de coloniser, il fallait conquérir et soumettre le pays; or, il n'y a pas bien longtemps que la soumission est complète; je suis fâché d'adresser un compliment à brûle-pourpoint à M. le maréchal Randon, qui est assis à quelques pas de moi; mais c'est la vérité pure, la soumission de l'Algérie n'est acquise que depuis qu'il a conquis la Kabylie, ce qui remonte à très-peu d'années.

Je ne songe donc pas à répandre le blâme sur le passé; je dis seulement : nous avons entrepris la colonisation de l'Algérie, et elle ne se développe guère. Nous avons là cependant un noyau de colons que naguère on dépeignait sous un jour fâcheux, mais qui sont aujourd'hui réhabilités dans l'opinion publique. M. le baron Charles Dupin vous a fait l'autre jour un rapport dans lequel il n'a rien dit que la stricte vérité, et où il n'a fait qu'être l'écho de tous les hommes éclairés et impartiaux, en constatant que les colons français établis en Algérie méritent bien de leur patrie et de la civilisation. Il n'est pas moins vrai que la colonisation algérienne a besoin de grands encouragements, car elle marche lentement.

Ce qui augmente chez moi le regret que j'éprouve de ne pas voir se développer plus vite la colonisation de l'Algérie par des Français aidés d'autres Européens, c'est la comparaison que j'établis avec les colonisations de quelques autres nations.

Il ne faut pas le déguiser, nous avons près de nous un peuple qui colonise le monde entier, de sorte que d'ici à un intervalle d'un siècle, et un siècle, qui est beaucoup pour un individu, est peu pour une nation; d'ici à un siècle, le monde entier sera couvert de colonies anglo-saxonnes, du fait des Anglais ou de leurs cousins des États-Unis.

Permettez-moi de vous rappeler quelques détails propres à montrer avec quelle rapidité cette colonisation s'achemine vers les destinées les plus brillantes, et comment elle conquiert tous les jours une puissance nouvelle, tandis que nous sommes, à cet égard, bien stationnaires. J'ai sous la main un document officiel : c'est le tableau publié en 1863, comme toutes les années, de l'état actuel des colonies britanniques. Ces colonies deviennent des empires. Le Canada qui, lorsque nous le perdîmes, avait environ 60,000 âmes, en compte aujourd'hui 2,500,000. Et aujourd'hui il marche avec une rapidité bien plus grande qu'il y a

vingt ans. La Nouvelle-Zélande, c'est d'hier que les
Anglais y sont entrés, et il y a déjà aujourd'hui près
de 100,000 Européens. De même en Australie. Il est
vrai que l'Australie exerce une attraction puissante à
laquelle les hommes ne savent pas résister, l'attraction
de l'or. La colonisation de l'Australie avance avec une
prodigieuse rapidité. L'Australie est partagée en six
colonies bien distinctes. Celle où les mines d'or sont le
le plus nombreuses est la province de Victoria. Elle
comptait 77,000 âmes quand les mines d'or y ont été
découverte en 1851; aujourd'hui, ou pour mieux dire
déjà, en 1861, elle n'en avait pas moins de 540,000.
Toutes les colonies anglaises se développent avec plus
ou moins de rapidité.

Je cite maintenant un exemple emprunté aux Anglo-
Saxons d'Amérique. Je prends la Californie; c'est un
pays bien écarté pour des colons. Il faut faire, pour y
aller, un voyage dans l'océan Atlantique, puis traverser
l'isthme de Panama, et enfin faire un assez long voyage
sur l'océan Pacifique. Malgré cela, la Californie, qui,
en 1848, n'avait encore que les 15,000 habitants qu'a-
vait comptés l'illustre Humboldt en 1802 ou 1803, la
Californie, en 1860, avait 326,000 habitants européens, sans compter les Indiens, et 35,000 Chinois,
accourus aussi pour y chercher fortune.

Mais on me fera observer qu'il ne faut pas choisir
pour terme de comparaison des pays comme la Californie et l'Australie, parce qu'ils sont privilégiées par
leurs mines d'or. Soit. Je choisirai un autre exemple dans

l'Amérique du Nord; je vous signalerai l'État d'Illinois, où il n'y a pas de mines d'or ni de mines d'argent. En 1850, dans l'Illinois, il y avait 850,000 âmes. Le recencement de 1860 y a constaté une population de 1,712,000. Cet accroissement énorme est dû, à coup sûr, dans une certaine mesure, au développement naturel de la population, mais il provient surtout de l'affluence des émigrants.

Il y a en Europe un très-vif courant d'émigration pour aller fonder des colonies ou des pays comme l'Illinois, qui sont finalement des colonies aussi bien que la province de Victoria ou que l'Algérie. Ce mouvement est tel, que je pourrais citer des années où la grande république de l'Amérique du Nord a reçu jusqu'à 400,000 émigrants et plus. Il était rare, avant la guerre civile qui désole les États-Unis, qu'il ne le leur en vînt pas 20,000. Voilà pourtant un courant auquel nous pourrions faire quelques emprunts pour l'Algérie; mais, eux-mêmes, les Français qui émigrent ne vont pas en Afrique. Les documents officiels constatent qu'un grand nombre préfère à l'Algérie les bords de la Plata, par exemple.

Une voix. Ils ne vont pas qu'à la Plata.

M. Michel Chevalier. Le besoin que nous éprouvons de relever notre empire colonial n'est pas satisfait, et cependant il est manifeste qu'une politique habile pourrait lui trouver une satisfaction dans la terre algérienne. Mais ici se présente naturellement à notre examen le système de la concession des terres en Afrique et la question du sénatus-consulte.

Pourquoi les États-Unis, qui sont loin de l'Europe, ont-ils reçu jusqu'à 400,000 émigrants européens par an? Pourquoi l'Algérie en a-t-elle si peu, elle qui est plus rapprochée de l'Europe, et dont les terres ont beaucoup de qualités? Ce ne sont pas exactement les mêmes qualités qui recommandent le sol des États-Unis, mais des qualités à peu près équivalentes. Pourquoi la colonisation de l'Algérie est-elle si restreinte en comparaison?

Il ne faut jamais attribuer les grands phénomènes sociaux et politiques à une seule cause. Ils sont l'effet complexe de plusieurs causes. Ainsi la lenteur avec laquelle marche la colonisation de l'Algérie, en comparaison du sol de l'Amérique du Nord, provient de causes multiples. Mais, parmi ces causes, une des principales est inhérente au mode de concession des terres. Quand l'émigrant arrive aux États-Unis, il trouve de la terre avec facilité; quand il se rend en Afrique, il n'en trouve qu'avec beaucoup de difficultés. Ces difficultés, le sénatus-consulte aurait pu, je crois, chercher à les lever ou à les amoindrir. Malheureusement j'y cherche en vain des dispositions qui soient propres à faire disparaître ces difficultés ou du moins à les diminuer beaucoup.

Lorsque l'émigrant français, anglais ou allemand, se rend aux États-Unis, il débarque à New-York; là il trouve, ce qu'il trouverait en définitive en Algérie, des moyens de transport avec lesquels il parvient à l'un ou l'autre des endroits où sont les terres publiques à vendre. Seulement en Amérique il y a beaucoup plus de chemin à faire qu'en Algérie ; il faut faire quelquefois six à sept cents lieues pour atteindre le gisement des terres, mais une fois que l'émigrant y est, il se rend au bureau terrien, et y trouve des plans, dressés sur une grande échelle, de la surface du pays à huit ou dix lieues à la ronde. Sur les lieux, l'émigrant s'informe ; d'ailleurs il a été généralement appelé là par des amis qui y étaient venus avant lui. Il examine et choisit la terre qu'il veut et qui est toute bornée d'avance au moyen d'un grand système d'arpentage par lequel le sol est divisé en lots de 65 hectares ; c'est ce qu'on appelle un quart de section. Il prend habituellement un quart de section ou la moitié, car on peut se borner à prendre 32 hectares 1/2. Il tire son argent de sa poche, et paye au receveur du bureau terrien, à raison de 1 dollar et quart l'acre, c'est-à-dire environ 16 francs l'hectare, les 32 ou les 65 hectares, et le voilà propriétaire incommutable. On lui donne, le jour même, un papier qui est son titre de propriété.

C'est un titre provisoire, sans doute ; il faut ensuite s'adresser à Washington pour avoir un titre définitif. Mais ce titre définitif arrive tout seul, sans démarche de la part de l'émigrant. Au surplus, tel qu'il est, le titre provisoire suffit à établir son droit.

Vous n'aurez jamais un grand mouvement de colonisation en Afrique, tant que vous n'y aurez pas établi

des dispositions analogues à celles dont je viens de parler. Il n'est aucun de vous, Messieurs les Sénateurs, qui
n'ait eu des conversations avec des personnes ayant
quelque intérêt personnel en Algérie par leur argent
ou par quelque entreprise. Ces personnes n'ont pas
manqué de vous dire : Ah! si vous saviez combien il est
difficile d'avoir de la terre en Algérie ! Il faut faire antichambre par-ci, antichambre par-là; les formalités et
les démarches n'en finissent pas. L'infortuné colon qui
a vendu ses terres en France pour aller s'établir en Algérie est promené de bureau en bureau. Autrefois il
fallait même qu'il revînt à Paris, et souvent c'était en
vain. Il dépensait son petit capital en voyages ou en
séjours inutiles, et, finalement, ce n'était pas toujours
qu'il avait de la terre.

Il faut que nous sortions de ce système. Encore une
fois, je ne m'arrêterai pas à récriminer contre le passé;
à quoi bon? Je consens à mettre toutes les difficultés
éprouvées jusqu'à ce jour sur le compte des embarras
qu'on rencontre au début des grandes créations : le
passé est passé, mais pourvoyons à l'avenir. J'aurais
voulu que le sénatus-consulte portât l'empreinte de la
ferme volonté d'organiser dans cette possession française du nord de l'Afrique quelque chose de semblable
à ce qui existe aux États-Unis, quelque chose qui y
inaugurât à peu près la facilité avec laquelle l'émigrant,
transporté aux États-Unis, est assuré de trouver un
territoire sur lequel, avec son travail, il se fera un pa-
trimoine qui sera peut-être pour ses enfants une for-

tune; et, pour cela, il eût fallu d'abord que le sénatus-
consulte laissât des terres pour la colonisation.

Cette affaire de la vente des terres publiques est
très-bien organisée aux États-Unis; elle y forme un tout
complet : ce sont des services bien combinés les uns
avec les autres, qui constituent un bel ensemble. Il y
a d'abord le service de l'arpentage qui est très-bien
établi. Il existe un corps d'arpenteurs qui font le plan
du pays et la délimitation des lots, comme je l'ai indiqué tout à l'heure, par divisions de 65 hectares. Ce
service d'arpentage est à l'entreprise, et coûte au gouvernement fédéral environ 25 centimes par hectare;
l'arpentage est monté sur une grande échelle, de sorte
que, tous les ans, on fait le plan d'une superficie qui
représente 12 à 15 départements français. Par conséquent le public a beau acheter des terres, il y en a toujours à vendre de plus en plus.

J'ai sous les yeux un renseignement assez curieux.
Pendant l'espace des quinze dernières années dont les
résultats soient connus, la vente des terres présente un
total de 122 millions d'acres, ou 51 millions d'hectares, c'est-à-dire à peu de chose près la superficie de
la France continentale. Il résulte aussi de ce document,
que la quantité qui est en vente excède l'étendue de
la France. Alors les émigrants, ceux qui viennent du
nord comme ceux qui arrivent du midi, ceux des pays
chauds comme ceux des pays humides ou froids, trouvent tous quelque chose à leur convenance et qui leur
rappelle plus ou moins les lieux qu'ils ont quitté; un

sol où l'expérience qu'ils ont acquise pour la culture puisse leur être utile. Le choix leur est facile, car la variété des terrains à vendre est infinie: c'est la quantité et la diversité de la marchandise qui appellent les acheteurs.

J'aurais voulu trouver dans le sénatus-consulte le germe de quelque chose de ce genre. Mais il n'offre rien de semblable. J'y trouve une concession considérable faite aux Arabes, et qui est plus qu'ils n'auraient espéré. J'y cherche en vain, il faut bien le dire, la preuve d'une grande sollicitude, je ne dirai pas pour les colons actuels, mais pour les colons à venir. Nous avons en Afrique deux cent mille colons; ils y sont, il faut bien qu'ils y restent. Cependant, comme ce sont nos compatriotes et de braves gens, tout encouragement nouveau qui leur serait donné ne serait qu'une haute convenance et un acte de bonne politique.

Mais ce qu'il faut pour faire vraiment de l'Algérie une terre française, une possession qui profite à la France, qui ajoute à sa grandeur, à la force de son industrie et à sa puissance militaire, c'est une forte population européenne. Or, a-t-on fait dans le sénatus-consulte quelques réserves et pris quelques mesures pour encourager cette population à venir s'établir en Afrique sous le drapeau français, et cultiver les vallées du Chélif et de l'Habra? Nullement. Rien n'a été prévu dans ce but. Rien n'a été préparé. Vous avez, à ce que l'on dit, 900,000 hectares à offrir à ces colons si désirables; 900,000 hectares, c'est bien loin des cenlaines de millions d'hectares des États-Unis. Et ces 900,000 hectares sont-ils bien réellement prêts à être vendus ? Je ne le pense pas. Nous en avons, je le veux bien, la possession de droit; mais on n'en a pas dressé le plan. Il n'existe pas un bureau où les colons, venus des départements français, ou de Suisse, ou d'Allemagne ou de tout autre pays d'Europe, puissent choisir et acquérir les terres à leur convenance, en disant : voici mon argent; je prends tel lot. Vous n'avez rien de pareil, et c'est là ce qu'il faudrait que vous eussiez.

Il y a même, dans le sénatus-consulte, une disposition qui m'a étonné, parce qu'au lieu d'augmenter les facilités qu'un colon européen trouverait à acheter des terres elle tend à les diminuer, à les ajourner.

Voici ce que je veux dire : neuf millions d'hectares sont abandonnés aux Arabes par le sénatus-consulte. Sur ces neuf millions, il y en a deux pour lesquels il ne peut y avoir la moindre contestation, ce sont les terres actuellement cultivées par eux; pour celles-là une contestation me paraîtrait bien difficile et ce n'est pas moi qui la soulèverai.

Quant aux autres sept millions qu'on leur abandonne, je répète que je trouve qu'on a été bien généreux et qu'on en aurait pu réserver une partie. A l'égard des deux millions que les Arabes ont en culture il y avait quelque chose de bien simple à faire, du du moment que, comme l'a dit l'exposé des motifs, et comme la répété dans son rapport l'honorable M. de Casabianca, l'on se propose de fonder la propriété individuelle. Il n'y avait rien de plus naturel que de dire aux Arabes : Ces deux millions d'hectares sont à vous, nous allons immédiatement vous remettre des titres qui vous en feront propriétaires individuellement. Ces titres vous les aurez dans six mois, le temps de dresser et d'imprimer des formules; ceci ne veut pas dire que pour les cas litigieux, lorsque deux Arabes, par exemple, prétendraient avoir le même morceau de terre, on n'aurait pas sursis à statuer.

M. le comte DE CASABIANCA, *rapporteur.* Je demande la parole.

M. MICHEL CHEVALIER. Il aurait donc été possible, facile même, de faire entrer tout de suite dans la propriété individuelle ces deux millions d'hectares. C'eût été un bien, c'eût été une marchandise en partie plus ou moins grande offerte sur la place : c'eût été par conséquent propre à attirer les Européens. On n'a pourtant rien fait de cela. Ces deux millions d'hec-ares, on les donne aux tribus. Il y a même quelque chose qui paraît bien singulier : il résulterait des termes du sénatus-consulte.....

M. le général CHARON. Je demande la parole.

M. MICHEL CHEVALIER..... que ces deux millions d'hectares sont retirés aux individus qui les possèdent aujourd'hui, et on les donne dès à présent aux tribus; on verra plus tard ce qu'on a à faire. De toutes les dispositions du sénatus-consulte, c'est celle qui a le plus choqué mon sentiment du droit et mon sens politique. Car ce n'est pas avancer vers le but reconnu qui est la propriété individuelle; c'est faire rétrograder vers la propriété collective des terres qui déjà étaient individualisées en fait. Cette disposition va donc au rebours de l'objet qu'on poursuit,

Maintenant, Messieurs, je n'abuserai pas plus longtemps de l'attention du Sénat. J'ai exprimé mes scrupules, jai expliqué les objections que le projet de sénatus-consulte a soulevées dans mon esprit, je ne demande pas mieux que de les voir réfutées, et, si la réfutation est complète, je serai le premier à voter des deux mains le projet de sénatus-consulte. Mais jusqu'à ce moment-là, je réserve mon vote.

M. le Président. La parole est à M. le Président du Conseil d'État.

S. Exc. M. Baroche, *Ministre président du Conseil d'État.* Messieurs les Sénateurs, au milieu de la discussion générale, très-générale, qui s'est engagée devant vous à la séance dernière et qui vient d'être continuée tout à l'heure par l'honorable M. Michel Chevalier, on a, si je ne me trompe, un peu perdu de vue le sénatus-consulte et l'objet considérable, mais restreint cependant, dont il se préoccupe.

L'honorable M. Michel Chevalier faisait tout à l'heure à la situation de l'Algérie des reproches plus ou moins bien fondés, et il s'étonnait que le sénatus-consulte ne contint ni d'une manière complète, ni même en germe le remède aux inconvénients qu'il croyait devoir signaler.

Les auteurs du sénatus - consulte espèrent, — et nous sommes très-convaincus que cette espérance se réalisera, — atteindre un but considérable en Algérie; mais ce n'est pas la constitution de l'Algérie, encore bien moins son organisation administrative que nous avons la prétention de faire.

Ainsi, l'honorable M. Michel Chevalier qui nous parle des colonies américaines, des colonies anglaises, qui établit une comparaison entre l'Amérique et notre colonie d'Afrique, regrette vivement que l'on ne puisse pas trouver, lorsque l'on arrive en Algérie avec la pensée d'y devenir propriétaire, des facilités aussi grandes que celles que l'on rencontre en Amérique et dans quelques colonies anglaises, mais en Amérique spécialement. En Amérique, vous dit-il, tout est préparé à l'avance; il y a d'immenses espaces, qui ont été vendus à bon marché, à 25 centimes l'hectare cadastré par des entrepreneurs, et sur lesquels on a fait des réserves pour les emplacements des rues, des routes, des établissements d'utilité publique; sur lesquels même on a réservé de longues bandes de terrain que l'on abandonnera à ceux qui se rendront entrepreneurs de chemins de fer ou de canaux. Puis, quand on a fait ainsi la part du domaine public et de l'intérêt général, on a divisé comme sur un échiquier, en portions plus ou moins étendues, tout le surplus du sol à vendre.

Il y a dans certains endroits, des bureaux où ces plans cadastraux sont déposés, et là chaque individu qui désire se rendre propriétaire, sur la simple inspection des plans, sans avoir besoin de faire un voyage dans le lieu où il veut se fixer, peut acquérir des portions de terre plus ou moins considérables.

Pourquoi ne trouve-t-on pas tout cela en Algérie?.. Pour une raison bien simple : c'est que le système de colonisation et de conquête qui a été pratiqué en Amérique relativement à celui qui a été pratiqué par la France en Algérie est dissemblable, aussi dissemblable que le blanc l'est du noir. C'est qu'en Amérique on a procédé par voie de refoulement et de destruction de la population indigène; c'est qu'en Amérique on a complété le désert là où il y avait quelques vestiges d'habitants; on a fait le désert absolu, là où il y avait des Indiens. Dieu seul sait où sont ces Indiens maintenant ! En Algérie (Avons-nous eu tort?), nous avons procédé tout autrement. En Algérie, la conquête a été longue et glorieuse; la conquête a duré près de trente ans, et quand on s'étonne que nous n'ayons pas marché plus vite, je me demande comment on peut manifester un pareil étonnement, lorsqu'un instant auparavant l'honorable orateur lui-même venait de reconnaître que cette conquête, qui comprend tant de faits glorieux, mais glorieux et successifs, n'a été véritablement terminée qu'à l'époque récente qu'il a indiquée, et par l'illustre Maréchal qu'il a nommé.

Voilà pourquoi nous n'avons pas en Algérie d'immenses espaces; des tables rases incommensurables, sur lesquelles on puisse découper un échiquier dont on livre les morceaux à très-bon marché à tous ceux qui en demandent.

Quant à nous, nous avons respecté les droits acquis; nous avons respecté dès le premier jour, par la capitulation qui nous a livré Alger, tout ce qui existait antérieurement; nous avons confirmé, au grand honneur et à la grande gloire de tous les gouvernements qui ont accompli la conquête de l'Algérie, nous avons confirmé et respecté tous les droits existants lors de la conquête; et en 1851, par cette loi qui a été plusieurs fois citée, nous avons déclaré que non-seulement la propriété, mais la jouissance, partout où elle existait, étaient reconnues et consacrées par nous.

Voilà pourquoi nous ne procédons pas comme en Amérique; voilà pourquoi il n'y a pas les mêmes facilités pour vendre des terres, et pourquoi, jusqu'ici et depuis trente-deux ou trente-trois ans seulement que nous avons commencé à planter en Algérie le drapeau français, nous ne sommes pas encore arrivés à cette situation que tout à l'heure l'honorable M. Michel Chevalier mettait en parallèle avec celle de l'Algérie.

Mais si nous n'avons pas fait ce qu'ont fait les Américains, pour moi je ne le regrette pas du tout, et le Sénat ne le regrettera pas plus que moi, nous avons fait autre chose, et il y aurait une souveraine injustice à méconnaître les résultats considérables dus à tant d'hommes éminents qui ont successivement gouverné l'Algérie; et cette situation déjà favorable qui se réalise, comme le disait dans son rapport l'honorable M. Charles Dupin, se développe chaque jour par une heureuse progression.

Ai-je besoin, messieurs, de revenir sur tout ce qui a été dit dans ce rapport, qui est encore présent à votre mémoire; ai-je besoin de reprendre ces chiffres qui vous ont été indiqués et qui ont frappé vos esprits, même après les observations qu'un honorable membre du Sénat a cru devoir y ajouter?

Je ne le pense pas.

Je veux seulement réduire et ramener à ses véritables termes le sénatus-consulte. Je désire bien poser la question qui vous est soumise et sur laquelle vous avez à prononcer, et je me borne à ces quelques considérations pour vous signaler les différences radicales qui existent entre la position qui nous est faite, que nous avons loyalement acceptée en Algérie, et celle que, dans d'autres localités, d'autres peuples se sont faite, je ne dirai pas plus heureusement, mais par un système tout à fait contraire au nôtre.

Maintenant, ce système des concessions est-il bon pour ces 900,000 hectares que nous avons encore à la disposition des colons présents ou futurs? Ces 900,000 hectares, je ne sais par quelle illusion quelques personnes ont cru, dans la colonie, qu'on voulait les refuser à la colonisation à venir, tandis qu'ils lui sont au contraire expressément réservés. Quoi qu'il en soit, le système de concession est-il bon? Faut-il lui préférer le système des ventes, des adjudications?

On a déjà beaucoup parlé, beaucoup écrit à cet égard; on a beaucoup fait; depuis plusieurs années on a pratiqué ce dernier système qui déjà a commencé à produire de bons effets. Attendons les résultats.

On a souvent dit, Messieurs, que le peuple français n'était pas colonisateur, que le gouvernement français n'entendait rien à la colonisation. Je crois qu'il y a quelque chose de vrai dans ce reproche. On n'a pas de patience chez nous, on veut que tout se fasse en un jour, on ne sait pas attendre. Trente ans, qu'est-ce que trente ans dans la vie d'un peuple? on ne sait pas attendre que l'expérience amène des progrès plus considérables que ceux déjà acquis, et on se dépite, on s'irrite contre une colonie que nous venons à peine de soumettre à nos armes, parce qu'au bout de trente ans elle n'est pas arrivée au même degré de prospérité que certaines autres colonies possédées depuis plus d'un siècle par quelques états voisins! Et sans tenir compte, non-seulement du temps, mais des différences considérables provenant des localités, des climats, des mœurs, et surtout de cette circonstance essentielle que la terre d'Afrique était occupée par des indigènes que nous n'avons voulu ni refouler ni détruire, et par une comparaison erronée avec la terre américaine qui ne pos-

sède plus aujourd'hui un seul de ses habitants primitifs.

Le sénatus-consulte, si vous me permettez d'y revenir, se propose un grand but, qui bien certainement
concourra d'une manière puissante au développement
de la colonisation, qui n'est pas moins l'objet des vœux
et de la sollicitude du Gouvernement que de ceux de
l'honorable M. Michel Chevalier.

Le sénatus-consulte a été d'abord très-mal interprété, à ce qu'il paraît, en dehors de cette enceinte
et en Algérie. Je n'ai pas besoin de dire qu'au nom du
Gouvernement je repousse avec énergie l'un et l'autre
des commentaires auxquels a fait allusion l'honorable
M. Ferdinand Barrot. Non, certes, la lettre de l'Empereur d'abord, le sénatus-consulte ensuite, n'ont pas été
dictés par une pensée exclusive et absolue de sympathie
et de générosité pour les Arabes, qui ne tiendraient
en aucune considération les Européens et les colons,
et ne leur accorderaient aucune protection. L'honorable M. Ferdinand Barrot a repoussé tout le premier
un pareil commentaire; je m'unis à lui, au nom du
Gouvernement, pour repousser avec la plus grande
énergie l'autre commentaire fait en Algérie, à ce qu'il
paraît, par ces Européens qui s'effrayent et se décou-
ragent parce que, sans leur rien enlever de ce qu'ils
ont dans le présent, de ce qu'ils peuvent avoir dans
l'avenir, ont fait un grand acte de justice et de générosité en faveur de ce peuple indigène, que nous voulons conserver, et dont le Gouvernement prend en

main les intérêts, sans oublier le moins du monde ceux des Européens. Ce commentaire n'est pas acceptable non plus, et j'irai même un peu plus loin à ce sujet que M. Ferdinand Barrot, qui l'a trouvé excusable.

J'ai peine à admettre ce mot, et, indépendamment même de cette confiance que les colons de l'Algérie auraient dû avoir dans l'auguste signataire de cette lettre, je ne peux pas comprendre que la lettre de l'Empereur ait été comprise comme elle paraît l'avoir été dans certaines parties de la population européenne de l'Algérie.

Aussi bien toute cette émotion est maintenant calmée. Les intentions du Gouvernement de l'Empereur ne sont plus méconnues par personne; c'est une pensée de colonisation, de civilisation, de justice et de générosité qui a dicté la lettre et le sénatus-consulte. Nous verrons bientôt si ce sénatus-consulte peut être accepté tel qu'il est proposé, mais dès à présent soyons tous bien d'accord sur son esprit et ses tendances.

Il faut, Messieurs, que le Gouvernement s'explique sur toutes les questions qui ont été incidemment posées dans cette discussion générale; ainsi je demanderai la permission à un des honorables orateurs que vous avez entendu à la dernière séance, à l'honorable général De la Ruë, de ne pas partager toutes les opinions qu'il a émises.

Il y en a une surtout que je n'accepte à aucun point de vue.

Il a parlé comme d'un fait possible, comme d'une question qui serait à étudier, de la suppression des préfectures et des sous-préfectures, de la suppression de l'administration civile de l'Algérie. Il ne peut en être question le moins du monde; et si cette déclaration peut quelque chose pour rassurer ceux qui auraient conservé quelque doute dans la colonie, je la fais au nom du Gouvernement. Le pouvoir civil qui a été établi en Algérie, qui, concurremment avec le pouvoir militaire, aidé par lui et lui servant aussi d'auxiliaire, a amené des résultats connus de tous, il n'est pas question d'y toucher.

Les territoires militaires sont distincts des territoires civils; ceux-ci marchent en avant et se développent au fur et à mesure de la civilisation. Les choses resteront ce qu'elles sont à cet égard, et, sous ce rapport, ni aucune espérance de la part de ceux qui désireraient le contraire, ni aucune crainte de la part de ceux qui désirent le maintien de l'état de choses actuel ne peuvent résulter du sénatus-consulte.

Le sénatus-consulte s'est placé en présence d'une question plus grave, d'une question qui pèse depuis 1830 sur le développement de la colonisation en Algérie, la question de savoir qui est propriétaire de ces territoires considérables, dont la jouissance et la possession appartiennent depuis un temps immémorial aux différentes tribus du Tell et du Sahara.

On vous a parlé, Messieurs, des principes du droit musulman, des commentaires de ce droit, desquels résultent, aux yeux de quelques personnes fort autorisées pour avoir un avis sur de telles questions, que la nue propriété de tous ces territoires appartenait jadis au sultan et appartient aujourd'hui à l'État français qui a remplacé l'État musulman.

Vous savez, Messieurs, que c'est une question fort grave, fort délicate, sur laquelle les opinions les plus opposées se sont manifestées successivement, et quant à moi, qui sais par expérience combien il est difficile d'interpréter de manière à satisfaire tout le monde des principes bien autrement connus, bien autrement certains que ceux du Coran, les principes de la législation française, je ne me lancerai pas certainement dans une interprétation que je serais tout à fait hors d'état de vous donner sur la législation musulmane et les appréciations des différents commentateurs qui ont écrit sur cette question.

Il y a seulement un point que je sais : c'est que l'origine de la jouissance des tribus se perd dans les plus anciens temps de l'histoire de l'Afrique; ce que je sais aussi, c'est que cette possession des tribus est traditionnelle, incontestée, et qu'on n'a pas souvenir, d'après les différents documents que j'ai pu consulter, que, même avant la conquête française et sous la domination des Turcs, elle ait été sérieusement contestée, sinon dans les temps de guerre et à des époques d'insurrection et de révolte. De telle sorte qu'il y a des tribus qui, paisiblement, sans que personne les ait troublées, possèdent, depuis un temps qu'on ne peut défi-

nir, les immenses territoires qui composent le périmètre de chacune de ces tribus.

En se fondant sur le doute qu'il pouvait y avoir sur
la nue propriété, en se fondant sur le droit qui aurait
appartenu au souverain sur le fond même de ces territoires, on a d'abord eu recours au cantonnement.

Je ne m'expliquerai pas sur le cantonnement. Une
mesure qui a été pratiquée par le Gouvernement au
nom duquel je parle, qui a été pratiquée par les hommes éminents qui ont, à diverses époques, gouverné
l'Algérie, qui a été approuvée par plusieurs d'entre eux
d'une manière positive, a droit, assurément, au respect
et ne doit pas être jugée légèrement, témérairement,
d'autant plus que dans l'article 1er du sénatus-consulte,
modifié par la commission, d'accord avec le Gouvernement, nous vous demandons de maintenir et de con-
firmer tout ce qui a été fait antérieurement, toutes les
distractions de territoire, comme le dit le projet, qui
ont été le résultat des cantonnements opérés.

Mais enfin, Messieurs, ce cantonnement dont vous
savez quelle est l'origine, ce cantonnement qu'on avait
voulu appliquer aux territoires des tribus par analogie
avec ce qui se passe pour les territoires forestiers, dans
lesquels des particuliers ou des communes ont des
droits d'usage plus ou moins considérables, ce cantonnement ne devait-il pas rencontrer chez les populations
indigènes une répugnance et une antipathie profondes?
Il n'était pas possible que la population indigène, qui
croit à son droit, quant à elle, ne vît pas avec étonne-

ment, avec regret, qu'une partie de ce territoire dont elle était en possession de temps immémorial, fût distraite de ses possessions anciennes.

Sans doute on a dit, et avec raison, que la mesure du cantonnement avait été appliquée avec modération et équité, et là seulement où le territoire possédé était disproportionné avec les besoins des populations; mais je ne veux faire qu'une seule observation sur ce point, et j'aurai terminé sur cette question du cantonnement, sur laquelle vous avez bien compris que je ne voulais pas m'arrêter longtemps.

Territoire disproportionné. Quel était le juge de cette disproportion? c'était le pouvoir même qui opérait le cantonnement. Ce n'était pas comme pour le cantonnement qui se fait en France, une autorité judiciaire, souveraine, impartiale, qui déterminait la concession en toute propriété qu'on devait donner à celui qui jusqu'alors n'avait qu'un droit d'usage ou d'usufruit. Je me trompe cependant, car dans certaines localités le cantonnement a été le résultat d'une transaction. Et c'est précisément parce que toujours, à côté d'un principe qui peut paraître rigoureux, les mesures d'exécution ont été équitables et conciliatrices, que nous vous proposons de déclarer que ce qui a été fait demeure fait et bien fait; mais il n'était pas possible que dans une population aussi vive que la population indigène, dont on veut autant que possible faire des Français d'Afrique, il n'était pas possible que cette mesure de cantonnement ne laissât des souvenirs douloureux dans le cœur de ceux-là mêmes qui en avaient subi les conséquences.

C'est ce qui a singulièrement frappé l'esprit juste et éminent de l'Empereur, c'est ce qui lui a fait dire, dans cette lettre, point de départ de cette discussion :

« Il me semble indispensable, pour le repos et la prospérité de l'Algérie, de consolider la propriété entre les mains de ceux qui la détiennent. Comment en effet compter sur la pacification d'un pays lorsque la presque totalité de la population est sans cesse inquiétée sur ce qu'elle possède? Comment développer sa prospérité lorsque la plus grande partie de son territoire est frappée de discrédit par l'impossibilité de vendre et d'emprunter? Comment enfin augmenter les revenus de l'État lorsqu'on diminue sans cesse la valeur du fonds arabe qui seul paye l'impôt. »

Voilà, Messieurs, la pensée éminemment politique qui a dicté la lettre de l'Empereur et le projet de sénatus-consulte : il faut pacifier, si faire se peut, ce pays conquis par nos armes; y établir la propriété, base première et fondamentale de toute civilisation; il faut arriver le plus vite qu'on pourra à la propriété individuelle, sans doute, mais il faut d'abord, et progressivement, reconnaître la propriété des tribus, et ensuite, comme je vous le faisais remarquer tout à l'heure, la propriété des douars, pour arriver aussi vite que possible à la propriété individuelle.

Comment, en effet, ne comprendrait-on pas que la majeure partie de ces plaintes qu'on fait entendre contre la difficulté dont la colonisation est entourée, plaintes que renouvelait, il n'y a qu'un instant, à cette tribune, l'honorable M. Michel Chevalier, peuvent être singulièrement apaisées et amorties dans leurs principes par le grand acte que nous nous proposons de consacrer aujourd'hui.

Voilà d'immenses territoires qui jusqu'à présent n'ont pour ainsi dire pas de propriétaires. Il n'y a que des occupants, des occupants qui ne pourraient être déplacés sans un grand péril peut-être pour la tranquilité publique. Ces occupants ne peuvent ni vendre, ni emprunter, et c'est pour cela qu'ils n'ont pas cet intérêt à la propriété qui germera plus ou moins tôt, plus ou moins tard dans l'esprit de ces Arabes qu'on représente comme des cultivateurs si peu éclairés et si négligents.

Le jour où ce ne sera plus sur une propriété précaire que ces Arabes promèneront leur charrue, sur un sol qu'ils écorchent à peine, le jour où ils enfonceront le sillon dans une terre à eux, dans une terre dont ils seront certains de n'être pas dépouillés l'année suivante, c'est alors qu'ils chercheront à améliorer cette propriété. Tandis qu'à présent cette jouissance concédée aux Arabes d'une manière précaire peut cesser d'un moment à l'autre. Non pas que l'État se soit jamais emparé de la propriété des territoires des tribus, mais parce que le chef de la tribu peut déplacer le cultivateur qui aujourd'hui est établi au nord de ces territoires pour l'envoyer au midi; alors cet esprit de propriété qui seul donne du courage au travail, seul développe l'énergie et l'expérience qui a favorisé la culture dans les propriétés kabyles, si essentiellement différentes des territoires occupés par les tribus arabes, alors cet esprit de propriété produira ses fruits accoutumés. Et quand on l'aura développé, ne sera-ce pas au profit et au grand bénéfice de l'exploitation de l'Algérie? ne sera-ce pas aussi au bénéfice de la colonisation?

Quand nous serons arrivés à établir la propriété individuelle, et nous ne voulons pas inutilement retarder ce moment, beaucoup parmi les Arabes seront disposés à vendre ce qui leur aura été donné.

Ils traiteront avec ces futurs colons, dont nous parlait M. Michel Chevalier, et ces colons arrivant en Afrique avec l'intention d'acquérir des terres, trouveront un champ plus vaste pour leurs acquisitions, alors qu'il n'y aura plus seulement le domaine de l'État qui sera livré à leurs spéculations honorables et utiles, mais que par suite de la division du territoire ils seront en face d'un grand nombre de propriétaires indigènes disposés à vendre tout ou partie de leur propriété.

Quand même pendant un certain temps de grands propriétaires arabes absorberaient les lots individuels, il arriverait, ou qu'ils trouveraient leur compte dans cette grande concentration, ou qu'ils en auraient embrassé plus qu'ils ne pourraient en étreindre, et ils n'auraient rien de plus pressé que de vendre dans des conditions convenables le superflu, l'excédant de cette propriété ainsi acquise : la colonisation trouvera dans cette situation un nouvel aliment.

Telle est, Messieurs, la pensée du sénatus-consulte. C'est dans ce but que, comme point de départ de la civilisation de l'Algérie, il veut consolider la propriété entre les mains de ceux qui l'occupent et de ceux qui ont commencé à cultiver.

Voilà pourquoi cette consolidation a dû se faire sans restriction, sans réserve, sans rien retenir enfin pour l'établissement des places et des routes.

Veuillez donc, Messieurs les Sénateurs, me permettre de revenir en quelques mots seulement sur ce que j'ai eu l'honneur de vous dire en commençant. On a comparé les territoires des tribus aux territoires vagues et abandonnés qu'on trouve en Amérique, et on a parlé des réserves faites sur ces derniers. Mais ici, comment faire des réserves lorsque la pensée même du sénatus-consulte est de reconnaître et de déclarer la propriété entière en faveur des occupants? Comment, sans se mettre en contradiction avec le principe que que l'on veut faire prévaloir, alors que la propriété et la possession doivent être réunies dans les mêmes mains, comment pourrait-on retenir (ce qu'on ne peut faire que sur ce que l'on possède) une portion plus ou moins considérable, même en lui assignant une destination d'intérêt général?

La déclaration contenue dans la lettre de l'Empereur, celle qu'exprime le sénatus-consulte est une déclaration absolue de propriété en faveur des tribus arabes. On n'en pouvait rien excepter, il fallait faire tout ou rien.

Maintenant, Messieurs, il y a une objection qui a été présentée par la minorité de la Commission, et qui a été reproduite à votre tribune, à la séance dernière, par l'honorable M. Barbaroux.

Le sénatus-consulte veut reconnaître, consolider la propriété; il ne veut plus qu'il y ait de doute sur la question de savoir si la tribu qui occupe le sol en est véritablement propriétaire.

C'est là un grand acte politique, et, en outre, je n'en disconviens pas, un acte de munificence et de générosité en faveur des Arabes; ce n'est pas seulement une gracieuseté, c'est un acte (je n'ai pas intérêt à le contester) de grande et politique libéralité. Libéralité politique, dis-je, non pas que je pose en principe qu'on donne aux Arabes ce qui ne leur appartenait pas, mais enfin, il y avait incertitude, contestation, doute sérieux sur la propriété, ce doute pouvait profiter au Gouvernement. Le Gouvernement, propriétaire, pour ainsi dire, de ce doute, permettez-moi cette expression, l'abandonne aux Arabes; il avait un droit litigieux, plus ou moins contesté, plus ou moins contestable, il y renonce; c'est un acte de générosité d'autant plus grand, assurément, que celui entre les mains duquel reposaient ces prétentions était à même de les faire valoir d'une manière irrésistible.

M. le maréchal Magnan. C'est évident.

M. le Ministre. C'est donc un acte de générosité; je ne vois pas pourquoi nous le cacherions, et si les

Arabes en sont reconnaissants, ils ont raison de l'être, parce qu'on leur aura assuré le bénéfice d'une situation contestée jusque-là.

Mais, à côté de cet acte de munificence et de générosité, je répéte qu'il y a un acte de haute politique et d'intérêt général qui ne porte aucun préjudice aux colons, puisqu'on leur réserve tout ce qui était à eux et qui pouvait devenir à eux ou à ceux qui viendraient se placer à côté d'eux.

Mais, a dit M. Barbaroux, cette déclaration de propriété, pourquoi la faire en faveur des tribus; pourquoi ne pas aller immédiatement et de prime-saut jusqu'à la propriété individuelle? La réponse est bien facile : ce qu'on propose est tout simplement l'impossible, l'impossible le plus absolu. Nous voulons certainement, je l'ai dit et je le répète, arriver quand il sera possible et le plus tôt possible à la propriété individuelle. Mais je parle ici devant des hommes qui connaissent bien l'Algérie et je leur demande si ce que je vais dire n'est pas conforme à la vérité. La propriété individuelle des territoires des tribus donnée immédiatement aux individus arabes qui occupent dans des conditions que vous connaissez ces territoires, est-ce que c'est possible?

Pour arriver à la propriété individuelle, pour arriver au partage, il faut d'abord constituer, constater, reconnaître la masse à partager, commencer par dire : Telle tribu possède tel périmètre. Il n'est pas possible, je pourrais prendre les exemples les plus usuels, de

faire un partage sans commencer par constituer le tout
à partager.

Le premier acte que la raison, le bon sens, le sens
commun indiquent, c'est donc la constitution de la
masse à partager. Or la masse à partager, c'est le territoire des tribus. Il faut donc commencer par déclarer les tribus propriétaires du territoire qu'elles occupent depuis un temps immémorial.

Mais, dit-on, vous voulez arriver à la propriété individuelle, et vous allez lui créer, au contraire, un
obstacle par cette déclaration de propriété toute nouvelle, car lorsque vous aurez reconnu par l'autorité
de l'Empereur, par celle d'un sénatus-consulte, que les
tribus sont propriétaires de l'ensemble de leur territoire, vous trouverez un obstacle presque insurmontable de la part des chefs de ces tribus à la répartition,
à la division de ces mêmes territoires.

Mais prenez-y garde, si nous nous arrêtions après
l'article 1er, et si nous laissions pendant trente ans
encore reposer à l'abri du droit venant se placer à
côté du fait la possession des tribus sur la tête des
chefs arabes, il y aurait peut-être un danger. Mais ce
n'est pas là ce que nous faisons et je n'ai pas besoin
de discuter un danger imaginaire.

Qu'est-ce que le projet de sénatus-consulte se propose? La déclaration de propriété en faveur des tribus,
relativement aux territoires qu'elles occupent. Mais de
suite la commission a ajouté, et, je dois le dire, d'accord avec nous, car c'était notre pensée qu'on rendait,

« dans le plus bref délai possible la répartition du territoire entre les douars. »

Je m'arrête un instant à cette agrégation de la tribu
que certaines personnes représentent comme si dan-
gereuse au point de vue politique; à ces chefs de tribu
qu'on veut faire considérer comme ennemis de la
France et devant toujours être pour elle une cause de
péril. Mais quand les 1,200 tribus seront divisées en
10,000 douars (je cite des chiffres exacts), où sera
l'agrégation de la tribu et ce pouvoir qu'on nomme
féodal ? Le territoire, déjà divisé entre 1,200 tribus,
sera immédiatement partagé entre 10,000 douars.

Ainsi, immédiatement, la division entre les douars,
et pour les douars la faculté de vendre d'après les conditions déterminées par un règlement d'administration publique. De sorte que, de suite, l'agrégation de
la tribu est rompue; une partie de ce territoire devient
disponible par vente, par aliénation, dans les formes
indiquées au moyen du règlement d'administration
publique qui suivra immédiatement le sénatus-consulte,
et dont les bases sont déjà préparées.

Après cela viendra la répartition du territoire du
douar en propriétés individuelles. Faudra-t-il attendre
beaucoup de temps ? Oui pour certaines localités, non
pour d'autres. Dans toutes les portions du territoire
qui avoisinent les grands centres de population on
tient pour certain que l'établissement de la propriété
individuelle ne sera ni bien long ni bien difficile. Mais,
à mesure que l'on s'éloignera de ces centres, à mesure

que l'on arrivera dans le Sahara, par exemple, ou dans son voisinage, la propriété individuelle sera plus difficile à établir. Il faut même dire loyalement que dans certaines localités, quant à présent, elle sera impossible.

Voici la marche que le sénatus-consulte indique : reconnaissance du territoire de la tribu, division immédiate de ce territoire entre les douars, et le plus tôt, et partout où faire se pourra, division du territoire du douar en propriétés individuelles.

Mais sauter, pour ainsi dire, à pieds joints pardessus la tribu et le douar, pour arriver de suite à la propriété individuelle, ce serait un mot qu'on prononcerait et qui, la plupart du temps, ne serait pas suivi de là chose; il présenterait un danger considérable, il placerait les populations arabes, les individus arabes, entre un droit qu'on leur aurait reconnu et un fait en contradiction avec ce droit. Il y a certaines populations, et probablement les Arabes sont de ce nombre, qu'il ne faut pas placer en présence d'un droit de propriété qu'on leur montre comme leur appartenant et un fait qui leur défend, pendant un temps plus ou moins long, de toucher à cette propriété.

D'ailleurs, il y a, Messieurs, il faut en convenir, dans toute chose humaine, des difficultés d'exécution. Je viens d'avoir l'honneur de dire qu'il y avait dans le Tell, je ne crois pas m'être trompé, 1,200 tribus qui devaient être divisées entre 10,000 douars. Ce ne sera pas l'affaire d'un instant. Supposez tout le zèle possible à l'administration algérienne, et elle l'aura ; supposez tous les fonds nécessaires mis à sa disposition, et elle les aura autant que possible ; supposez des commissions nombreuses répandues sur toute la surface du sol et s'occupant de la délimitation périmétrique du territoire des tribus, puis ensuite de sa répartition entre les douars, et vous comprendrez que ce n'est pas l'affaire d'une année ni de deux années. Je ne veux pas accumuler les années les unes sur les autres, mais il faut du temps pour terminer de pareils travaux, quels que soient le nombre et le zèle des fonctionnaires qu'on emploie.

Il était donc impossible, Messieurs, de déclarer dès à présent la propriété individuelle, puisqu'on ne pouvait pas la livrer, et je vous faisais remarquer combien aurait été périlleuse pour la tranquillité publique, pour le succès de la colonisation, pour la pacification de la colonie, cette situation des Arabes déclarés propriétaires individuellement et ne possédant rien que ce qu'ils possédaient antérieurement. Voilà pourquoi, Messieurs, il faut nécessairement trois étapes pour arriver à ce résultat final que le sénatus-consulte s'est proposé d'atteindre : la reconnaissance des tribus, le partage entre les douars, puis enfin la propriété individuelle. Comme nous l'avons dit dans l'exposé des motifs, et nous le répétons ici, la propriété individuelle s'établira partout où cela sera possible, et le plus tôt possible ; mais nous n'avons pas la prétention de changer en un instant les mœurs de tout un pays, de lui

donner une loi à laquelle on ferait le reproche si souvent adressé à certaines lois d'être en contradiction
avec les mœurs, une loi qui serait pour ainsi dire un
piége tendu aux populations européenne et algérienne,
qui leur ferait entrevoir ce qu'on ne peut encore leur donner, qui leur ferait toucher, non pas du doigt, mais
du désir, ce que pendant longues années elles ne
pourront avoir encore dans certaines localités.

Voilà, Messieurs, très-simplement, et aussi brièvement que j'ai pu le faire, ce qui est beaucoup mieux
expliqué dans l'exposé des motifs, qui est l'œuvre de
l'honorable général Allard.

Tel est le résumé des motifs qui ont déterminé
l'Empereur à soumettre au Sénat le projet de sénatus-consulte. Ces motifs ont été acceptés par votre
Commission; ce sont eux qui sont si complétement et
si habilement exposés dans le rapport de l'honorable
M. de Casabianca.

Entre la Commission et nous, il ne s'est élevé aucune difficulté sur le fond, et les modifications n'ont
porté que sur des détails de rédaction. Nous nous
sommes mis d'accord sur tous les points, et c'est d'accord avec la Commission que nous vous proposons de
voter le sénatus-consulte. (Très-bien! très-bien!)

De toutes parts. Aux voix! aux voix!

M. le comte DE BEAUMONT. Une simple question,
pour avoir sur ce point une déclaration du Gouvernement.

M. le Commissaire du Gouvernement, président du Conseil d'État, je l'en remercie, a donné de très-bonnes explications sur les colons et sur ce qui se passe en Algérie. Je lui demande seulement de déclarer au Sénat, pour rassurer les colons qui ont été très-émus, comme il l'a expliqué lui-même, et qui maintenant comprennent bien mieux la portée du sénatus-consulte, je demande si l'on n'aurait pas pu mettre dans ce sénatus-consulte tout ce qui avait rapport à la colonie.

Je demande si on présentera bientôt au Sénat un complément de sénatus-consulte pour rendre aux colons l'incommutabilité de la propriété, en enlevant toutes les entraves apportées dans les concessions qui leur ont été faites.

S. Exc. M. LE PRÉSIDENT DU CONSEIL D'ÉTAT. J'ai l'honneur de répondre à M. de Beaumont que ce n'est pas par un sénatus-consulte que se font les compléments auxquels il fait allusion. Voici ce dont il est question. Les colons ont obtenu jusqu'à présent, et dans les premiers temps surtout, les terres qu'ils ont possédées, qu'ils possèdent encore, par des concessions. Ces concessions ont dû être accompagnées de conditions diverses, que les concessionnaires devaient accomplir. Dans le cas d'inexécution, la propriété devait leur être enlevée, elle devenait caduque par l'effet de la condition résolutoire.

Un certain nombre de colons ont satisfait à toutes

les obligations qui leur avaient été imposées; ils sont donc devenus propriétaires incommutables; ils ont pu vendre et aliéner. D'autres ont été en retard et n'ont pas complétement satisfait à toutes les conditions qu'ils avaient acceptées et volontairement consenties. Le sénatus-consulte n'a pas dû s'occuper de la libération de leurs propriétés. C'est par des décrets individuels, sur le vu de la situation de chacun, que ces contrats, passés entre l'État et les propriétaires, peuvent être et ont été successivement modifiés; un grand nombre ont déjà subi des modifications, et la tendance de l'Administration est d'arriver le plus tôt possible à la consolidation de la propriété des concessions anciennes.

M. LE PRÉSIDENT. La discussion générale est fermée.

M. le baron DE LACROSSE, *sénateur secrétaire*, donne lecture de l'article 1er.

En voici le texte :

« Les tribus de l'Algérie sont déclarées propriétaires des territoires dont elles ont la jouissance permanente et traditionnelle, à quelque titre que ce soit.

« Tous actes, partages ou distractions de territoires, intervenus entre l'État et les indigènes, relativement à la propriété du sol, sont et demeurent confirmés. »

M. LE PRÉSIDENT. La parole est à M. le général Charon.

M. le général CHARON. Messieurs les Sénateurs, l'article 1ᵉʳ du sénatus-consulte résout complétement, dans le sens de la lettre de S. M. l'Empereur au gouverneur général de l'Algérie, la question de la propriété indigène en Algérie. L'exposé des motifs qui accompagne le sénatus-consulte et le rapport de votre Commission fait connaître la nature de cette propriété et indique sa division en plusieurs catégories.

Je juge inutile de vous entretenir de cette controverse qu'on élève sur le droit de propriété des Arabes. On a argumenté beaucoup à ce sujet. On a cité des sentences religieuses ou des faits découlant des abus du despotisme.

On a rappelé cette sentence, que l'on peut lire sur le cachet des gouverneurs généraux de l'Algérie. « La terre appartient à Dieu; il la donne en héritage à qui il lui plaît. » On a voulu en conclure que le souverain du pays est le seul propriétaire du sol. Avec de pareils principes on pourrait aller loin en fait de droit de propriété. Ils ne sont applicables qu'avec le despotisme le plus violent, s'appuyant sur la force. Otez la terre, ces principes disparaissent au bruit de l'acclamation générale. J'écarte donc la discussion sur les terres *arch*, sur les *melk*, etc.

Je ne reviendrai pas sur divers détails entraînants donnés par le rapport et dont le but est de justifier la mesure qui déclare les tribus de l'Algérie propriétaires des terrains dont elles ont la jouissance permanente et traditionnelle.

La question de propriété que doit trancher l'article 1er est évidemment fort importante; l'émotion si extraordinaire que cette mesure a causée en Algérie a dû faire penser que le sénatus-consulte venait modifier profondément la marche habituelle de l'administration dans ce pays et arrêter tout progrès ultérieur de la colonisation.

Cette émotion, Messieurs les Sénateurs, semblait annoncer un vif mécontentement, et cependant on devait penser que les colons de l'Algérie ne pouvaient mettre en doute la bienveillance du Gouvernement métropolitain et de l'administration algérienne à leur égard, bienveillance qu'ils méritent et dont ils ont reçu de si nombreuses preuves rappelées dans votre dernière séance par notre honorable collègue le général comte de La Ruë. Il serait facile de vous citer bien d'autres exemples de cette bienveillance.

Vous êtes tous si convaincus, Messieurs les Sénateurs, de cet intérêt, que je ne vous arrêterai pas plus longtemps sur ce sujet. C'est ailleurs qu'il faut chercher la cause de cette émotion. L'ardente polémique soulevée sur la question de propriété dans la presse et dans mille brochures en donne une explication suffisante.

On peut aisément, ce me semble, reconnaître que les deux opinions qui se dressent l'une vis-à-vis de l'autre reflètent chacune un sentiment exclusif qui ne saurait être la pensée du Gouvernement. On perd de vue qu'en France, comme en Algérie, il n'y a pas deux intérêts, il ne peut y avoir qu'une seule pensée, celle de tourner vers le même but les efforts communs des Européens et des indigènes. C'est ainsi, et je ne suis pas téméraire en l'affirmant, qu'on arrivera à ce but unique que l'on veut atteindre, l'intérêt général, c'est-à-dire l'intérêt de la France.

Ces observations, Messieurs les Sénateurs, montrent que les appréhensions soulevées par le sénatus-consulte ne sont pas fondées; votre Commission a démontré, en termes très-précis, que la colonisation n'avait rien à redouter. Mon but est d'abord de chercher à établir brièvement que les dispositions et les décisions qui ont été prises successivement par les gouverneurs généraux de l'Algérie avant la loi de 1851, relativement aux terres occupées par les tribus, ne se sont jamais écartées des principes posés par l'article 1er du sénatus-consulte, et qu'en garantissant aujourd'hui aux tribus la propriété des terres qu'elles occupent, on n'a, de fait, rien changé aux dispositions antérieurement suivies.

Dès le principe, l'attention du Gouvernement s'était portée exclusivement sur les propriétés urbaines et rurales exploitées en Algérie par les Européens. L'on semblait perdre de vue la population et la propriété indigènes, et cependant cette question, qui intéresse essentiellement l'avenir du pays, était dominée par des considérations politiques.

Le Maréchal Bugeaud, parlant, en 1856, de la population arabe, s'exprimait ainsi : « On y a pensé quelquefois, non pour se l'assimiler, mais pour lui dire, qu'on nous passe l'expression triviale, en ce qu'elle rend parfaitement la chose : « Ote-toi de là que je m'y mette. »

On voit que la question de la propriété indigène était l'objet des méditations de l'illustre Maréchal qui a tant fait pour l'Algérie.

Examinons rapidement les circonstances qui ont amené les choses au point où elles se trouvaient au moment où parut la lettre adressée par Sa Majesté l'Empereur au Maréchal Gouverneur général de l'Algérie... (Bruit, marques d'impatience.)

Lorsque le corps expéditionnaire......

M. LE PRÉSIDENT. Vous vous écartez de la question, et vous rentrez dans la discussion générale; nous discutons sur l'article 1er.

M. le général CHARON. Mais, monsieur le Président, je suis dans l'article 1er.

M. LE PRÉSIDENT. Je vous demande pardon. Le Sénat commence à s'apercevoir que vous êtes en dehors de la question; il faudrait la serrer de plus près.

M. le maréchal MAGNAN. Il n'y a plus rien à établir; cela a déjà été fait par M. le Président du Conseil d'État.

M. LE PRÉSIDENT. Vous revenez à la discussion générale. Le Sénat voudrait entendre une discussion sur l'article 1er.

M. le maréchal MAGNAN. Il ne faut pas soulever tous

les jours de nouvelles questions; nous sommes édifiés; nous avons entendu plusieurs orateurs ainsi que le président du Conseil d'État; nous sommes prêts à voter.

M. le général CHARON. Monsieur le président me maintient-il la parole? Dans ce cas, je demanderais qu'on voulût bien ne pas m'interrompre.

M. LE PRÉSIDENT. Je vous maintiens la parole, mais en tant que vous parlerez sur l'article 1er seulement.

M. le général CHARON. Je vais continuer si l'on veut bien ne pas m'interrompre.

Le Sénat peut me retirer la parole; je me soumettrai à sa décision formelle, mais non pas à l'injonction individuelle d'un sénateur. Je continue.

Lorsque le corps expéditionnaire, commandé par le général de Bourmont, débarqua en 1830 sur le territoire de la régence d'Alger, ce général se présenta aux populations indigènes comme un libérateur qui venait renverser le pouvoir despotique et arbitraire du gouvernement turc. Cependant à peine le drapeau français flottait-il victorieux sur les remparts d'Alger, que des symptômes de résistance se manifestèrent de la part des Arabes qui se montrèrent peu disposés à accepter notre autorité et se levèrent contre nous pour défendre leur indépendance, leur religion et leurs mœurs.

En présence de ces dispositions hostiles, le Gouvernement, après quelques hésitations, se décida d'abord à restreindre la conquête aux points principaux du littoral. Mais après dix ans environ d'une guerre inces-

sante qui n'avait pu parvenir à assurer l'occupation restreinte, on fut forcé de reconnaître que, pour être
durable, la conquête devait embrasser l'Algérie tout
entière.

La lutte continua dans le nouvel ordre d'idées, lutte
longue et glorieuse pour nos troupes; les tribus firent
successivement leur soumission, notre domination fut
acceptée et la France gagna ainsi un véritable royaume
comptant 3,000,000 d'habitants.

Le gouvernement et l'administration de cette population devenaient dès lors pour l'autorité une question
de haute importance qui réclamait toute son attention
et toute sa vigilance. L'intérêt de la France était de
rattacher à elle sa nouvelle conquête par la civilisation
et par les besoins qu'elle fait naître.

Afin d'atteindre ce but, on s'efforça d'abord, de 1830
à 1840, alors qu'il s'agissait de se borner à l'occupation du littoral, d'attirer dans les territoires restreints
que l'on ne voulait pas dépasser, une population européenne compacte assez nombreuse par rapport aux indigènes qui s'y trouveraient.

Dans un pareil système, la question des terres à
donner aux Européens ne pouvait être un embarras.
Nous restions dans notre rôle de conquérants, et les
Arabes qui auraient dû abandonner nos zônes restreintes se seraient naturellement mélangés aux tribus
dont nous ne songions pas à obtenir la soumission.

Mais depuis lors, la soumission du vaste territoire de
l'Algérie a dû modifier profondément le système que

l'on s'était primitivement proposé de suivre. Nos colons
ne pouvaient songer, en effet, à s'établir dans la Kabylie, au Sahara, dans les oasis, sur les frontières de
l'ouest, vaste territoire où les tribus sont toujours sous
les armes pour repousser les excursions des Marocains.

La population de ces diverses parties de l'Algérie
nous paraît pouvoir être évaluée à 1,500,000 âmes
environ; chiffre qui est d'ailleurs donné par le rapport
de la commission. C'était donc une portion notable de
la population indigène qui ne pouvait être que très-
accidentellement en contact avec des Européens, et
qui échappait alors à notre active civilisation; nous
restant ainsi presque étrangère, cette population était
d'autant plus portée à fournir un nombreux contingent
aux agitateurs qui lèvent de temps à autre l'étendard
de la révolte contre notre autorité.

Dans la nouvelle voie où l'on s'était décidé à marcher, la question prenait un autre caractère : notre
domination devenait essentiellement politique, il fallait
renoncer à la pensée d'établir sur le sol, soumis désormais à notre obéissance, une population assez compacte
pour aider à maintenir notre domination sur les Arabes.
En effet, ce système fort sage, très-praticable dans le
principe, devenait impossible à poursuivre puisque
nous occupions toute l'Algérie, le Sahara, le Tell, la
Kabylie, et qu'une partie du Tell pouvait seule recevoir les Européens.

Il fallait compter, dès lors, sur la population indigène
pour le développement de l'Algérie. Il fallait chercher

à façonner les indigènes à nos coutumes, et fonder la prospérité de la colonie sur les efforts réunis des deux populations européenne et arabe.

Cette nouvelle situation, si différente de celle où l'on s'était trouvé au point du départ, ne pouvait échapper et n'échappa pas, en effet, à l'attention des gouverneurs généraux. Mais elle ne fut pas appréciée de la même manière en France par le pouvoir central, qui se préoccupait avant tout des besoins de la colonisation.

Les gouverneurs généraux, tout en encourageant les colons et en leur donnant un appui efficace, portaient en même temps une grande sollicitude aux indigènes qu'ils ménageaient d'autant plus que, dans maintes circonstances, il fallait en obtenir des cessions de terrain, mesures offrant toujours des difficultés, conduisant à des discussions. L'autorité algérienne, avec sa double mission de maintenir la tranquilité du pays et de faire progresser la colonisation, comprenait que la voie dans laquelle on s'engageait était périlleuse. C'est ainsi que l'on a vu plus tard, dans la province de Constantine, plusieurs tribus, comptant neuf à dix mille âmes, privées des terres qu'elles cultivaient depuis très-longtemps par l'établissement de villages européens, abandonner l'Algérie et se réfugier dans la régence de Tunis.

Ainsi, par suite de cette situation, on marchait en France et en Algérie dans deux ordres d'idées différents, et cette divergence de vue, surtout au point de vue des erres à réclamer des tribus, avait persisté, malgré les nombreux changements que l'organisation du pouvoir avait subi en Algérie.

Le Maréchal Bugeaud, après avoir conquis cette contrée, voulait la coloniser et…. (Bruits confus.)

Un grand nombre de sénateurs. Aux voix! aux voix!

M. le Président. Général, on n'entend rien; votre voix est couverte par des conversations particulières. On demande à voter.

M. le général Charon. Puisque le Sénat me retire la parole, je n'ai qu'à m'incliner.

M. le Président. Je mets au voix l'article 1er.

(L'article est adopté.)

M. le Sénateur-secrétaire lit l'article 2 dont voici le texte.

« Il sera procédé administrativement et dans le plus bref délai :

« 1° A la délimitation des territoires des *tribus;*

« 2° A leur répartition entre les différents douars de chaque tribu du *Tell* et des autres pays de culture, avec réserve des terres qui devront conserver le caractère de biens communaux;

« 3° A l'établissement de la propriété individuelle entre les membres de ces douars, partout où cette mesure sera reconnue possible et opportune.

« Des décrets impériaux fixeront l'ordre et les délais

dans lesquels cette propriété individuelle devra être constituée dans chaque douar. »

M. LE PRÉSIDENT. Quelqu'un demande-t-il la parole sur cette article?

M. le général CHARON. Je demande la parole sur l'article 2.

L'article 2 a pour objet d'arriver à la constitution de la propriété individuelle et de régler les diverses opérations successives nécessaires pour l'établir.

Le droit des tribus à la propriété des terrains qu'elles occupent collectivement étant admis, la constitution de la propriété individuelle devient la question principale qui reste à régler par le sénatus-consulte.

On ne doit pas se dissimuler que la constitution de la propriété individuelle dans la tribu arabe est une véritable révolution, et la plus grande qui se puisse, en quelque sorte, accomplir.

Pour réussir dans une œuvre de cette importance, il faut prendre le temps pour auxiliaire. L'article 2 satisfait à cette condition, puisque le Gouvernement, en vertu de son avant-dernier paragraphe, reste juge de la possibilité et de l'opportunité de l'exécution de cette mesure.

On ne saurait perdre de vue que l'Arabe est à la fois pasteur et cultivateur, mais cultivateur ignorant. Il ne sait ce que c'est que l'engrais et l'assolement. Il ne fait pas d'approvisionnement de fourrages. Ses bestiaux n'ont d'autre nourriture que le vert et le chaume qu'ils rencontrent en allant de pâturage en pâturage. De là résulte pour eux la nécessité d'avoir de vastes espaces, disposition dont il est tenu compte dans le projet amendé par la commission.

Lorsque l'administration jugera opportun de procéder à la constitution individuelle dans un douar, elle se sera assurée des moyens dont l'Arabe dispose pour passer de l'usage collectif du terrain du douar à l'usage de la propriété individuelle, elle aura mûrement examiné si l'indigène est bien préparé à cette nouvelle vie.

Il y a, en effet, une si énorme différence entre les deux situations, que l'on devra s'entourer à cet égard des plus grandes précautions. La propriété collective, c'est-à-dire l'organisation arabe en tribu, est pleine d'inconvénients; je reconnais qu'il faut chercher par tous les moyens à modifier cette situation; mais elle présente quelque chose de paternel dont l'Arabe ne trouvera pas, dès le début, la compensation dans la voie où il entrera du moment où la propriété individuelle sera constituée dans son douar; car notre civilisation porte avec elle son cachet d'égoïsme.

Il serait à souhaiter, selon moi, qu'on pût faire passer le douar par une situation transitoire entre ces deux régimes. Sous l'empire du régime de la propriété individuelle, l'Arabe devra changer ses habitudes. Il aura à réunir des engrais pour ses terres, du fourrage pour ses bestiaux, le troupeau formant une partie im-

portante de sa richesse; il abandonnera pendant la saison des pâturages le terrain de culture; il sera alors
suivi par sa famille. Il emportera avec lui ce qu'il
possède : ses armes, sa tente, cette tente qui lui servira
d'abri et sur les terrains de culture et sur ceux de pâturages; car il se passera bien du temps encore avant
qu'il puisse arriver à avoir une maison. Dans ce que je
viens de dire, je n'ai parlé que de la masse de la population. Les gens riches ne se déplacent pas. Ils envoient,
vous le savez, leurs troupeaux sur les terrains de pâ-
cage avec leurs fermiers et leurs gens de service.

Quant à la culture, j'ai parlé d'engrais, mais je
doute que l'indigène se décide, d'ici à bien longtemps,
à abandonner les avantages comme aussi la routine de
sa culture habituelle, qui n'exige de lui qu'un faible
capital. S'il adoptait la culture européenne, qui donne
des produits plus riches et plus abondants, il lui faudrait des capitaux immobilisés sur le sol, et il ne
saurait, en général, se les procurer. Il suffit de nous reporter à tout ce qu'il y a de routine dans les procédés
de culture d'une grande partie de notre population
agricole de France, pour comprendre les difficultés que
l'on rencontrera chez la population arabe pour la faire
progresser sérieusement en agriculture.

Si maintenant nous examinons la constitution actuelle du douar, nous reconnaissons que tout, dans
cette constitution, est en harmonie avec la situation et
l'organisation spéciale de la société arabe, avec ses
coutumes, ses usages, ses croyances. Le chef de famille,

le cheik comme on l'appelle, réunit autour de sa tente les tentes de sa famille et celle de ses serviteurs. Le douar ainsi formé est l'élément de la famille dans la Tribu.

Tout le monde, dans le douar, reconnaît l'autorité du cheik; il en est investi avec l'assentiment commun. Le campement du douar, avec ses tentes établies en cercle, laisse au milieu un espace où l'on met les troupeaux. Le douar semble pouvoir être comparé à nos villages, avec la différence qui existe dans l'organisation et les institutions sociales des deux populations. La forme du campement repose sur le besoin de donner de la sécurité aux personnes, d'empêcher les voleurs de pénétrer dans l'intérieur du douar pour en enlever les richesses, enfin de faciliter la garde des troupeaux et de les préserver la nuit des bêtes féroces. La population du douar voyage ensemble sous la direction de son chef. C'est donc une organisation complète, en harmonie avec les croyances religieuses et suffisant aux besoins de cette famille.

Vous n'ignorez pas, Messieurs les Sénateurs, quelle est souvent la puissance de ces croyances sur des populations. L'exemple des faits qui se sont passés récemment dans l'Inde en est une preuve frappante. Que deviendra cette organisation avec la constitution de la propriété individuelle ? (Bruit. Aux voix! aux voix!)

M. LE PRÉSIDENT. J'invite MM. les Sénateurs à faire silence, on n'entend pas l'orateur.

M. le général CHARON. C'est une question que je

crois digne, en effet, de fixer l'attention de l'autorité. Il en est beaucoup d'autres qui appellent également tout son intérêt. Ainsi, par exemple, dans l'état actuel des choses, lorsque dans le douar une nouvelle famille se constitue par le mariage d'un des parents de la famille, on donne au jeune ménage les terres qui lui sont nécessaires pour subvenir à ses besoins. Avec la propriété individuelle, le père du marié, d'après la loi musulmane, doit donner une somme déterminée à l'avance au père de la fiancée; il devra sans doute livrer lui-même à la nouvelle famille les terres dont elle aura besoin; car rien ne dit que les terres puissent, ainsi que cela a lieu actuellement, être prises dans le fonds commun. Nos coutumes seront donc à chaque instant, pour la population arabe s'initiant à notre vie, une source de difficultés. Elles n'ont rien qui doivent effrayer; le temps seul les fera disparaître, mais il est bon d'y aider en les signalant, afin qu'il en soit tenu compte.

Il faut reconnaître, en entrant de plus en plus dans tous les détails de la vie actuelle de la tribu arabe, qu'elle se trouve en quelque sorte liée à ses croyances, et qu'une grande prudence devra présider au choix des douars dans lesquels on constituera la propriété individuelle.

L'exposé des motifs et le rapport de la commission font voir de quels soins l'application de la mesure sera entourée. D'après ces documents, le choix se portera de préférence sur ceux des douars qui avoisinent les villes et villages européens, la population de ces douars,

en raison de son contact avec nos colons, ayant déjà
modifié en partie ses habitudes. Ces considérations
sont de nature à faire voir que le Gouvernement est
pénétré de la circonspection avec laquelle il faut agir
dans l'intérêt même des indigènes. Dans mon opinion,
si la constitution de la propriété individuelle était
immédiatement appliquée sur une grande échelle, cette
mesure me paraîtrait pouvoir présenter des inconvénients sérieux, qui en seraient la conséquence, inconvénients dont le moindre pourrait être l'émigration de
tribus ou fractions de tribus; ainsi que cela a déjà eu
lieu dans d'autres circonstances, et, dans tous les cas,
une agitation qui pourrait priver l'Algérie, pendant longtemps encore, des avantages que la mesure si libérale
décidée par l'Empereur et consacré par l'article 1ᵉʳ du
sénatus-consulte doit lui assurer. Quant à l'exécution,
il convient de remarquer qu'il faudra un temps considérable pour opérer les délimitations des territoires des
tribus et de ceux des douars.

Il serait avantageux de commencer par les tribus
dans lesquelles se trouvent des douars pouvant être
constitués prochainement en propriété individuelle,
par exemple ceux dont parle le rapport, et qui ont été
signalés par MM. les commissaires du Gouvernement.
En opérant à bref délai sur ces douars, on pourrait
ainsi juger assez prochainement et du temps nécessaire
pour ces opérations, et du genre de difficultés d'exécution qu'elles pourront présenter. (Rumeurs; marques
d'impatience.)

M. le maréchal MAGNAN *et plusieurs autres Sénateurs.*
Aux voix! aux voix!

M. LE PRÉSIDENT. On demande à aller aux voix.

Quelques Sénateurs. Parlez! parlez!

M. le général CHARON (*au milieu du bruit*). Bien des questions semblent devoir se rattacher à la constitution de la propriété individuelle chez les indigènes et à l'introduction des Européens sur le territoire des tribus. Je voudrais en signaler une seule, qui me paraît offrir quelque intérêt.

Autour de nos centres européens, des propriétés indigènes et européennes, dans lesquelles on n'emploie souvent que des ouvriers indigènes, sont limitrophes. Les propriétaires indigènes payent l'impôt, les Européens ne le payent pas. C'est une situation qui amène depuis très-longtemps des réclamations que l'on doit s'attendre à voir se multiplier de plus en plus. La constitution des terres des douars en propriétés individuelles semble devoir soulever plusieurs questions.

Ainsi, lorsque dans un douar on aura constitué la propriété individuelle, les Européens qui se rendront acquéreurs seront-ils exemptés de payer l'impôt?

Si ces Européens ne sont pas tenus de payer de redevance, pense-t-on continuer à exiger des indigènes établis sur leurs propriétés individuelles l'impôt qu'ils payent actuellement?

Je ne pousserai pas plus loin l'examen de cette

question, un peu étrangère au sénatus-consulte ; mais j'ai cru pouvoir la signaler à l'attention du Gouvernement.

M. LE PRÉSIDENT. Je mets aux voix l'article 2.

(L'article 2 est adopté.)

M. *le Sénateur secrétaire* donne lecture de l'article 3.

En voici le texte :

« Un règlement d'administration publique déterminera :

« 1° Les formes de la délimitation des territoires des tribus ;

« 2° Les formes et les conditions de leur répartition entre les douars, et de l'aliénation des biens appartenant aux douars ;

« 3° Les formes et les conditions sous lesquelles la propriété individuelle sera établie et le mode de délivrance des titres. »

M. LE PRÉSIDENT. La parole est à M. le Président du Conseil d'État pour une observation.

S. Exc. M. BAROCHE, *Ministre Président du Conseil d'État.* Je saisis l'occasion de cet article 3, qui parle des formes réglementaires et de l'exécution du sénatus-consulte, pour faire une rectification que me demande l'honorable général de La Ruë. L'honorable général me fait remarquer qu'il n'a pas demandé la suppression des préfets et sous-préfets, et qu'il a seulement émis cette pensée que le sénatus-consulte devrait être exécuté, même en territoire civil, par les généraux commandant les territoires militaires, et je suis très-disposé à reconnaître que c'est là ce que l'honorable général a dit.

Maintenant j'ajouterai que je considère comme impossible l'adoption de la proposition du général de La Rüe; que là où le territoire est civil et placé sous l'administration d'un préfet, ce serait supprimer la préfecture que de faire exécuter le sénatus-consulte par un général commandant un territoire militaire.

M. le Président. Personne ne demandant la parole, je mets aux voix l'article 3.

(L'article 3 est adopté.)

M. *le Sénateur secrétaire* donne lecture de l'article 4, dont voici le texte :

« Les rentes, redevances et prestations dues à l'État par les détenteurs des territoires des tribus, continueront à être perçues comme par le passé, jusqu'à ce qu'il en soit autrement ordonné par les décrets impériaux rendus en la forme des règlements d'administration publique. »

(L'article 4 est adopté.)

M. *le Sénateur secrétaire* lit l'article 5, ainsi conçu :

« Sont réservés les droits de l'État à la propriété des

biens du *Beylick* et ceux des propriétaires des biens *melk*.

« Sont également réservés, le domaine public, tel qu'il est défini par l'article 2 de la loi du 16 juin 1851, ainsi que le domaine de l'État, notamment en ce qui concerne les bois et forêts, conformément à l'article 4, paragraphe 4 de la même loi. »

(L'article 5 est adopté.)

M. *le Sénateur-secrétaire* donne lecture de l'article 6.

« Le second et le troisième paragraphe de l'article 14 de la loi du 16 juin 1851, sur la constitution de la propriété en Algérie, sont abrogés ; néanmoins, la propriété individuelle qui sera établie au profit des membres des douars ne pourra être aliénée que du jour où elle aura été régulièrement constituée par la délivrance des titres. »

M. Barbaroux. Je demande la parole sur l'article 6.

M. le Président. La parole est à M. Barbaroux.

M. Barbaroux. Messieurs, je viens vous demander de retrancher de l'article 6 la partie qui maintient l'article 14 de la loi du 16 juin 1851 jusqu'à l'époque à laquelle la propriété aura été subdivisée dans les douars, c'est-à-dire la fin de l'article à partir de *néanmoins la propriété*, etc. Tel est l'objet de ce que je vais avoir l'honneur de vous exposer.

La première partie de l'article 6 continue d'être la même, tant dans la version du Gouvernement que dans celle que la Commission a adoptée ; ils sont d'accord sur l'abrogation formelle des dispositions des paragraphes 2 et 3 de l'article 14 de la loi du 16 juin 1851.

Voici, Messieurs, quel est le but de ces deux paragraphes.

L'article 14 portait ce qui suit : « Chacun a le droit de jouir de sa propriété de la manière la plus absolue, » soit ; le deuxième paragraphe, celui que la première partie de l'article que je discute abroge, dit : « Néanmoins aucun droit de propriété ou de jouissance portant sur le sol du territoire d'une tribu ne pourra être aliéné au profit des personnes étrangères à la tribu. »

Autre paragraphe : « A l'État seul est réservé la faculté d'acquérir ce droit dans l'intérêt des services publics ou de la colonisation, et de la rendre en tout ou en partie susceptible de libre transmission. »

Ainsi, Messieurs, par le premier paragraphe et par ces mots : l'aliénation est interdite au profit des personnes étrangères à la tribu, on a prononcé l'exclusion de toute personne qui voulait acheter dans une tribu, un Musulman, même d'une tribu voisine, ne pouvait pas y venir acheter un lopin de terre.

C'était une interdiction complète. Cela resserrait nécessairement la transmission de la propriété dans l'enceinte de la tribu. Aucun étranger, à plus forte raison un colon, ne pouvait acquérir.

M. le comte DE CASABIANCA, *rapporteur.* Je demande la parole au nom de la Commission.

M. BARBAROUX. Le deuxième paragraphe réservait à l'État seul le droit de rendre les terrains susceptibles de transmission, c'est-à-dire qu'il y avait intransmissibilité complète d'une propriété quelconque de la tribu, excepté à l'égard de l'État, qui se réservait le droit de transmettre. Comme c'était une interdiction aux colons du territoire arabe, ces paragraphes ne passèrent pas sans une certaine difficulté dans l'assemblée législative qui a rendu cette loi. Elle était l'œuvre, il faut le dire, d'une précaution peut-être exagérée de la part des hommes éminents qui avaient dirigé les affaires de l'Algérie, et qui, dans l'assemblée et la Commission, exerçaient une grande influence.

Nous étions alors en 1851. L'Algérie n'était pas aussi bien connue, aussi bien dominée qu'elle l'est maintenant, et l'on approchait de l'époque qui a donné naissance au cantonnement. Il y a donc douze ans qu'on est sous l'empire de cette loi de 1851. Huit ans plus tard, et au moment où venait de se fonder le ministère spécial de l'Algérie, un décret de l'Empereur, en date du 16 février, suspendit l'effet de cette prohibition qu'on regardait comme exagérée.

En effet, dans l'intervalle qui s'écoula entre ce décret et un autre, dont je vais vous entretenir, il y a eu quelques transmissions de propriété, et (le fait nous a été affirmé) ces transmissions n'ont soulevé aucune difficulté. Mais quatre mois après, les circonstances sans doute avaient changé, car un nouveau décret du 7 mai abrogea le précédent ou en suspendit l'effet, et laissa toute latitude aux deux paragraphes que je viens d'indiquer de la loi de 1851.

Cependant aucun fait regrettable n'avait eu lieu. Rien ne semblait motiver le nouveau décret du 7 mai. Il paraissait, au contraire, que les facilités accordées aux colons et aux Musulmans, d'acheter d'une tribu à l'autre, ne pouvaient présenter aucun inconvénient. Les deux paragraphes eurent donc toute leur autorité. Le pays arabe, qui avait été entre'ouvert un instant, se trouva tout à coup fermé en faveur d'un pouvoir un peu jaloux du mouvement qui pouvait s'opérer autour de lui, et involontairement sans doute, contre les intérêts de la colonisation.

C'est ce qui montre, et plus fort que les faits que je viens de signaler, la nécessité d'arriver à un acte constituant. Deux fois sur trois il a été question de la transmissibilité de la propriété par simple décret, sans avis du conseil d'État.

Enfin, depuis 1859, quatre années se sont passées sans agitation. Voilà ce que porte à cet égard la lettre de l'Empereur, qu'il ne faut pas perdre de vue. Indépendamment de la partie qu'a lue M. le Président du conseil d'État, où il est dit qu'on ne peut pas compter sur la pacification d'un pays lorsque la presque totalité de la population est sans cesse inquiétée sur ce qu'elle possède, et qu'elle ne peut développer sa prospérité lorsque la plus grande partie de son territoire est frappée de discrédit par suite de l'impossibilité de vendre ou d'emprunter; l'Empereur ajoute qu'au Gouvernement incombe le devoir de supprimer les réglementations inutiles, et de laisser aux transmissions une plus grande liberté.

Ces paroles, Messieurs, ont une grande valeur, et, si simples qu'elles soient, elles montrent une grande chose, elles nous commandent par conséquent de faciliter, autant qu'il sera en nous, la circulation de nos idées chez les Arabes et les transactions commerciales et immobilières, et précisément c'est le contraire des restrictions que porte l'article 14 de la loi que je viens de citer.

On peut donc se demander pourquoi cette addition faite à l'article 6.

M. le général Cousin-Montauban, comte de Palikao. Je demande la parole.

M. Barbaroux. On peut me demander pourquoi cette addition, qui n'avait pas été même entrevue auparavant, qui n'avait pas été produite dans le sein du Conseil d'État, s'est établie dans la Commission ellemême.

M. le Président. On ne vous entend pas, monsieur Barbaroux.

M. Barbaroux. Il m'est difficile d'élever beaucoup la voix; je suis souffrant.

M. le Président. Cependant vous parlez pour être entendu.

M. Barbaroux. Autant que possible; si pourtant vous jugez que je ne doive pas continuer, je me tairai tout de suite.

M. le Président. Au contraire, j'ai fait l'observation en bonne part; nous désirons tous vous entendre.

M. Barbaroux. On s'est donc, selon moi, laissé entraîner par des idées que je ne veux pas blâmer du tout, mais qui sont tout simplement celles de l'administration militaire du pays arabe, et vous avez eu hier une indication que ces sentiments avaient une grande puissance, puisqu'à l'occasion de l'exécution du sénatus-consulte, on n'a pas manqué de vous dire qu'il serait préférable d'en confier le soin à l'autorité militaire plutôt qu'à l'autorité civile.

Il est vrai que cette mesure n'est que temporaire, provisoire, car on la fait cesser au moment où la propriété individuelle pourra être constituée plus ou moins régulièrement et définitivement par la délivrance des titres.

Il ne manque pas dans nos lois de dispositions provisoires qui ont eu une très-longue durée, et je vous avoue que je crains que celle-ci n'en ait une aussi considérable. La précaution prise me paraît donc être dans le cas de ces provisoires qui se prolongent indéfiniment. J'ai sous les yeux des extraits de mémoires dont quelques administrateurs de l'Algérie ont certainement connaissance, et dans lesquels la question des frais et de la durée des opérations nécessitées, je ne dirai pas par le sénatus-consulte, mais par le cantonnement (qui a une grande analogie avec lui) en ce qui concerne la délivrance des titres et des opérations à faire, et qui, par-dessus le marché, ne portaient pas du tout sur les difficultés qui peuvent s'élever en matière de propriété.

De ces travaux résulte ce qui suit. Mais, afin de rendre ma pensée plus sensible, je vous demande la permission de citer un exemple. L'autorité civile a poursuivi dans la province de Constantine les opérations du cantonnement qui avaient été commencées par l'autorité militaire en faveur de la tribu des Béni-Béchir. Il s'agissait seulement de 2,000 hectares de terrain ; la commission chargée de ce travail était composée de six membres ; les opérations ont duré soixante et dix-huit jours, c'est-à-dire deux mois et demi ; elles ont coûté 560 francs par kilomètre carré, ce qui fait 5 fr. 60 c. par hectare, et le lotissement n'est pas même compris dans cette opération et dans ce chiffre.

Or, en supposant des lots de famille de 10 hectares, et, par conséquent, 10 lots par kilomètre carré coûtant 56 francs par lot, d'après les chiffres que je viens d'indiquer, pour cette seule opération on aurait en argent, pour le Tell algérien seulement, qui, déduction faite d'une moitié pour le pays kabyle, compte environ 7 millions d'hectares, on aurait une somme de 39,200,000 francs à dépenser.

Secondement, en durée de temps pour les opérations avec le cadre actuel du service topographique qui,
sans compter les triangulateurs, les vérificateurs, etc.
compte 180 géomètres, nombre fixé par l'arrêté du
gouverneur général du 5 septembre 1859, on aurait
une durée d'environ quatorze années.

Sous ce rapport, Messieurs, l'honorable général
Charon tout à l'heure a évalué d'une manière considérable également le temps à employer aux opérations
que le décret nécessite. Notez, comme je le disais,
que ma base dans le prix de l'opération n'est pas prise
dans l'exécution du sénatus-consulte, mais dans l'exécution d'une opération qui concernait le cantonnement,
et qui n'avait pas été délimitée d'une manière aussi
précise. Ces chiffres n'ont pas pour objet d'affaiblir la
confiance que vous devez avoir dans l'exécution de la
mesure. Je m'en rapporte parfaitement à ce que l'administration fera pour l'exécution de l'article 2 du
projet, et ces opérations, laissées entre les mains de
l'administration, marcheront probablemet très-vite. Cependant il ne faut pas se hâter d'admettre qu'elles
soient promptement achevées. Et si l'on met en ligne
de compte, d'un côté, le temps nécessaire, et, de
l'autre, la question d'argent, il en résulte qu'on se
trouve dans une impasse qui est imposée à l'exécution
du sénatus-consulte.

Les Arabes, dans tout cela, ne gagneront pas
grand'chose à ce retard. L'administration emploiera
beaucoup de temps et d'argent, et enfin les colons en

perdront pendant longtemps et beaucoup. Donc, la mesure serait souverainement impolitique et malheureuse.

Enfin, au dehors, ne dira-t-on pas que la mesure fausse les généreuses intentions de l'Empereur ! n'est-elle pas même contraire aux prémisses du sénatus-consulte, à ces paroles si claires, si intéressantes, et que vous avez si bien entendues, de M. le président du Conseil d'État, que, dans le plus bref délai possible, on procéderait à la délivrance des titres? Le plus tôt possible ici, comme vous voyez, est très-éloigné.

Dans des circonstances semblables, je ne croirais pas qu'il fût bon d'ajouter à l'article, tel que le Gouvernement l'avait proposé, une disposition qui fait revivre les difficultés que l'on reprochait aux deux paragraphes de l'article 14 de la loi de 1851. On les avait abrogés, ces deux paragraphes, on y revient, je trouve la chose fâcheuse.

Nous voulions, par les modifications apportées à l'article 1er, faire arriver sur-le-champ à l'Arabe le terrain qu'il possède, qu'il cultive; si nous voulions le faire arriver à la propriété absolue de ce terrain, en lui laissant le soin de faire valoir ensuite ses droits, soit avec les personnes de la même tribu, soit avec d'autres, et, selon nous, c'était facile, cela ne présentait aucun danger; vous avez préféré conférer cette propriété à la tribu, puis aux douars, et ne la remettre définitivement qu'ensuite à son véritable possesseur. Admettons complétement que ce soit la mesure la plus

sage; mais, au moins, ne fallait-il pas, par les dispositions du sénatus-consulte, paralyser en partie les effets
des bonnes intentions de l'Empereur, et surtout, Messieurs, qu'on se défiât des dispositions de l'article 14
de la loi de 1851, parce que cet article est extrêmement rigoureux. Quelle que soit la modification qu'on
fasse subir à cette disposition par le paragraphe addi-
tionnel de l'article 6, cette disposition n'en existe pas
moins avec toute sa rigueur et peut être invoquée à
tout instant. Ne serait-il pas plus naturel de ne pas la
mentionner, de la laisser pour ce qu'elle est? Il ne
pourrait y avoir à cela aucun inconvénient. Les colons
ou tous autres pénétreraient sans difficultés dans les
tribus, et les opérations de vente et d'achat pourraient
se faire.

Remarquez que l'article 14 paralyse tout aussi bien
la propriété *melk* que l'autre propriété. Si vous voulez
être logiques, quoique vous ayez dit dans votre projet
qu'il serait pour la propriété donné des titres aux
douars, il n'en est pas moins vrai que cette situation
est équivoque, qu'elle présente des doutes, et qu'il vau-
drait mille fois mieux la laisser de côté.

Ce serait ainsi qu'on réaliserait la parole de M. le
président du Conseil d'État, qui disait que le partage
devait se faire dans le plus bref délai possible. C'est
par ces motifs que je demande au Sénat de ne pas voter
le second paragraphe de l'article 6, ou, pour mieux
dire, de le retrancher de cet article.

M. le Président. La parole est à M. le rapporteur.

M. le comte de Casabianca, *rapporteur*. Messieurs, votre commission, d'accord avec le Gouvernement, s'oppose à la suppression demandée par l'honorable M. Barbaroux. La loi du 16 juin 1851, rendue à une époque où l'Algérie n'était pas encore entièrement pacifiée, avait prohibé les ventes que les indigènes auraient pu consentir au profit des colons européens. Elle avait pour but d'empêcher des contrats aventureux qui auraient mis en péril l'existence même des acheteurs, en les plaçant dans l'intérieur des tribus frémissantes encore de leurs récentes défaites. Ces motifs n'existent plus aujourd'hui. La fusion des deux races, commencée par le travail, se continuera par la transmission libre de la propriété. Aussi l'article 6 abroge-t-il les dispositions de la loi de 1851 en autorisant l'aliénation de toutes les propriétés arabes déjà constituées.

Mais il était du devoir de votre Commission de prohiber le trafic dangereux et immoral qui aurait dépouillé d'avance et à vil prix les laboureurs arabes des terrains dont ils deviendront propriétaires après que le partage aura été opéré dans le douar.

Les chefs des tribus auraient pu abuser de l'autorité pour devenir acquéreurs de la presque totalité des territoires à répartir, et le sénatus-consulte, en constituant la propriété individuelle, a voulu surtout conserver le sol à ceux qui le cultivent et qui le féconderont de leur sueur, alors que leurs droits tellement précaires auront été convertis en propriétés définitives.

Cette disposition n'a rencontré qu'un contradicteur au sein de la commission.

Le Sénat a déjà voté les articles qui attribuent successivement la propriété des territoires d'abord à la tribu, ensuite aux douars.

La vente anticipée du lot que l'Arabe serait appelé à recueillir, c'est la vente de la chose d'autrui, car le douar ne cessera d'être propriétaire que du jour où, le partage étant opéré, la propriété sera transmise aux membres de ce douar et sera définitivement constituée par la délivrance des titres.

Il est à remarquer, en outre, que le partage ne doit être fait ni par tête ni par portions égales, ainsi qu'il résulte de la note même présentée par la minorité de la commission et insérée dans le rapport. Cette note renferme le passage suivant :

« Quant à l'exécution et à la période nécessairement transitoire pour arriver à la propriété individuelle, elle pense qu'il faudrait commencer par délimiter administrativement les tribus et les douars pour arriver à un lotissement individuel, soit sur les principes d'une quotité par chef de famille, soit par tête de bétail, ce qui serait discuté plus tard et spécifié par un règlement d'administration publique; que des titres de propriété devraient ainsi être délivrés à l'individu seulement; que la propriété devrait être affranchie de toute entrave et soumise au droit commun. »

Comment, dès lors, pourrait-on vendre un droit in-
certain, laisser introduire au sein de la famille arabe
des étrangers qui pourraient entraver le partage?

Nous le répétons, Messieurs, c'est une disposition
de haute moralité que votre commission a introduit
dans l'article 6; elle en demande énergiquement le
maintien.

M. LE PRÉSIDENT. L'amendement de M. Barbaroux
est-il appuyé?... Je ne pourrais consulter le Sénat sur
cet amendement qu'autant qu'il le serait.... Personne
ne l'appuyant, je mets aux voix l'article 6.

(L'article 6 est adopté.)

M. *le Sénateur-secrétaire* donne lecture de l'article 7, ainsi conçu :

« Il n'est pas dérogé aux autres dispositions de la loi
du 16 juin 1851, notamment à celles qui concernent
l'expropriation pour cause d'utilité publique et le séquestre. »

(L'article 7 est adopté.)

M. LE PRÉSIDENT. Il va être procédé au vote sur l'ensemble du sénatus-consulte :

Le scrutin donne le résultat suivant :

Nombre des votants...................... 119
Bulletins blancs........................ 117
Bulletins bleus......................... 2

(En conséquence, le sénatus-consulte est adopté.)

SÉNATUS-CONSULTE

RELATIF

À LA CONSTITUTION DE LA PROPRIÉTÉ EN ALGÉRIE

DANS LES TERRITOIRES OCCUPÉS PAR LES ARABES.

NAPOLÉON, par la grâce de Dieu et la volonté nationale, EMPEREUR DES FRANÇAIS,

A tous présents et à venir SALUT.

AVONS SANCTIONNÉ et SANCTIONNONS, PROMULGUÉ et PROMULGUONS ce qui suit :

ARTICLE PREMIER.

Les tribus de l'Algérie sont déclarées propriétaires des territoires dont elles ont la jouissance permanente et traditionnelle, à quelque titre que ce soit.

Tous actes, partages ou distractions de territoires intervenus entre l'État et les indigènes, relativement à la propriété du sol, sont et demeurent confirmés.

ART. 2.

Il sera procédé administrativement et dans le plus bref délai :

1° A la délimitation des territoires des tribus ;

2° A leur répartition entre les différents douars de

chaque tribu du Tell et des autres pays de culture, avec réserve des terres qui devront conserver le caractère de biens communaux.

3° À l'établissement de la propriété individuelle entre les membres de ces douars, partout où cette mesure sera reconnue possible et opportune.

Des décrets impériaux fixeront l'ordre et les délais dans lesquels cette propriété individuelle devra être constituée dans chaque douar.

ART. 3.

Un règlement d'administration publique déterminera :

1° Les formes de la délimitation des territoires des tribus ;

2° Les formes et les conditions de leur répartition entre les douars et de l'aliénation des biens appartenant aux douars ;

3° Les formes et les conditions sous lesquelles la propriété individuelle sera établie et le mode de délivrance des titres.

ART. 4.

Les rentes, redevances et prestations dues à l'État par les détenteurs des territoires des tribus continueront à être perçues comme par le passé, jusqu'à ce qu'il en soit autrement ordonné par les décrets impériaux rendus en la forme des règlemeets d'administration publique.

ART. 5.

Sont réservés les droits de l'État à la propriété des biens du *Beylick* et ceux des propriétaires des biens *melk*.

Sont également réservés, le Domaine public, tel qu'il est défini par l'article 2 de la loi du 16 juin 1851, ainsi que le Domaine de l'État, notamment en ce qui concerne les bois et forêts, conformément à l'article 4, § 4, de la même loi.

ART. 6.

Le second et le troisième paragraphe de l'article 14 de la loi du 16 juin 1851 sur la constitution de la propriété en Algérie sont abrogés : néanmoins, la propriété individuelle qui sera établie au profit des membres des douars ne pourra être aliénée que du jour où elle aura été régulièrement constituée par la délivrance des titres.

ART. 7.

Il n'est pas dérogé aux autres dispositions de la loi du 16 juin 1851, notamment à celles qui concernent l'expropriation pour cause d'utilité publique et le séquestre.

DÉCRET

PORTANT

RÈGLEMENT D'ADMINISTRATION PUBLIQUE

POUR L'EXÉCUTION DU SÉNATUS-CONSULTE DU 22 AVRIL 1863,

RELATIF À LA CONSTITUTION DE LA PROPRIÉTÉ EN ALGÉRIE,

DANS LES TERRITOIRES OCCUPÉS PAR LES ARABES.

NAPOLÉON, par la grâce de Dieu et la volonté nationale, EMPEREUR DES FRANÇAIS,

A tous présents et à venir, SALUT.

Sur le rapport de notre Ministre Secrétaire d'État au département de la guerre;

Vu la loi du 16 juin 1851 sur la constitution de la propriété en Algérie;

Vu le sénatus-consulte du 22 avril 1863, relatif à la constitution de la propriété en Algérie dans les territoires occupés par les Arabes, et spécialement l'article 3 ainsi conçu : « Un règlement d'administration « publique déterminera : 1° les formes de la délimitation « des territoires des tribus; 2° les formes et les condi- « tions de leur répartition entre les douars, et de l'alié- « nation des biens appartenant aux douars; 3° les formes « et les conditions sous lesquelles la propriété indi-

« viduelle sera établie et le mode de délivrance des
« titres; »

Notre Conseil d'État entendu,

Avons décrété et décrétons ce qui suit :

TITRE PREMIER.

DISPOSITIONS PRÉLIMINAIRES.

—

ARTICLE PREMIER.

Des décrets, rendus sur les propositions du Gouverneur général de l'Algérie et sur le rapport du Ministre de la guerre, désigneront successivement les tribus dans lesquelles il sera procédé aux opérations de délimitation et de répartition prescrites par l'article 2 du sénatus-consulte du 22 avril 1863.

Ces décrets seront insérés dans le *Bulletin officiel du Gouvernement* et dans le *Mobacher.*

Ils seront, en outre, affichés dans les chefs-lieux de subdivision et de cercle, et publiés dans les marchés et dans les tribus intéressées.

Cette publication sera constatée par des procès-verbaux de l'autorité locale, et constituera, pour le service des domaines, en ce qui concerne les biens *beylick*, pour les propriétaires de biens *melk*, pour les tribus et pour les douars, une mise en demeure de prendre toutes mesures conservatoires de leurs droits.

ART. 2.

Les opérations de délimitation de tribus et de répartition de leurs territoires entre les douars seront effectuées, dans le plus bref délai, par des Commissions administratives désignées par le Gouverneur général, et composées ainsi qu'il suit :

Un général de brigade ou un colonel ou un lieutenant-colonel, *président;*

Un sous-préfet ou un conseiller de préfecture, ou un membre du conseil général de la province, *vice-président;*

Un officier de bureau arabe militaire ou un agent de bureau arabe départemental;

Un agent du service des domaines.

A chaque Commission seront adjointes par le Gouverneur général une ou plusieurs Sous-Commissions chargées de procéder aux opérations préliminaires de délimitation et de répartition, et de préparer l'instruction des contestations auxquelles ces opérations pourraient donner lieu.

La Commission et les Sous-Commissions seront assistées d'interprètes et d'agents du service topographique.

ART. 3.

Des indigènes désignés par les tribus et par les douars les représenteront près des Commissions et des Sous-Commissions et seront admis à leur fournir les observations et les renseignements qu'ils jugeraient convenables.

TITRE II.

DÉLIMITATION DES TERRITOIRES DES TRIBUS.

ART. 4.

Les Commissions procéderont immédiatement, sur les lieux, d'après les éléments fournis par les Sous-Commissions, à la reconnaissance des limites du territoire de chaque tribu, en présence des représentants de la tribu et de ceux des tribus limitrophes.

Elles indiqueront ces limites dans un mémoire descriptif, qui mentionnera toutes les observations des intéressés, et auquel seront annexés les plans ou croquis visuels qui seraient nécessaires pour l'intelligence des opérations et des contestations.

ART. 5.

Les Commissions statueront sur toutes les contestations auxquelles pourraient donner lieu les opérations de la délimitation, sous la réserve des droits du domaine pour les biens *beylick* et des droits des particuliers pour les biens *melk*.

Elles délibéreront à la majorité des voix. En cas de partage, la voix du président sera prépondérante.

Leurs décisions seront soumises à l'approbation du général commandant la division en territoire militaire, ou du préfet en territoire civil.

ART. 6.

Les Commissions feront établir des bornes sur les points où les limites ne seraient pas suffisamment indiquées sur le sol d'une manière durable. Le bornage sera constaté par un procès-verbal, qui sera présenté à la signature des représentants indigènes.

ART. 7.

Les Commissions résumeront l'ensemble de leurs travaux relatifs à chaque tribu dans un rapport auquel seront joints le mémoire descriptif des limites et ses annexes, les décisions rendues et le procès-verbal du bornage.

Ce rapport sera adressé au général commandant la division ou au préfet, selon le territoire, et transmis par lui, avec son avis, au Gouverneur général, qui constatera la régularité des opérations.

La délimitation ne sera définitive que lorsqu'elle aura été sanctionnée par des décrets rendus sur les propositions du Gouverneur général et sur le rapport du Ministre de la guerre.

TITRE III.

RÉPARTITION DES TERRITOIRES DES TRIBUS ENTRE LES DOUARS.

ART. 8.

La délimitation du territoire de la tribu étant accomplie, les Commissions procéderont immédiatement, dans le Tell et dans les autres pays de culture, à la répartition du territoire de cette tribu entre les douars qui s'y trouvent compris, et à la délimitation de chacun de ces douars.

ART. 9.

La Commission opérera la délimitation des douars de la tribu, dans les formes prescrites par les articles 4, 5 et 6 du titre précédent, en présence des représentants de la tribu et des douars intéressés.

Il sera fait réserve des terres de la tribu qui devront conserver le caractère de biens communaux, lesquels pourront rester provisoirement indivis entre les douars, ou être attribués à l'un ou plusieurs d'entre eux, d'après les usages locaux et les déclarations des intéressés.

Si l'un ou plusieurs des douars se trouvait avoir subi une distraction de son territoire au profit de la colonisation ou d'un service public, il pourrait lui être attribué, sur les terres de la tribu, une part proportionnelle à la perte qu'il aurait éprouvée.

ART. 10.

Dans les deux mois de la publication prescrite par l'article 1er du présent décret, les propriétaires des biens *melk* et le service des domaines, en ce qui concerne les biens *beylick* situés sur le territoire de la tribu ou des douars, devront, à peine de déchéance, former leur revendication devant le président de la Commission.

Les revendications pourront être exercées, dans l'intérêt des absents ou des incapables, par le cheik du douar.

Il sera dressé un état des propriétés *melk* et *beylick* qui auront été revendiquées, indiquant leurs limites, leurs dénominations particulières, les noms des auteurs de la revendication et les faits invoqués à l'appui. A cet état seront annexés les plans ou croquis visuels qui seraient jugés nécessaires.

ART. 11.

Les revendications seront immédiatement communiquées aux représentants des tribus et des douars intéressés, qui devront, dans le délai d'un mois à partir du jour de cette communication, sous peine de déchéance, faire opposition à celles des revendications qu'ils ne croiraient pas fondées.

Ce délai expiré sans opposition, les biens *melk* et les biens *beylick* seront acquis aux auteurs de la revendication.

En cas d'opposition, le revendiquant devra, à peine de nullité, former sa demande en justice dans le mois qui suivra la communication qui lui aura été faite de cette opposition.

ART. 12.

Les contestations auxquelles donneraient lieu les revendications des biens *melk* et *beylick* seront, à la di-

ligence des parties intéressées, portées devant la juridiction compétente.

L'appel sera porté devant la Cour impériale
d'Alger.

Les instances introduites ne suspendront pas la
marche des opérations des Commissions.

ART. 13.

L'ensemble des travaux concernant la délimitation
des douars et les revendications et reconnaissances
des biens *melk* et *beylick* sera résumé dans un rapport
auquel seront annexés les procès-verbaux, plans, co-
pies de jugements et autres pièces relatives aux opérations.

Ce rapport sera adressé au général commandant la
division ou au préfet, selon le territoire, et transmis
par lui, avec son avis, au Gouverneur général, qui
constatera la régularité des opérations.

Les opérations ne seront définitives que lorsqu'elles
auront été sanctionnées par des décrets rendus sur la
proposition du Gouverneur général et sur le rapport
du Ministre de la Guerre.

ART. 14.

Une expédition de ces décrets sera, à la diligence
de l'Administration, enregistrée gratis et transcrite sur
un registre spécial, au bureau des hypothèques du
chef-lieu de la province.

ART. 15.

Le service des contributions diverses établira, d'après ces décrets et les décisions judiciaires intervenues, la matrice foncière du territoire de chaque douar, comprenant :

1° Les biens *beylick;*

2° Les biens *melk;*

3° Les biens communaux ;

4° Les biens collectifs de culture.

TITRE IV.

ALIÉNATION DES BIENS APPARTENANT AUX DOUARS.

§ 1er. — Biens communaux.

ART. 16.

Des djemâas instituées par le général commandant la division ou par le préfet, dans les douars dont le territoire aura été constitué ainsi qu'il est dit ci-dessus, auront qualité pour consentir l'aliénation par voie d'échange ou par vente, au profit de l'État ou des particuliers, de tout ou partie de leurs biens communaux. Ces ventes auront lieu de gré à gré ou aux enchères publiques.

ART. 17.

Les demandes d'échange seront adressées, par les

djemâas, aux généraux ou aux préfets qui en autoriseront, s'il y a lieu, l'instruction.

Il sera fait estimation contradictoire des biens, par
experts désignés par les parties intéressées. Un tiers expert sera désigné par le cadi.

Les résultats de l'expertise seront constatés par un
procès-verbal affirmé par les experts.

Le dossier de l'affaire, accompagné de la délibéra-
de la djemâa, constatant le consentement des intéressés,
d'un extrait de la matrice foncière et d'un plan des
immeubles, sera renvoyé au général ou au préfet, qui
statuera sur l'utilité et les conditions de l'échange, et
autorisera, s'il y a lieu, à passer l'acte avec l'échan-
giste.

Si la valeur de l'échange est inférieure à 5,000 fr.
le contrat sera approuvé par le Gouverneur général.

Tout échange d'une valeur supérieure sera soumis
à notre approbation.

ART. 18.

Les aliénations par vente de gré à gré seront ins-
truites et autorisées comme les échanges, dans les
formes établies par l'article précédent.

ART. 19.

Les aliénations aux enchères seront soumises aux
formalités suivantes ;

Les demandes seront adressées aux généraux ou aux
préfets, qui autoriseront l'instruction, s'il y a lieu.

Il sera fait une estimation de l'immeuble, pour la détermination de la mise à prix, par un expert désigné par l'autorité administrative du ressort.

Le procès-verbal d'expertise sera soumis à la délibération de la djemâa, qui donnera son avis sur les conditions de la vente et sur la mise à prix.

Le cahier des charges de la vente, appuyé du procès-verbal d'expertise, de la délibération de la djemâa, d'un extrait de la matrice foncière et d'un plan de l'immeuble, sera soumis au général ou au préfet, qui décidera s'il y a lieu de procéder à la vente.

La mise en vente sera précédée de publications, qui indiqueront le jour de la vente et le lieu où seront déposés le cahier des charges et le plan.

Les adjudications auront lieu en présence des intéressés ou de leurs mandataires, et sous la présidence d'un délégué de l'Administration.

Les adjudications ne seront valables et exécutoires qu'après l'approbation du Gouverneur général.

ART. 20.

Le prix de vente sera versé, pour le compte du douar, dans la caisse du receveur des contributions diverses de la circonscription.

ART. 21.

Les actes d'échange, de ventes de gré à gré ou aux enchères, seront soumis à l'enregistrement et transcrits au bureau des hypothèques du chef-lieu de la province.

ART. 22.

En cas d'expropriation pour cause d'utilité publique, il sera procédé vis-à-vis des douars à l'exercice du droit et au règlement de l'indemnité, conformément aux dispositions de la loi du 16 juin 1851. Le montant de l'indemnité sera versé, pour le compte du douar, dans la caisse du receveur des contributions diverses de la circonscription.

§ 2. — Terrains de culture.

ART. 23.

Les terrains de culture dont jouissent les membres des douars ne peuvent être aliénés tant que la propriété individuelle n'a pas été constituée conformément aux dispositions du titre V du présent décret.

ART. 24.

Après qu'il aura été statué sur les contestations conformément à l'article 12, et que les biens revendiqués comme *melk* ou comme *beylick* auront été reconnus appartenir au douar, ces biens seront réunis, suivant leur nature, soit aux communaux, soit aux terres de culture destinées à être réparties individuellement. Dans le cas où la répartition individuelle serait consommée au moment de cette réunion, ces biens pourront donner lieu, soit à des aliénations, soit à une répartition nouvelle, conformément aux dispositions du titre V suivant.

TITRE V.

CONSTITUTION DE LA PROPRIÉTÉ INDIVIDUELLE
ET DÉLIVRANCE DES TITRES.

ART. 25.

Lorsqu'un décret impérial aura désigné les douars dans lesquels la propriété individuelle devra être constituée, il y sera procédé immédiatement par les Commissions et Sous-Commissions administratives instituées en l'article 2 du présent décret.

ART. 26.

Les Commissions prépareront, sur les lieux, d'après les éléments fournis par les Sous-Commissions, et de concert avec les djemâas de chacun des douars, un projet d'allotissement du territoire à partager entre les familles ou les individus, en tenant compte autant que possible, de la jouissance antérieure, des coutumes locales et de l'état des populations.

ART. 27.

Le projet d'allotissement mentionnera : 1° les noms des familles ou individus au profit desquels on propose

d'attribuer la propriété ; 2° la contenance et l'indication des lots.

Ce projet sera remis aux djemâas de chaque douar,
dans lesquelles il restera déposé pendant un mois, et
qui devront le communiquer aux intéressés et recueillir
leurs observations.

Il sera, en outre, déposé au chef-lieu du cercle et
publié dans les marchés.

ART. 28.

Les Commissions statueront sur les réclamations
auxquelles pourrait donner lieu le projet d'allotissement.

ART. 29.

Lorsque les parties seront d'accord, ou après qu'il
aura été statué sur les réclamations, il sera fait, aux
frais des parties intéressées, un bornage des lots.

Les Commissions résumeront l'ensemble des opérations dans un rapport qui devra être présenté à la
signature des djemâas des douars, et auquel seront
annexés des plans ou croquis visuels et les décisions
rendues.

Ce rapport sera adressé au général commandant la
division ou au préfet, et transmis par lui, avec son
avis, au Gouverneur général, qui constatera la régularité des opérations.

La constitution de la propriété individuelle dans
chaque douar ne sera définitive que lorsqu'elle aura

été sanctionnée par des décrets rendus sur la proposition du Gouverneur général et sur le rapport du Ministre de la guerre.

ART. 30.

Le service des contributions diverses établira, d'après ces décrets, la matrice foncière indiquant le numéro de chaque propriété, sa situation, sa dénomination et le nom de son propriétaire.

ART. 31.

Des titres, établis d'après les indications de la matrice foncière et dans la forme déterminée par l'Administration, seront délivrés aux propriétaires.

Ces titres seront soumis au droit fixe d'enregistrement, et transcrits au bureau des hypothèques du chef-lieu de la province.

ART. 32.

Sont nuls tous actes d'aliénation consentis par des particuliers, portant sur des immeubles dont la propriété individuelle n'aurait pas été préalablement constatée par la délivrance des titres.

La nullité en sera poursuivie, soit par les parties intéressées, soit d'office par l'Administration.

Les notaires ou autres officiers ministériels qui auraient prêté leur ministère pour ces aliénations, suivant la gravité des cas, pourront être suspendus ou révoqués, sans préjudice, s'il y a lieu, des dommages et intérêts envers les parties.

TITRE VI.

DISPOSITIONS GÉNÉRALES.

ART. 33.

Les frais de bornage des territoirns des tribus et des douars, les frais de justice auxquels seraient condamnés les tribus ou les douars par suite des contestations prévues par l'article 12 du présent décret seront à la charge des tribus ou des douars intéressés, et supportés par les contribuables de ces tribus ou de ces douars, au prorata du montant de leurs impôts.

Le recouvrement en sera fait suivant le mode qui sera déterminé par l'autorité administrative.

ART. 34.

L'Administration règlera annuellement les conditions auxquelles les tribus sahariennes seront admises à exercer, sur les territoires des douars, les anciens usages de dépaissance de leurs troupeaux.

ART. 35.

L'Administration déterminera également les réserves qu'il y aurait lieu d'établir sur les communaux des douars avoisinant les voies de communication, soit pour le campement des convois indigènes, soit pour celui des troupes.

ART. 36.

Le présent décret sera traduit et publié en arabe. Il sera inséré dans le *Bulletin officiel du gouvernement général de l'Algérie* et dans le *Mobacher*. Il en sera de même pour tous les décrets qui seront rendus en exécution des dispositions qui procèdent.

ART. 37.

Notre Ministre Secrétaire d'État au département de la Guerre et le Gouverneur général de l'Algérie sont chargés, chacun en ce qui le concerne, de l'exécution du présent décret.

Fait à Paris, le 23 mai 1863.

Signé NAPOLÉON.

Par l'Empereur :

*Le Maréchal de France, Ministre secrétaire d'État
au département de la Guerre,*

Signé RANDON.

CORPS LÉGISLATIF.

CORPS LÉGISLATIF.

SESSION DE 1863.

CHEMINS DE FER ALGÉRIENS.

PROJET DE LOI

Approuvant les articles 3, 4, 5, 6 et 9 d'une convention passée entre le Ministre de la guerre et la Compagnie des chemins de fer de Paris à Lyon et à la Méditerranée (chemins de fer algériens), précédé du décret de présentation et de l'exposé des motifs transmis, sur les ordres de l'Empereur, par le Ministre d'État au Président du Corps législatif.

NAPOLÉON, par la grâce de Dieu et la volonté nationale, EMPEREUR DES FRANÇAIS,

A tous présents et à venir, SALUT.

AVONS DÉCRÉTÉ et DÉCRÉTONS ce qui suit :

ARTICLE PREMIER.

Sera envoyé au Corps législatif, par notre Ministre d'État, le projet de loi délibéré en Conseil d'État, et approuvant les articles 3, 4, 5, 6 et 9 d'une convention passée entre notre Ministre de la guerre et la compagnie des chemins de fer de Paris à Lyon et à la Méditerranée (chemins de fer algériens).

ART. 2.

MM. le général de division Allard, président de section, le comte Dubois et de Franqueville sont chargés de soutenir la discussion de ce projet de loi devant le Corps législatif et le Sénat.

ART. 3.

Notre ministre d'État est chargé de l'exécution du présent décret.

Fait au palais des Tuileries, le 10 avril 1863.

Signé NAPOLÉON.

Par l'Empereur :

Le Ministre d'État,

Signé A. WALEWSKI.

Pour ampliation :

Le Conseiller d'État, secrétaire général,

Signé EUG. MARCHAND.

EXPOSÉ DES MOTIFS

D'un projet de loi approuvant les articles 3, 4, 5, 6 et 9 d'une convention passée entre le Ministre de la guerre et la compagnie des
chemins de fer de Paris à Lyon et à la Méditerranée (Chemins de
fer algériens).

MESSIEURS,

La question des chemins de fer algériens a subi
bien des phases diverses, et elle n'a pas encore été jusqu'ici l'objet d'une solution propre à assurer l'avenir
de cette grande entreprise.

Il est superflu, sans doute, de développer ici les
motifs qui donnent à cette solution un véritable caractère d'urgence. Les nombreux rapports publiés à ce
sujet, et notamment l'exposé des motifs qui accompa-
gnait le projet de loi présenté au Corps législatif, dans
la session de 1861, fournissent sur la situation de
l'affaire les explications les plus complètes.

Les dispositions de ce projet de loi modifiaient
profondément les bases de la concession du 11 juin
1860, qui, d'un avis unanime, ne pouvaient plus être
maintenues.

Elles avaient pour but le complément de la grande
ligne d'Alger à Oran, en ajoutant à la concession primitive la ligne de Blidah à Saint-Denis-du-Sig. Au lieu

d'allouer une subvention de 6 millions de francs, l'État s'engageait à acquérir les terrains et à exécuter les travaux des chemins concédés, suivant le système de la loi du 11 juin 1842. Enfin, le capital garanti était porté d'un maximum de 55 millions à un chiffre maximum de 69 millions.

Cette proposition, soumise au Corps législatif à la fin d'une session, a été, en quelque sorte, ajournée par lui, dans le but de ne pas engager l'avenir et de réserver tous les principes sur le mode définitif d'exécution, et il lui a été substitué, d'accord avec le Conseil d'État, une solution provisoire ainsi conçue :

« En cas d'inexécution de la convention arrêtée, le 7 juillet 1860, entre le Ministre de l'Algérie et les fondateurs de la Compagnie des chemins de fer algériens, il est ouvert au Ministre de la guerre, sur l'exercice 1861, un crédit de 2,500,000 francs, pour continuer les travaux du chemin de fer d'Alger à Blidah. »

Cette nouvelle proposition est devenue la loi du 2 juillet 1861. Mais la mesure que cette loi autorisait n'a pas été appliquée. La Compagnie concessionnaire des chemins de fer algériens, aux termes de la convention du 7 juillet 1860, mise aussi en demeure de terminer la ligne d'Alger à Blidah, s'est conformée à cette injonction, et, au mois d'août 1862, cette ligne a été livrée à l'exploitation.

Cependant la Compagnie ne cessait de réclamer du Gouvernement, ainsi qu'elle l'avait déjà fait en 1861, la révision de son contrat primitif; elle faisait valoir des considérations d'équité qui, dans des circonstances analogues, ont déterminé le Gouvernement à modifier des conditions qui, bien que librement consenties, étaient reconnues, par lui-même, ruineuses pour les compagnies. Elle faisait remarquer que ces motifs étaient plus impérieux encore pour les chemins de fer algériens que pour toute autre compagnie. En France, en effet, on pouvait trouver des points de comparaison pour des chemins à concéder. En Algérie, au contraire, tout était nouveau, imprévu, et échappait à une appréciation sérieuse.

L'expérience même est venue démontrer combien toute prévision est incertaine pour les chemins algériens. La ligne d'Alger à Blidah, dont le produit n'était pas évalué à moins de 35,000 francs par kilomètre, n'a donné réellement, pendant les dix mois qu'a duré son exploitation, que 10 à 12,000 francs de produit brut par kilomètre.

Sans doute on peut espérer que ce produit ira en croissant, mais il n'atteindra pas avant longtemps, si jamais il peut l'obtenir, le chiffre de produit qui figurait dans les prévisions du Gouvernement.

En présence de ces faits, la Compagnie signale l'impossibilité absolue où elle se trouve, si les conventions originaires ne reçoivent pas d'importantes modifications, de remplir les engagements qu'elle a contractés.

Ces considérations ont paru sérieuses au Gouvernement; il a pensé que, si des erreurs avaient pu être commises dans les évaluations qui ont servi de base aux contrats passés avec les compagnies des chemins de fer français, à plus forte raison de semblables mécomptes ont-ils pu se produire lorsqu'il s'est agi de régler les conditions d'établissement de voies ferrées dans une contrée où, jusqu'ici, n'existait aucune voie de communication de cette nature.

Aussi la Compagnie des chemins de fer algériens paraît-elle mériter, au même titre que les compagnies françaises, la bienveillante sollicitude du Gouvernement, et il serait difficile de la lui refuser au moment même où plusieurs de celles-ci voient améliorer par des conventions nouvelles les conditions de leur concession.

Toutefois, tout en admettant qu'elle doive être l'objet de cette bienveillance, il faut reconnaître que les faits accomplis ont démontré qu'elle était impuissante à remplir sa tâche. Aussi le Gouvernement a-t-il pensé que la mesure la plus utile aux intérêts de la Compagnie des chemins algériens, comme à l'intérêt public, était de rétrocéder à une grande compagnie de chemin de fer les droits et les obligations résultant de son contrat.

Cette rétrocession a été réalisée par un traité entre la Compagnie des chemins de fer algériens et la Compagnie de Paris à Lyon et à la Méditerranée.

En vertu de ce traité, cette dernière compagnie transforme en obligations la portion de capital déjà versée par les actionnaires et affectée à la construction du chemin de fer d'Alger à Blidah. Cette portion, qui suffira pour la liquidation des traités passés par l'ancienne compagnie pour l'exécution des travaux, s'élèvera à la somme d'environ 13,500,000 francs. La Compagnie de la Méditerranée recevra ainsi la concession des chemins de fer algériens libre de tout engagement antérieur; mais, indépendamment de cette concession, elle accepte celle du chemin de Blidah à Saint-Denis-du-Sig, qui doit compléter la grande ligne d'Alger à Oran. Le délai pour l'exécution des travaux serait de dix ans.

Les conditions de cette concession sont analogues à celles qui étaient proposées dans le projet de loi présenté à la session de 1861; elles offrent néanmoins cette différence essentielle que l'État, au lieu d'exécuter lui-même les chemins dans les conditions de la loi de 1842, se borne à allouer une subvention à la compagnie, laquelle se charge de l'ensemble des travaux, et accepte, par là même, toutes les éventualités qui s'attachent à leur exécution.

La longueur totale des chemins ainsi concédés s'élève à 543 kilomètres, savoir :

Pour la ligne de Philippeville à Constantine...	85^k
D'Alger à Blidah........................	51
De Saint-Denis-du-Sig à Oran..............	59
De Blidah à Saint-Denis-du-Sig...........	348
Total.............	543

D'après les résultats des travaux déjà exécutés en Algérie et des nombreuses entreprises de chemins de fer déjà terminées en France, il est hors de doute que, en tenant compte des deux traversées de l'Atlas qui s'exécuteront sur la ligne de Blidah à Amourah, et sur celle de Philippeville à Constantine, et qui exigeront de nombreux souterrains, l'on se tient dans des limites modérées en évaluant à 300,000 francs par kilomètre la dépense moyenne de construction des chemins algériens, y compris l'intérêt et l'amortissement à servir pendant l'exécution des travaux.

Dans ces conditions la dépense s'élèverait, en nombre rond, à 160,000,000 de francs. Le Gouvernement allouerait à la compagnie une subvention de 80,000,000 de francs, cette dernière conservant à sa charge une dépense également de 80,000,000 de francs. Cette subvention serait, sur des justifications faites par la compagnie, versée en vingt payements semestriels égaux, échéant le 1er mai et le 1er novembre de chaque année, et dont le premier serait effectué le 1er mai 1865. L'État se réserverait la faculté, à partir du 1er mai 1865, de convertir ladite subvention en un nombre d'annuités égal au nombre d'années restant à courir jusqu'à l'expiration de la concession, lesdites annuités représentant l'intérêt et l'amortissement de cette subvention calculée au taux de 4 1/2 p. 0/0 et payables en deux termes égaux, le 1er mai et le 1er novembre de chaque année.

Dans cette hypothèse, le montant de l'annuité s'élèverait à 3,664,000 francs. Il serait stipulé en outre, que si, au 1er mai 1869 ou à une époque antérieure, l'État croyait devoir renoncer à ce dernier mode de payement, la portion restant due de la subvention serait soldée en termes égaux, le 1er mai et le 1er novembre de chaque année, et dont le dernier écherra le 1er novembre 1874.

Le capital de 80,000,000 de francs, qui représente la part de dépense à la charge de la compagnie, jouirait d'une garantie d'intérêt dans les conditions réglées par l'article 3 de la convention du 7 juillet 1860, c'est-à-dire à raison de 5 p. o/o, amortissement compris et pendant une période de soixante et quinze ans.

Telles sont, Messieurs, les dispositions principales de la convention passée entre le Ministre de la guerre et la Compagnie des chemins de fer de Paris à Lyon et à la Méditerranée.

Outre ces dispositions, entièrement analogues à celles qui vous sont soumises en ce moment concernant quatre des grandes compagnies de chemins de fer de France, il en est d'autres d'une moindre importance, qui sont spéciales aux chemins de fer algériens.

Le plus grand nombre des travaux qui existent aujourd'hui en Algérie, notamment les routes et les terrassements du chemin de fer d'Alger à Blidah, ont été exécutés par l'armée. Il pourrait arriver qu'il fût nécessaire de recourir encore à son dévouement dans des circonstances données où la main-d'œuvre viendrait à faire défaut sur quelques points. Dans ces cas exceptionnels, dont le Gouvernement sera seul juge, les troupes pourront être employées à des terrassements, mais sans cesser d'être placées, dans l'exécution des travaux sous l'autorité militaire et sous la direction des officiers du génie.

La valeur des travaux exécutés par elles, calculée sur des prix arrêtés d'avance et de concert entre le Gouverneur général et la Compagnie, serait versée par cette dernière entre les mains de l'autorité militaire, pour être distribuée à qui de droit (art. 3).

Dans le but de faire rentrer dans le droit commun la concession des chemins de fer algériens, il a été stipulé (art. 5) que l'État serait admis au partage des bénéfices avec la Compagnie, lorsque, après une révision des tarifs, les prix auraient été abaissés au niveau des tarifs stipulés pour les chemins de fer concédés, en France, à la Compagnie de Paris à Lyon et à la Méditerranée, et lorsque les produits nets de l'ensemble des différentes lignes concédées excéderaient 8 p. o/o du capital dépensé.

Enfin, la durée de la concession a été fixée à quatre-vingt-douze ans (92 ans), et cette durée sera identique à celle de la concession générale faite à la Compagnie de la Méditerranée ; il convient, en effet, d'adopter une date unique pour l'expiration de ces deux concessions.

Les autres clauses résultant des articles 6, 7 et 8 de la convention sont semblables à celles qui étaient déjà stipulées dans le premier traité passé avec la compagnie des chemins de fer algériens.

Le Gouvernement espère que ces mesures, confiées à une compagnie puissante, assureront l'achèvement d'une entreprise à laquelle est intimement lié l'avenir agricole et commercial de notre colonie. Les colons et industriels les accueilleront avec reconnaissance, et, dans le moment même où le Sénat est appelé à délibérer sur la constitution de la propriété indigène, ils y trouveront une nouvelle preuve de la vigilance avec laquelle l'Empepereur sauvegarde leurs intérêts et le développement de la prospérité de l'Algérie.

Signé à la minute :

Le Président de section, Rapporteur,

Général de division ALLARD [1].

PROJET DE LOI

Approuvant les articles 3, 4, 5, 6 et 9 d'une Convention passée entre le Ministre de la guerre et la Compagnie des chemins de fer de Paris à Lyon et à la Méditerranée (chemins de fer algériens).

ARTICLE UNIQUE.

Sont approuvés les articles 3, 4, 5, 6, 9 de la Convention ci-annexée, passée le

[1] Commissaires du Gouvernement :

MM. le général de division ALLARD, Président de section ; le comte DUBOIS ; DE FRANQUEVILLE, Conseillers d'État.

entre le Ministre de la guerre et la Compagnie des chemins de fer de Paris à Lyon et à la Méditerranée, lesdits articles relatifs aux engagements mis à la charge du Trésor par cette convention.

Ce projet de loi a été délibéré et adopté par le Conseil d'État, dans sa séance du 7 avril 1863.

Le Ministre,
Président du Conseil d'État,

Signé J. BAROCHE.

PROJET DE CONVENTION

Passée entre le Ministre de la guerre et la Compagnie des chemins de fer de Paris à Lyon et à la Méditerranée (chemins de fer algériens).

L'an mil huit cent soixante-trois et le

Entre le Ministre secrétaire d'État au département de la guerre, agissant au nom de l'État, et sous la réserve de l'approbation des présentes par décret de l'Empereur, et par la loi, en ce qui concerne les clauses financières,

D'une part :

Et la Société anonyme établie à Paris sous la dénomination de *Compagnie de Paris à Lyon et à la Médi-*

terranée, ladite Compagnie représentée par M. Sylvain Dumon,

Président du conseil d'administration, élisant domicile au siége de ladite société, et agissant en vertu des pouvoirs qui lui ont été conférés par délibération du conseil d'administration, en date du

et sous la réserve de l'approbation par l'assemblée générale des actionnaires, dans un délai de   mois au plus tard.

D'autre part :

Il a été dit et convenu ce qui suit :

ARTICLE PREMIER.

Est et demeure approuvé le traité passé le

entre la Compagnie du chemin de fer de Paris-Lyon-Méditerranée et la Compagnie des chemins de fer algériens.

Une copie certifiée dudit traité restera annexée à la présente.

ART. 2.

Le Ministre de la guerre, au nom de l'État, concède à la Compagnie des chemins de fer de Paris à Lyon et à la Méditerranée, qui l'accepte, les chemins de fer de Blidah à Saint-Denis-du-Sig.

En conséquence, les chemins de fer rétrocédés ou concédés à ladite Compagnie, en vertu de la présente convention sont les suivants :

1° De la mer à Constantine ;

2° D'Alger à Oran, par Blidah et Saint-Denis-du-Sig, avec prolongement jusqu'au port.

La Compagnie s'engage à exécuter les chemins de fer ci-dessus énoncés dans un délai de dix années, à partir du décret qui ratifiera la présente convention.

ART. 3.

Le Ministre de la guerre s'engage, au nom de l'État, à payer à la Compagnie, à titre de subvention, pour l'exécution des chemins de fer mentionnés à l'article qui précède, une somme de quatre-vingts millions (80,000,000),

Savoir :

1° De la mer à Constantine, 16,500,000 francs.

2° D'Alger à Oran, par Blidah et Saint-Denis-du-Sig, avec prolongement jusqu'au port, 63,500,000 fr.

Les subventions de l'État seront versées en vingt payements semestriels égaux, échéant le 1er mai et le 1er novembre de chaque année, et dont le premier sera effectué le 1er mai 1865.

La Compagnie devra justifier, avant chaque payement, de l'emploi sur chacune des lignes auxquelles s'appliquent lesdites subventions, en achats de terrains ou en travaux et approvisionnements sur place, d'une somme double du montant du terme qu'elle aura à recevoir. Le dernier versement ne sera fait qu'après l'ouverture de chaque ligne.

Le Gouvernement aura la faculté, à la date du

1ᵉʳ mai 1865, et avant le payement du premier terme, de convertir l'ensemble desdites subventions, calculées au taux de 4 1/2 p. o/o et payables en deux termes égaux, le 1ᵉʳ mai et le 1ᵉʳ novembre de chaque année; le premier de ces termes échéant le 1ᵉʳ mai 1865.

Toutefois si, au 1ᵉʳ mai 1869 ou à une époque antérieure, le Gouvernement, après avoir opté pour le payement par annuités, croit devoir renoncer à ce mode de libération indiqué au paragraphe précédent, la portion de la subvention restant due à la Compagnie sera soldée en termes égaux, payables le 1ᵉʳ mai et le 1ᵉʳ novembre de chaque année, et dont le dernier écherra le 1ᵉʳ novembre 1874.

Pour établir le chiffre du capital restant à solder à titre de subvention, les annuités précédemment payées seront imputées sur le montant des termes auxquels la Compagnie aurait droit en vertu du paragraphe 3 du présent article, en tenant compte des intérêts à 4 1/2 p. o/o à partir de l'échéance de chaque terme.

Le Gouvernement se réserve d'employer l'armée, sous la direction des officiers du génie, à l'exécution des travaux de terrassement, sur une ou plusieurs sections des chemins de fer énoncés à l'article précédent. Dans ce cas, la valeur des travaux exécutés sera réglée sur une série de prix arrêtés de concert entre le Gouverneur général de l'Algérie et la Compagnie. Le montant en sera versé par cette dernière et distribué à qui de droit par les soins de l'autorité militaire.

ART. 4.

Le Gouvernement s'engage en outre, au nom de l'État, à garantir pendant soixante et quinze années, à partir du 1er janvier de l'année qui suivra la mise en exploitation de l'ensemble des lignes énoncées à l'article ci-dessus, un intérêt de 5 p. o/o, amortissement compris, du capital affecté au rachat et à la construction desdites lignes.

Le capital garanti ne pourra, en aucun cas, excéder, pour l'ensemble de ces lignes, la somme totale de

Jusqu'à l'époque où commencera l'application de la garantie d'intérêt stipulée par le présent article, l'intérêt et l'amortissement des capitaux employés pour leur exécution seront payés au moyen des produits des sections de ces lignes qui seront mises en exploitation. En cas d'insuffisance, les intérêts seront portés au compte de premier établissement.

ART. 5.

Les lignes rétrocédées ou concédées en vertu de la présente convention seront régies par le cahier des charges ci-annexé.

Toutefois, lorsque les produits nets de l'ensemble des différentes lignes concédées excèderont 8 p. o/o du capital dépensé, le Gouvernement aura le droit de reviser le tarif des taxes à percevoir ; cette révision ne pourra avoir lieu que tous les cinq ans, et les prix ne seront pas abaissés au-dessous de ceux des tarifs stipulés pour les chemins de fer concédés en France à la Compagnie de Paris à Lyon et à la Méditerranée.

Lorsque les tarifs auront été réduits aux prix fixés par le cahier des charges de ces derniers chemins, si les produits de l'ensemble des lignes concédées excèdent 8 p. o/o du capital dépensé, l'excédant sera partagé par moitié entre l'État et la Compagnie.

ART. 6.

A partir du décret qui approuvera la présente convention jusqu'à l'expiration du délai fixé pour la construction des chemins ci-dessus énoncés, la Compagnie aura la faculté d'introduire en franchise de tous droits de douane, à charge de réexportation après l'achèvement des travaux, les wagons et autres machines, ainsi que tous objets d'outillage destinés à la construction desdits chemins.

Les mesures propres à garantir l'emploi exclusif à la construction des chemins de fer désignés à l'article 2 ci-dessus des objets introduits en Algérie, en exécution du présent article, seront concertées entre le Ministre de la guerre et le Ministre des finances.

ART. 7.

Lorsque l'État aura, à titre de garant, payé tout ou partie d'une annuité garantie, il en sera remboursé, avec les intérêts à 4 p. o/o par an, sur les produits nets des lignes auxquelles est accordée la garantie de l'État,

dès que ces produits nets, accrus de l'excédant des produits de l'ancien réseau, conformément à l'article 5
ci-dessus, dépasseront l'intérêt et l'amortissement garantis, et dans quelques années que cet excédant se pro-
duise.

A l'expiration de la concession, ou dans le cas de
l'application de la clause de rachat stipulée par l'article 37 du cahier des charges, si l'État est créancier
de la Compagnie, le montant des créances sera com-
pensé, jusqu'à due concurrence, avec la somme due à
la Compagnie par la reprise, s'il y a lieu, aux termes
de l'article 36 dudit cahier des charges, du matériel
tant de l'ancien que du nouveau réseau.

ART. 8.

Un règlement d'administration publique déterminera, en ce qui concerne les garanties d'intérêt stipulées
par les articles 3 et 5 de la présente convention, les
formes suivant lesquelles les concessionnaires seront
tenus de justifier, vis-à-vis de l'État, et sous le contrôle de l'administration supérieure.

1° Des frais de premier établissement;
2° Des frais annuels d'entretien et d'exploitation;
3° Des recettes.

Ne seront pas compris dans les frais annuels l'intérêt
et l'amortissement des emprunts que les concessionnaires pourraient contracter pour l'achèvement des
travaux en cas d'insuffisance du capital garanti par
l'État.

ART. 9.

Est et demeure abrogée la convention du 7 juillet 1860, passée en vertu de la loi du 20 juin précédent, à l'exception de l'article 4 de ladite convention.

ART. 10.

La présente convention et le traité de cession approuvé par l'article 1ᵉʳ ci-dessus ne seront passibles que du droit fixe d'un franc.

Ce projet de convention a été délibéré et adopté par le Conseil d'État, dans sa séance du 7 avril 1863.

SÉANCE DU 6 MAI 1863.

M. LE PRÉSIDENT. L'ordre du jour appelle la discussion sur les chemins de fer algériens.

(S. Exc. M. Baroche, Ministre, Président du Conseil d'État; MM. le général Allard, président de section; le comte Dubois et de Franqueville, Conseillers d'État, siégent au banc de MM. les commissaires du Gouvernement.)

Plusieurs membres. A demain! (Non! non!)

M. BELMONTET. L'Algérie n'est pas une affaire de clocher; on peut voter sans discussion.

M. le Président. Personne n'a demandé la parole. Il est certain que nous ne pouvons pas épuiser l'ordre du jour d'aujourd'hui ; nous remettrons à demain les autres projets ; mais enfin nous pouvons épuiser au moins aujourd'hui la question des chemins de fer. Il n'y a pas d'orateur inscrit.

M. Picard. Je demande la parole.

M. le Président. Vous avez la parole.

M. Picard. Je ne retiendrai pas longtemps, Messieurs, l'attention de la Chambre.

Nous votons périodiquement des chemins de fer pour l'Algérie, et l'Algérie n'a pas de chemins de fer.

Je regrette de ne pas voir à côté de moi des députés nommés par elle pour défendre les intérêts d'une colonie aussi intéressante que mal administrée. (Vives réclamations.)

M. le baron de Ravinel. Avant de clore le vote sur les chemins de fer, permettez-moi d'adresser à MM. les Commissaires du Gouvernement une question qui se rapporte à tous les chemins de fer en général.

Parmi les rapports qui ont passé sous nos yeux, un seul, celui de M. le comte Le Hon, traite le sujet dont je veux dire un mot ; il est cependant d'un très-grand intérêt pour tous : c'est le prix de construction des chemins.

M. le Président. Mais la discussion porte sur les chemins de fer algériens !

Un Membre. Vous n'êtes pas à la question.

M. le baron DE RAVINEL. Je suis parfaitement dans la question, puisque je veux parler de la question de construction en général.

M. le comte Le Hon nous dit : « L'adoption d'un système de chemins de fer économiques, tel qu'il est essayé dans certains départements et tel qu'il fonctionne dans plusieurs pays étrangers, rendrait d'immenses services au pays et assurerait à beaucoup de contrées les bienfaits des voies ferrées, dont elles peuvent se croire déshéritées pour longtemps encore, par l'insuffisance des produits qu'elles donneraient. Beaucoup, en effet, ne peuvent prétendre à la construction et à l'exploitation d'un chemin de fer à grande section; mais elles verraient grandir et se développer, comme d'autres, les éléments de leur prospérité, une fois dotées d'un chemin de fer construit dans des conditions économiques. Les sacrifices que l'État doit s'imposer encore diminueraient sensiblement; de cette façon, il hâterait le moment de donner satisfaction à bien des intérêts, d'autant plus dignes de sollicitude que leur souffrance est grande et que d'autres plus favorisés peuvent les mettre en péril.

Il est donc évident que ce que nous votons aujourd'hui ne sera pas notre dernier mot. Nous ne ferons qu'un temps d'arrêt très-court, et nous allons préparer un nouvel et énergique appel pour la création de nouveaux chemins de fer, parce que plus les chemins se répandent, plus ils deviennent nécessaires; mais une condition pour leur extension, c'est qu'on puisse les faire avec économie, et que les capitaux à employer ne soient pas aussi considérables qu'ils l'ont été jusqu'ici.

Je voudrais que le Gouvernement, qui indique partout dans les conventions nouvelles un désir d'économie en n'exigeant des travaux que pour une voie, en raccourcissant les courbes et en élevant le maximum des pentes, formulât un système plus économique et adoptât les divers moyens économiques proposés par les hommes les plus capables des compagnies et qui existent aujourd'hui dans divers pays voisins.

Plus nous mettrons d'économie, en respectant la solidité, plus nous arriverons vite à satisfaire les besoins.

Je voudrais que les nouveaux chemins fussent au premier réseau ce que sont les routes impériales aux chemins ordinaires.

Il faut que ces chemins soient affranchis de toutes les dépenses qui grèvent ceux d'aujourd'hui. Voudra-t-on nous laisser un peu plus de liberté? Sera-t-il possible de ne plus avoir des clôtures à tous les chemins? Est-ce que cela est nécessaire lorsque la vitesse ne dépasse pas 3o kilomètres? On pourrait avoir un autre système de barrière, se passer de maison de garde au passage à niveau, on pourrait supprimer les abris, les doubles trottoirs, les triples salles d'attente aux petites gares, on pourrait supprimer les marquises..... (On rit.)

Une voix. Mais, au moins, ne supprimez pas les comptes. (Nouveau rire.)

M. le baron DE RAVINEL. Tous ces accessoires reviennent à 12 et 15,000 francs par kilomètre. Ne pourrions-nous pas nous en affranchir. C'est là, messieurs, qu'est le progrès aujourd'hui. Prenons ce qu'il y a de bon dans les pays voisins et ne restons pas enchaînés à notre système.

Les précautions sont bonnes à prendre, mais l'excès est un défaut.

M. RANDOING. L'honorable M. Picard s'est ému avec raison de ce que, jusqu'à ce jour, l'Algérie, à laquelle on avait promis des chemins de fer, n'avait pas vu les concessionnaires s'en occuper. Mais, dans l'une de nos dernières séances, à propos de l'Algérie, M. Picard a dû être satisfait, je crois, et je crois aussi qu'en Algérie on le sera, car une grande compagnie est chargée de l'exécution de ces chemins; le délai a été fixé et, incontestablement, on doit compter sur ce bienfait de l'autre côté de la Méditerranée.

M. ERNEST PICARD. Que l'on donne à l'Algérie les institutions libres qu'elle réclame depuis dix ans, et elle saura bien se donner des chemins de fer! (Interruptions diverses.)

M. RANDOING. Je n'ai pas à répondre à cette interruption de l'honorable M. Picard, mais, une carte des chemins de fer de l'Algérie sous les yeux, si je vois avec satisfaction que les deux villes d'Oran et d'Alger seront liées par un chemin non interrompu qui parcourt presque ces deux provinces, je vois avec regret que la part de la province de Constantine est bien faible.

En effet, à l'exception de Philippeville, point de départ, jusqu'à Constantine, point d'arrivée, et de quelques stations intermédiaires, tout le reste de cette intéressante province est momentanément sans tracé. Or, il y a là un port et une ville d'une importance réelle ; il y a là plusieurs localités jusqu'à Guelma qui ne peuvent être déshéritées, et, comme il m'est arrivé d'être quelquefois le mandataire d'un grand nombre d'habitants de ces deux sous-préfectures, je considère comme un devoir, pour répondre à leur confiance, de prier l'un de MM. les commissaires du Gouvernement de vouloir bien répondre à cette question : la continuation de la ligne du chemin de fer de Philippeville à Constantine sera-t-elle sous peu exécutée de ce dernier point à Bône, Guelma et autres localités en voie d'agrandissement? Je sais que le Gouvernement ne perdra pas de vue des intérêts si chers, mais une solution heureuse à cette question serait accueillie chaleureusement dans cette partie de notre territoire africain.

S. Exc. M. Baroche, Président du Conseil d'État. J'en

demande pardon à l'honorable M. Randoing, mais ce n'est pas à lui que je veux répondre, bien que je prenne la parole après lui. Je n'ai, en effet, rien à répondre à cette dernière observation, par laquelle il appelait l'attention du Gouvernement sur une certaine partie des provinces algériennes, et les chemins de fer qu'il désire y voir établis.

Je rappellerai seulement qu'un décret de l'Empereur a tracé à l'avance, pour l'Algérie, un vaste réseau de chemins de fer qui, lorsqu'il sera exécuté, satisfera à tous les intérêts.

Mais je veux répondre à une allégation de l'honorable M. Picard, allégation qui m'étonne et m'afflige. Je ne l'avais point entendue quand elle a été prononcée; on vient de me la répéter.

L'honorable M. Picard a cru devoir profiter des observations qui étaient faites sur les chemins de fer de l'Algérie, pour dire que les intérêts de cette grande colonie étaient bien mal administrés.

Je proteste contre une pareille parole qui, non-seulement n'est pas exacte au fond, mais qui, dans la forme, se produit à un moment où nous ne pouvons pas répondre. Nous avons discuté l'Adresse, nous avons discuté le budget de l'Algérie, c'étaient là assurément deux occasions dans lesquelles vous auriez pu, vous l'avez fait quelquefois, mais non pas cette année, attaquer l'administration de l'Algérie; c'était le moment alors et nous aurions pu répondre.

Mais, à la fin de la session, à la fin d'une séance,

jeter au milieu du bruit une parole à laquelle on ne peut pas répliquer, c'est là une attaque qui n'est pas de la nature de celles que l'opposition elle-même peut se permettre contre le Gouvernement (Très-bien! très-bien!)

Tout ce que je peux faire en présence d'une accusation ainsi portée, c'est de dire qu'elle est mal fondée, que nous la repoussons et que nous serons prêts, toutes les fois que l'occasion s'en présentera et qu'on articulera des faits, à répondre aux attaques qui seront adressées contre l'administration de l'Algérie, aussi bien qu'à toute autre attaque qui serait présentée par l'opposition. Mais, quant à présent, nous ne pouvons, je le répète, que protester contre l'accusation qui nous est adressée si inopinément, et nous espérons que la Chambre la considèrera comme nous. (Oui! oui! — Très-bien! très-bien!)

M. Ernest Picard prononce quelques paroles qui se perdent au milieu du bruit.

De toutes parts. Aux voix! aux voix!

M. Ernest Picard. Voilà la réponse de la Chambre! (Rumeurs.)

M. le Président. La Chambre a raison de vous témoigner son mécontentement, et cela est facile à comprendre. La discussion porte exclusivement sur les chemins de fer algériens, et non sur l'administration de l'Algérie. (Approbation.)

M. le Président du Conseil d'État. J'ajoute que la question est bien inopportune, au moment où l'État s'engage pour 80 millions dans les chemins de fer algériens....

M. Ernest Picard. Je demande la parole.

M le Président. Je vous donnerais la parole si vous la réclamiez pour un fait personnel, mais je ne laisserai pas continuer un débat qui n'est pas à sa place. (Très-bien!)

Je donne lecture de l'article unique :

« Sont approuvés les articles 3, 4, 5, 6, 7 et 9 de la Convention ci-annexée; passée le
                    entre le Ministre de la guerre et la Compagnie des chemins de fer de Paris à Lyon et à la Méditerranée, lesdits articles relatifs aux engagements mis à la charge du Trésor par cette convention. »

Il va être procédé au scrutin.

(Il est procédé au scrutin.).

M. le Président. Voici le résultat du dépouillement du scrutin :

> Nombre de votants........... 224
> Majorité absolue............. 113
> Pour..................... 224
> Contre................... 0

(Le Corps législatif a adopté).

DROIT DE TONNAGE.

PROJET DE LOI

Ayant pour objet de modifier le mode de perception du droit de tonnage dans les ports de l'Algérie, précédé du décret de présentation et de l'exposé des motifs, transmis, sur les ordres de l'Empereur, par le Ministre d'État au Corps législatif.

NAPOLÉON, par la grâce de Dieu et la volonté nationale, EMPEREUR DES FRANÇAIS,

A tous présents et à venir, SALUT.

AVONS DÉCRÉTÉ et DÉCRÉTONS ce qui suit :

ARTICLE PREMIER.

Sera envoyé au Corps législatif, par notre Ministre d'État, le projet de loi délibéré en Conseil d'État et ayant pour objet de modifier le mode de perception du droit de tonnage dans les ports de l'Algérie.

ART. 2.

MM. Loyer et Mercier-Lacombe, Conseillers d'État,

sont chargés de soutenir la discussion de ce projet de loi devant le Corps législatif et le Sénat.

ART. 3.

Notre Ministre d'État est chargé de l'exécution du présent décret.

Fait au palais des Tuileries, le 17 avril 1863.

NAPOLÉON.

Par l'Empereur :

Le Ministre d'État,

A. WALEWSKI.

EXPOSÉ DES MOTIFS

D'un projet de loi ayant pour objet de modifier le mode de perception du droit de tonnage dans les ports de l'Algérie.

MESSIEURS,

Le projet de loi que nous vous apportons a pour objet de modifier le mode de perception du droit de tonnage dans les ports de l'Algérie.

Ce droit a été établi par l'ordonnance du 16 décembre 1843, confirmée par la loi du 11 janvier 1851.

23

Il a été fixé à 4 francs; des traités conclus avec la Russie, la Belgique, la Sardaigne et la Toscane l'ont réduit à 2 francs.

En 1859, il a fait entrer dans les caisses du Trésor 255,523 francs.

Il se perçoit actuellement :

1° A l'entrée du navire étranger, chargé ou sur lest;

2° Par tonneau de jauge.

Le Gouvernement vous demande de décider qu'il se percevra à l'avenir :

1° Par tonneau d'affrétement;

2° A la sortie comme à l'entrée du navire étranger dans les ports de l'Algérie, mais jusqu'à concurrence seulement du nombre de passagers ou de tonnes de marchandises débarqués ou embarqués, et sans que, dans aucun cas, la perception totale excède la somme qui serait perçue d'après le tarif actuel.

Le changement proposé, qui n'entraînera probablement aucune diminution de recette, est facile à justifier.

Le mode actuel de perception a, en effet, des conséquences regrettables pour les intérêts algériens.

Il s'oppose à ce que les paquebots étrangers, notamment ceux de la compagnie orientale de Southampton à Alexandrie, puisse faire escale à Alger, bien qu'ils passent toujours en vue de ce port, le droit qu'ils auraient à acquitter devant excéder de beaucoup les bénéfices que pourraient leur offrir les opérations partielles qu'ils y auraient à effectuer. Il en résulte que des voyageurs et des marchandises destinés pour la France, au lieu de s'arrêter dans les ports algériens, sont débarqués, soit à Malte, soit à Gibraltar, ce qui prive tout à la fois l'Algérie des échanges que les paquebots anglais seraient appelés à y faire, et du séjour des passagers qu'ils y déposeraient.

Aussi la chambre de commerce d'Alger et le Gouverneur de l'Algérie demandent-ils avec insistance que la perception du droit de tonnage soit au moins réduite au nombre des voyageurs et des tonnes de marchandises qui auront fait l'objet d'un débarquement ou d'un embarquement.

Saisis de cette demande, les départements du commerce et des finances en ont constaté la légitimité.

Il a été reconnu qu'en faisant droit aux réclamations du commerce algérien, dans les limites restreintes indiquées par le Gouverneur général, on ne portait pas ombrage aux intérêts de notre navigation, puisque les marchandises qui seraient embarquées sur les navires en relâche, n'étant pas destinées à la France, échappent le plus ordinairement à notre marine, et que, dès lors, peu lui importe à quel pavillon elles sont confiées. Quant aux produits et aux voyageurs qui seraient débarqués en vue de les faire arriver plus promptement sur le continent français, ce seraient probablement nos navires, notamment ceux effectuant des services réguliers entre Marseille et Alger, qui seraient le plus ordinairement chargés de les transporter, et les compagnies françaises trouveraient là un élément de fret de quelque importance, qui leur échappe aujourd'hui.

En conséquence, nous avons l'honneur, Messieurs, de soumettre à vos votes le projet dont la teneur suit :

Signé à la minute :

Le Conseiller d'État, rapporteur,

LOYER.

Les Commissaires du Gouvernement sont : MM. Loyer, Mercier-Lacombe, Conseillers d'État.

PROJET DE LOI

Ayant pour objet de modifier le mode de perception du droit de tonnage dans les ports de l'Algérie.

ARTICLE PREMIER.

Le droit de tonnage actuellement imposé aux navires étrangers dans les ports de l'Algérie sera perçu par tonneau d'affrétement sur les marchandises que ces navires débarqueront ou embarqueront.

ART. 2.

Le droit de tonnage sera également perçu proportionnellement au nombre de passagers débarqués ou embarqués, et fixé comme suit :

1° Un tonneau par chaque passager débarqué ou embarqué, chaque enfant, quel que soit son âge, étant compté pour un passager;

2° Deux tonneaux par cheval;

3° Trois tonneaux par voiture à deux roues, et quatre tonneaux par voiture à plus de deux roues.

Les bagages des passagers, y compris les petites provisions de voyage qu'ils ont avec eux, ne seront pas comptés dans l'évaluation des marchandises débarquées ou embarquées.

ART. 3.

Le droit de tonnage, perçu en vertu des articles 1 et 2 ci-dessus, ne pourra, dans aucun cas, excéder la somme qui aurait été perçue d'après le tarif actuel.

Ce projet de loi a été délibéré et adopté par le conseil d'État dans sa séance du 7 avril 1863.

Le Ministre, président du Conseil d'État,

J. Baroche.

SÉANCE DU JEUDI 17 MAI 1863.

Présidence de S. Exc. M. le Duc de Morny.

La séance est ouverte à deux heures.

Le procès-verbal de la dernière séance, lu par M. le comte Lepeletier d'Aunay, l'un des secrétaires, est adopté.

M. le Président. L'ordre du jour appelle la discussion du projet de loi ayant pour objet de modifier le mode de perception du droit de tonnage dans les ports de l'Algérie.

La parole est à M. J. David.

(MM. Loyer et Mercier-Lacombe, Conseillers d'État, siégent au banc de MM. les Commissaires du Gouvernement.)

M. le baron Jérôme David. Messieurs, le moment serait mal choisi pour discuter dans ses détails le projet de loi qui nous est soumis; je me bornerai à le critiquer dans son ensemble.

Je reproche à ce projet d'avoir été conçu en dehors de toute les opinions des autorités consultées; je lui reproche d'être incomplet et insuffisant.

La législation en vigueur, c'est-à-dire l'ordonnance

du 16 décembre 1843, confirmée par la loi de janvier 1851, s'exprime ainsi à l'article 1ᵉʳ; tous les transports entre la France et l'Algérie ne pourront s'effectuer que par navires français. Je tiens à bien préciser ce point pour faire comprendre que notre marine nationale reste en possession de tous les transports entre la France et l'Algérie; le débat porte simplement, uniquement sur l'article 3 de la loi, que cet acte que les navires étrangers (venant évidemment de ports étrangers, puisqu'un navire étranger ne peut venir prendre charge pour l'Algérie dans un port français) payeront, à leur entrée dans les ports de l'Algérie, un droit de 4 francs par tonne. Je dégagerai la question de toute obscurité en la précisant par un exemple.

Actuellement, un des grands paquebots de 12 à 1,500 tonneaux qui font la navigation entre Southampton et Alexandrie, allant dans un des ports d'Algérie pour y embarquer des marchandises diverses, devrait commencer par payer un droit de tonnage de plus de 6,000 francs. Le projet de loi vous propose, si ce paquebot prend 100 tonneaux de marchandises, par exemple, de lui faire payer 400 francs, c'est-à-dire 4 francs par tonne; je demande que le navire soit affranchi de ce droit de 4 francs, d'établir la question dans ses vrais termes et dans toute sa simplicité.

Messieurs, en lisant le rapport de la Commission, vous avez dû reconnaître que ce droit de tonnage de 4 francs pèse lourdement, même sur les opérations commerciales qui sont le résultat de voyages au long cours. Il est constaté que les navires qui arrivent dans nos ports de l'Océan, après être restés en mer six semaines ou deux mois, se trouvent frappés onéreusement par un droit de tonnage de 4 francs par tonne qui semblerait devoir passer inaperçu dans les frais généraux. Figurez-vous les inconvénients de ce droit pour une navigation de quelques heures, ou de quelques jours, ou pour les navires venant de Baléares, des côtes barbaresques de la Sardaigne de l'Italie de l'Espagne; et vous reconnaîtrez que ce droit est une charge fâcheuse pour la navigation à voiles.

Je ne peux pas m'expliquer pour quel motif on n'a pas proposé dans le projet de loi de supprimer le droit de tonnage sur les navires à voiles. Quant à moi, j'affirme, sans craindre la preuve du contraire, que toutes les autorités consultées, toutes, sans exception, ont reconnu la nécessité de le supprimer.

Je précise ma question : pourquoi n'a-t-on pas enlevé le droit de tonnage, en ce qui concerne les navires à voiles, et sur quelles autorités s'est-on appuyé pour le maintenir?

Maintenant j'arrive à ce qui concerne les navires à vapeur.

Toutes les autorités consultées ont été d'avis de supprimer le droit de tonnage en Algérie, pour ce qui concerne les navires à vapeur. Il n'y a eu qu'une seule exception. Le Ministre des finances a fait quelques objections, tout en admettant, tout en accordant que

le droit de tonnage devait être supprimé pour les navires à voiles.

Je crois utile et nécessaire d'exposer devant la Chambre l'opinion du Gouvernement général de l'Algérie.
Cette opinion servira peut-être de point de départ à
MM. les Commissaires du Gouvernement, s'ils veulent
contester l'adhésion de toutes les autorités consultées
à la suppression du droit de tonnage.

Le Gouvernement général de l'Algérie, lorque le
système protecteur subsistait presque intact, avait
déjà demandé la suppression du droit de tonnage;
seulement, voyant qu'il ne pouvait pas l'obtenir, il s'était
rallié en 1861 au projet de loi actuel.

Mais en 1862 il a demandé, non pas ce que vous
propose le projet de loi, mais de décider qu'un droit
de tonnage de 1 franc au lieu de 4 fr. ou plutôt de 4 fr.
40 cent. avec le double décime, serait prélevé sur les
navires à voiles et sur les navires à vapeur étrangers qui
entreraient en Algérie. Le Gouvernement général, en
faisant cette demande, disait : Je formule cette demande
comme une mesure transitoire, uniquement pour attendre la suppression du droit de tonnage, suppression nécessaire, indispensable pour la prospérité de
la colonie; c'est uniquement comme mesure transitoire que je m'arrête au droit de 1 franc par tonne
pour les navires à voiles et les navires à vapeur faisant
acte de commerce dans les ports de l'Algérie.

Malgré cet avis du Gouvernement général, nous
voyons arriver un projet de loi très-dissemblable, et

qui, au lieu de 1 franc, demande que l'on maintienne l'ancien projet, ou la fixation à 4 fr. 5o cent. du droit de tonnage.

Des objections ont été faites; je vais les examiner très-rapidement. On n'a rien dit pour les navires à voiles, et j'ajouterai devant mes collègues de la Commission que si l'on n'avait pas touché au terme de cette session, on n'aurait pas été éloigné de mettre les navires à voiles hors de cause, en les affranchissant de de tout péage.

Maintenant, en ce qui concerne la navigation à vapeur, on a fait des objections; on a dit : Avant de supprimer le droit de tonnage pour les navires à vapeur, n'oubliez pas que vous subventionnez la compagnie des messageries impériales; vous lui donnez 1 million ou 1,200,000 francs annuellement, et si vous supprimez le droit de tonnage, elle vous demandera une subvention plus forte.

J'ai dit que je n'entrerais pas dans les détails; je rappellerai seulement qu'à côté de cette compagnie subventionnée il y en a deux autres qui ne le sont pas et qui vivent très-bien, qui font très-bien leurs affaires. Ensuite une objection basée sur de semblables motifs est bien faible, car, en admettant qu'on dût augmenter les subventions, cette augmentation serait insignifiante; M. le directeur du commerce au ministère du commerce, dont l'avis est au dossier, regarde l'objection comme n'étant pas sérieuse.

Une autre objection a été faite; on a soutenu qu'il

ne fallait pas supprimer le droit de tonnage tant que d'autres nations laissaient subsister une perception semblable.

Je reconnais à cette argumentation ces vieilles erreurs du système protecteur, erreur dont le temps et la pratique semblaient avoir fait justice. Je comprends parfaitement qu'à l'époque où le système protecteur était la base des institutions commerciales et industrielles on pût s'appuyer sur un raisonnement pareil; mais aujourd'hui que le système protecteur a été fortement attaqué, aujourd'hui qu'on marche vers la liberté commerciale, j'avoue que l'argumentation ne me paraît pas devoir être acceptée. Maintenant, en présence d'un sacrifice, comme le disait hier M. le Président du Conseil d'État, de 80 millions que vous venez de faire pour subventionner les chemins de fer algériens, en présence des sacrifices que vous faites pour l'Algérie depuis 30 ans, n'est-il pas pénible de voir dans une discussion sérieuse se produire des arguments aussi minimes pour combattre une mesure qui est pour l'Algérie une nécessité impérieuse?

Je vais examiner très-rapidement aussi un dernier argument.

On a dit : Mais il y a solidarité entre ce qui se passe en Algérie et ce qui se passe en France, et si l'on ouvre les ports algériens, il faudra aussi ouvir les ports français.

Eh bien, je maintiens encore que cette argumentation n'est pas fondée. Vous avez en Algérie une législation douanière différente, vous avez un système politique différent, vous avez une organisation utile différente, et certainement il n'est pas juste de s'appuyer sur ce qui existe en France pour refuser ce qui est nécessaire à l'Algérie.

Je soutiens maintenant que votre projet de loi amènera une situation plus mauvaise que celle qui existait antérieurement. Vous vous flattez que les navires n'ayant à payer le droit de tonnage que sur les marchandises chargées, seront attirés dans les ports de l'Algérie.

Évidemment il y a une partie de ce raisonnement qui est vraie; votre projet de loi est moins fiscal que la législation précédente, mais il est beaucoup plus restrictif. En effet, vous savez tous que dans les affaires ce qui est important surtout c'est le temps. Eh bien! pensez-vous que ces grands steamers, qui tiennent à aller le plus rapidement possible, qui ont un but déterminé pour un laps de temps donné, ne s'effrayeront pas de votre projet de loi qui traîne à sa suite les formalités et les investigations du fisc, qui amène l'employé avec ses tracasseries, ses lenteurs, ses écritures, ses susceptibilités. Lorsqu'un navire entrera dans le port d'Alger, l'employé viendra s'enquérir de la quantité de marchandises apportées ou embarquées, en contestant les déclarations, en créant des litiges et des retards!

Dans les trois quarts des cas, l'ancien système était meilleur; on payait tant par navire, selon la jauge.

Je ne crains pas de le dire, vous voulez faire de grandes choses pour l'Algérie, et vous apportez un projet de loi insuffisant, qui jettera le découragement dans la colonie.

Messieurs, il faut supprimer le droit de tonnage en Algérie. A l'importation ce droit élève la main-d'œuvre en augmentant le prix des objets de première nécessité, éloigne les créations industrielles en augmentant le prix de la main-d'œuvre. Comment voulez-vous que les colons tirent parti de leurs ressources, si vous grevez l'entrée en Algérie des denrées d'Espagne, des houilles et du fer de l'Angleterre, des bois du Nord et de l'Adriatique? Certes votre projet de loi n'est pas une mesure libérale.

A l'exportation le droit que vous voulez maintenir se prélève sur les productions indigènes, au grand détriment des producteurs ; les produits indigènes sont achetés moins cher par celui qui veut les exporter, en raison des charges qui les frappent.

Il faut faire connaître les produits de l'Algérie ; il faut ouvrir des débouchés à ses huiles, à ses laines, à ses minerais, à ses liéges, à ses tabacs ; il faut développer en Algérie la vie industrielle et commerciale, dont elle donne tant de preuves, malgré les règlements restrictifs. Messieurs, apprenons à la connaître au négoce du monde entier, qui passe indifférent devant ses ports pour se diriger vers le Levant ; supprimons aujourd'hui les droits de tonnage, plus tard les droits de douane, les priviléges de pavillon ; ouvrons les frontières de terre aux produits du Maroc et de Tunis aussi bien qu'aux richesses du Soudan, et l'Algérie deviendra le grand marché de l'Afrique centrale, jusqu'à ce jour inexploitée, le centre des transactions de plusieurs millions de consommateurs et de producteurs, actuellement délaissés, l'entrepôt de toutes les laines des tribus du Sahara; cherchons l'essor de l'Algérie dans la liberté, cette reine de l'avenir, soit qu'il s'agisse d'industrie, de commerce ou de politique; repoussons un projet de loi restrictif qui ne pourra que décourager les colons.

Plusieurs voix. Très-bien! très-bien!

M. Arman, *rapporteur.* Messieurs, la Commission a accueilli avec sympathie l'amendement que notre honorable collègue vient de développer devant vous, et si elle ne s'est pas rendue à ses raisons, c'est qu'en effet elles n'étaient pas admissibles, et que le projet de loi, je vais vous le démontrer, doit donner à l'Algérie toutes les satisfactions qu'il est possible de lui accorder en ce moment.

Et d'abord, ce droit de 4 francs par tonne qu'énonce notre collègue est réduit à 2 francs pour la marine d'Italie, pour celle de la Russie, pour celle de la Belgique, d'après les traités de commerce qui viennent d'être mis à exécution.

La navigation française, notre collègue vient de l'expliquer, est désintéressée dans la question. Le mouvement direct entre la France et l'Algérie se fait exclusivement par navires français. Restent donc les facilités à donner dans les ports algériens aux navires espagnols; car, il faut le remarquer, le pavillon espagnol, dans un mouvement en Algérie de 1,400 tonnes, en prend à lui seul 800.

Eh bien! enlever le droit de tonnage sur le pavillon espagnol n'aura aucun effet pour l'Algérie, parce que cela n'amènera aucun abaissement dans les droits qui frappent à l'introduction en Espagne les denrées françaises exportées de l'Algérie, et que la navigation restera tout aussi chère à l'occasion de ce droit. Si donc nous devons faire un sacrifice à l'Espagne, il est évidemment nécessaire que nous obtenions pour nos navires et pour nos produits français algériens ou métropolitains une juste réciprocité, et le Gouvernement, en limitant le droit à percevoir à la quantité des marchandises introduites par navires espagnols ou exportées par navires espagnols a déjà, dans une juste limite, satisfait aux besoins d'activité et d'économie que réclame le commerce algérien, et il reste pour l'avenir la réciprocité complète à établir dans des conventions nouvelles internationales, qui sont l'objet des négociations du Gouvernement.

On se fait souvent illusion quand on demande l'abaissement des droits qui frappent les produits introduits par certains pavillons; j'ai entendu souvent, dans la Chambre, par exemple, pour le guano, regretter le droit différentiel que supportent les pavillons étrangers qui importent du guano en France; au point de vue de l'agriculture on demandait la suppression de ce droit. Mais quand on a proposé au gouvernement péruvien d'enlever la surtaxe de pavillon à la condition d'obtenir une réduction de prix dans la vente de cet engrais, il a répondu négativement, et il a été constaté que, malgré l'abaissement ou la suppression du droit différentiel, le prix du guano ne serait pas changé en France. C'est, en effet, un produit monopolisé, et il dépend exclusivement du gouvernement qui le possède d'en régler le prix.

Il faut donc se garder de ces demandes de suppression, de ces entraînements qui n'amènent aucun profit, soit pour notre marine, soit pour notre agriculture, soit pour nos industries.

D'un autre côté, Messieurs, la question de tonnage, qui se restreint en ce moment à l'Algérie, a cependant une bien plus grande importance. Dans tous les ports français, à l'exception de Marseille, le droit de tonnage entier est exigé sur la jauge du navire. Vous le savez, une ordonnance de 1817 a supprimé temporairement tous les droits de tonnage pour Marseille.

Eh bien! dans le bassin de la Méditerranée, les ports de Cette, de la Nouvelle, de Nice, etc. réclament cette même faveur; mais il est, dans ce même bassin de la Méditerranée, un autre département français auquel on devrait l'accorder avec bien plus de raison: c'est la Corse. Ce sont les mêmes caboteurs qui fréquentent les ports de l'Algérie et ceux de la Corse. Que peut-on apporter en Corse? Des minerais de fer qui, par leur traitement, mettraient en valeur la richesse forestière du pays. Le droit de tonnage de 4 francs qui vient se prélever souvent sur un fret qui ne peut dépasser 6 à 7 francs, est un droit énorme, un droit prohibitif. Eh bien! ce qu'on n'accorde pas à un département français dans une situation si intéressante, serait-il possible de l'accorder exclusivement à l'Algérie? Personne n'oserait le soutenir, parce qu'il s'agit, dans cette question, de rapports internationaux ; parce que l'Algérie est une terre française; parce que l'Algérie a une armée, une administration qui relèvent de la France; parce qu'elle vit à l'aide d'un budget qui prend une part considérable dans le nôtre. Faisons donc pour l'Algérie tout ce qu'il est possible de faire, mais dans la limite du juste. La Commission a cru, en s'associant au projet de loi, sans soulever à cette occasion des questions tout aussi intéressantes pour les ports français, qu'elle allait donner au Gouvernement de l'Algérie, à cette colonie si importante, toutes les satisfactions qu'elle pourrait légitimement désirer. (Très-bien!)

M. MERCIER-LACOMBE, Conseiller d'État, COMMISSAIRE DU GOUVERNEMENT. Messieurs, la Commission a bien interprété la pensée du Gouvernement général de l'Algérie. Le projet qui vous est présenté, bien que moins radical que celui que l'administration algérienne avait proposé, procurera cependant à la colonie des avantages très-notables. J'aurai l'honneur de vous les exposer après avoir fait connaître la situation telle qu'elle existe.

Aujourd'hui on voit chaque semaine passer devant Alger, à 5 ou 6 milles de distance, des vapeurs anglais principalement, allant de l'est à l'ouest, sans faire escale, parce que ces navires, qui n'auraient que de petites opérations à faire à Alger, soit pour débarquer ou prendre des marchandises, soit pour débarquer ou prendre des passagers, seraient obligés de payer un droit de tonnage proportionné à leur jauge entière. Dans ces conditions, l'Algérie ne profite en aucune façon du mouvement de la navigation, du commerce, des passagers, qui s'opérerait, qui s'opérera, et je modifie mon expression parce que j'espère que le projet de loi sera voté, qui s'opérera, dis-je, une fois que le droit de tonnage sera réduit dans la proportion des opérations non accomplies.

M. le baron JÉRÔME DAVID. Je demande la parole.

M. LE COMMISSAIRE DU GOUVERNEMENT. Aujourd'hui, les navires qui font le service de Southampton à Alexandrie, par exemple, apportent, soit des Indes, soit d'Égypte, soit des diverses escales de la Méditerranée, des marchandises qui trouveraient, en partie, un placement en Algérie et surtout des passagers qui, ayant subi les mauvais effets du climat des Indes, viennent rétablir leur santé dans les ports plus salubres des côtes de la Méditerranée. L'Algérie, qui est une station de plus en plus recherchée au point de vue de la santé, au point de vue de l'hygiène, serait un point tout indiqué pour le débarquement de ces passagers. Mais le payement d'un droit de tonnage de 4, 5 et 6,000 francs est une charge lourde, trop lourde, et il est évident que, dans ces conditions, il est impossible de prétendre au mouvement auquel donnerait lieu la relâche des navires.

D'un autre côté, l'Algérie, dans ce moment, exporte en France et peut exporter à l'étranger une grande quantité de primeurs. Cette quantité est déjà considérable, et j'avais l'honneur de dire à la Commission que, dans une seule semaine, au commencement du printemps, on a exporté d'Alger à Marseille 80,000 kilogrammes de légumes frais.

L'exportation des primeurs prendra un accroissement très-considérable le jour où le marché étranger lui sera ouvert, surtout le marché anglais. Ainsi, rien que pour ce seul objet du trafic des paquebots qui font la traversée de l'Orient, l'Algérie a beaucoup à gagner à l'adoption du projet de loi qui vous est soumis.

Ce service créera là, comme cela se produit partout, un mouvement de passagers et de marchandises, et développera, par suite, toutes les relations qui s'établissent entre les divers pays le jour où des facilités de cette nature seront accordées au commerce.

La mesure que vous allez prendre sera favorablement accueillie par l'Algérie. Il y a longtemps qu'elle est demandée, et la correspondance même dont l'honorable baron David a fait mention le prouve assez. Il y a bien longtemps, en effet, que l'administration algérienne réclame une modification dans la législation qui régit le tonnage : elle a demandé davantage, il est vrai, elle désire davantage, et elle espère bien obtenir la suppression absolue. Le Gouvernement ne lui conteste pas une concession complète, mais enfin une loi s'élabore, un conseil d'enquête a été réuni, une loi générale s'appliquant, non-seulement à la métropole, mais encore à l'Algérie se prépare. Le Gouvernement a dû, avant de prendre une mesure radicale, avoir tous les renseignements qui lui permettront de statuer sur l'ensemble de la mesure et non plus seulement sur l'Algérie. Il aurait pu ajourner encore le projet de loi qui vous est soumis. Par une faveur spéciale dont l'Algérie, je le répète, sera très-reconnaissante, il a présenté ce projet de loi avant celui qui doit régir l'ensemble du tonnage en France; faudrait-il, au moment où la session va finir, repousser ce projet? car la suppression totale du tonnage c'est la suppression du projet. Or, ce projet est trop avantageux pour que, pour mon compte, je consente, au nom du Gouvernement, à ce qu'il soit retiré.

Je voudrais, à cette occasion, vous faire connaître très-sommairement le mouvement commercial de l'Algérie en ce moment. Vous serez fixés de cette façon sur l'importance de la mesure que vous allez prendre. Je puiserai mes renseignements dans un document qui émane d'un membre du Sénat, aujourd'hui en Algérie. Je vais donner la parole à M. Forcade de la Roquette. Ayant à présider à Alger un conseil d'enquête analogue, toute proportion gardée, à celui qu'a présidé à

Paris M. le Ministre des travaux publics, M. de Forcade la Roquette a ouvert la séance par des paroles dont
j'extrais les chiffres que voici :

« Avant 1830, les relations de la France avec la
régence d'Alger ne présentaient pas un intérêt commercial appréciable.

« Dans l'année qui suivit la conquête, en 1831, le
commerce français trouvait à peine à placer en Algérie
pour 7 millions de marchandises. Dix ans plus tard,
en 1841, malgré le chiffre élevé de l'armée d'occupation, l'exportation des marchandises françaises dans
nos possessions du nord de l'Afrique ne s'élevait
pas encore à 40 millions. Le rétablissement de l'Empire, la sécurité et la confiance qui en ont été la conséquence ont porté leurs fruits ici comme en France.
En 1861, malgré la diminution de l'effectif de l'armée
d'Afrique comparé à l'effectif de 1841, les exportations
du commerce français dans la colonie dépassaient
171 millions.

« Plusieurs industries métropolitaines ont profité
largement de ce débouché nouveau. Pour ne prendre
que l'année 1861, l'importation en Algérie des tissus
de coton a atteint 62 millions; celle des tissus de
laine, de soie et de chanvre, 30 millions. La consommation des denrés alimentaires, telles que le sucre et
le café, les vins et les eaux-de-vie, représente plus
de 15 millions payés aux négociants de la métropole
par les habitants européens ou indigènes de ce vieux
royaume arabe conquis par nos armes et déjà pénétré

par notre civilisation. Ce n'est pas, d'ailleurs, un spectacle indigne d'intérêt que de voir les manufactures de Rouen et de Mulhouse fournir à l'approvisionnement des oasis du désert et de rencontrer le roulage européen faisant concurrence aux caravanes sur la route d'Alger à Laghouat et de Constantine à Biskra.

« Si nous comparons les autres colonies de la France à l'Algérie, au point de vue des débouchés qu'elles procurent à la production métropolitaine, nous remarquons que l'Algérie seule est devenue en quelques années un marché plus considérable que toutes les autres colonies groupées ensemble. En 1861, la France a importé à l'île de la Réunion 34 millions de marchandises, à la Martinique 23 millions, à la Guadeloupe 20 millions, au Sénégal 18 millions. Les importations dans nos autres colonies des Indes, de la Guyane, de Saint-Pierre et Miquelon, etc. ne s'élèvent pas à plus de 12 ou 14 millions. En rapprochant ces chiffres, on est amené à reconnaître que toutes nos colonies anciennes ou nouvelles réunies ne fournissent à la métropole qu'un débouché de moins de 110 millions, tandis que l'Algérie seule demande, reçoit et consomme pour plus de 171 millions de marchandises françaises.

« Ainsi, il serait bien injuste de méconnaîtreque, dès à présent, notre conquête africaine fournit à la France de précieux éléments de relations commerciales, et un débouché qui est loin d'être à dédaigner pour ses produits naturels ou manufacturés. Et ce marché, qui date d'hier pour ainsi dire, tend chaque jour à grandir et à se développer. Dans la période comprise entre 1830 et 1844, il avait plus que décuplé : de 37 millions de francs il s'était élevé à 76 millions ; dans la période comprise entre 1844 et 1861, il a plus que doublé, puisqu'il est monté de 70 millions à 171 millions. Je ne crois pas trop bien augurer de l'avenir en affirmant que ce remarquable résultat est bien loin d'être arrivé à son terme. »

Messieurs, voilà une situation qui, je crois, peut être invoquée comme un titre d'honneur par l'administration de l'Algérie ; et, en prononçant le mot d'administration de l'Algérie, je ne me place pas au point de vue de l'administration actuelle seulement, mais au point de vue de toutes les administrations qui ont concouru à l'œuvre. Elles ont été bien maltraitées hier par l'honorable M. Picard ; mais les chiffres que je viens de produire protestent contre ses paroles. (Marques d'approbation.)

M. le baron JÉROME DAVID. Je ne répondrai que peu de mots. J'avoue que les rôles sont complétement intervertis.

J'avais avancé que la Commission n'avait pas répondu à l'attente du Gouvernement général de l'Algérie et M. le Commissaire du Gouvernement, directeur général des affaires civiles, me fait l'honneur de me répondre que la Commission a complétement répondu, ou, du moins, a répondu suffisamment à l'attente du

Gouvernement général de l'Algérie. Voici, je crois, dans quels termes le débat se pose.

Messieurs, je vais vous lire des passages d'une dépêche qui vous diront quelles ont été dans le courant de 1862 les demandes du Gouvernement général de l'Algérie, et vous verrez si, dans ces circonstances, je ne suis pas avec le Gouvernement général de l'Algérie, et si ce n'est pas M. le directeur général des affaires civiles de l'Algérie qui, à mon grand étonnement, s'en éloigne beaucoup. Voici les termes de cette dépêche; elle est du 13 mars 1862 :

« Le Gouverneur général demande : 1° la réduction du droit de tonnage à 1 franc au lieu de 4 francs; 2° l'application proportionnelle du droit de tonnage sur les navires étrangers, calculé suivant le nombre de tonnes de marchandises qui font l'objet d'opérations commerciales. »

Le gouverneur général déclare, dans une autre dépêche du 7 mai 1862 :

« Qu'il regarde la suppression du droit de tonnage comme très-désirable, tout en maintenant comme mesures transitoires seulement les dispositions demandées par sa dépêche du 13 mars. »

Lorsque je demande la suppression totale du droit de tonnage, ne suis-je pas bien plus près de la proposition du Gouvernement général de l'Algérie que ceux qui maintiennent un droit de tonnage de 4 fr. 50 cent.

J'ajouterai que dans sa dépêche du 7 mai 1862, le

Gouverneur général déclare qu'il regarde la suppression totale du droit de tonnage comme désirable.

M. Mercier-Lacombe, Commissaire du Gouvernement. Je demande la parole.

M. le baron Jérôme David. Ce n'est qu'en 1861, je l'ai déjà dit, que le Gouverneur général a demandé un projet de loi tel qu'il vous est aujourd'hui présenté; et lorsqu'il a fait cette demande au Ministre du commerce dans ces conditions, on lui a dit: Attendez! vous ne demandez pas assez; demandez davantage, nous sommes disposés à vous donner davantage.

La solution se faisait attendre; alors le Gouverneur général insista peur obtenir de suite la réduction du droit à 1 fr.

Maintenant, M. le Commissaire du Gouvernement a mis la question sur un terrain où je n'aurai pas voulu la placer; mais enfin je l'y suivrai.

Savez-vous la principale raison qui m'a déterminé à demander la suppression du droit? Eh bien, je le déclare, c'est une question, selon moi, de dignité pour la Chambre. Avant trois mois, je le maintiens, et je défie MM. les Commissaires du Gouvernement d'affirmer que la loi est viable, avant trois mois, d'un moment à l'autre, la suppression complète du droit de tonnage sera décrétée, et l'on sera autorisé à dire: La loi a passé, il y a trois mois, devant le Corps législatif, et le Corps législatif s'y est associé, n'osant pas prendre une mesure plus utile et plus radicale. Messieurs, les assemblées s'affirment par leurs actes; vous n'êtes pas dénués de pouvoir comme on vous l'a dit quelquefois. Sera-ce méconnaître la pensée de l'Empereur que de dire avec ses déclarations qu'il attend de nous le rejet des projets de lois qui ne nous paraissent pas satisfaisants, qui nous paraissent devoir être modifiés d'un jour à l'autre? Nous ne sommes pas un bureau d'enregistrement, nous sommes une assemblée délibérante, qui discute les questions avec maturité et discernement. Il serait pénible pour la Chambre qu'après un vote approbatif du projet de loi, le droit de tonnage fût supprimé très-prochainement en Algérie.

Maintenant j'ajouterai qu'on ne m'a pas répondu sur un seul point. Il y a cependant des règles. Lorsqu'on présente un projet de loi et qu'on forme un dossier, c'est pour que les pièces qui sont au dossier aient une valeur. Je dis que, dans votre dossier, toutes les pièces, sans exception, demandent la suppression du droit de tonnage par navires à voiles.

M. Loyer, Commissaire du Gouvernement. Je demande la parole.

M. le baron Jérôme David. Je maintiens, et je le prouverai si on le conteste, qu'il n'y a de différence que pour le droit de tonnage sur les navires à vapeur, et qu'il n'y a qu'une objection faite par M. le Ministre des finances, objection que j'ai déjà eu l'honneur de présenter devant vous très-sommairement. Qui a donc fait ce projet de loi, si les pièces qui sont au dossier sont favorables à la suppression du tonnage? C'est l'avis du Gouverneur général, je viens de l'établir, c'est l'avis du Ministre de la marine; c'est aussi l'avis du Ministre du commerce; car, à cette époque, M. de Chasseloup-Laubat faisait l'intérim du ministère du commerce. J'ai tous ces avis sous les yeux; c'est une question de bonne foi. Je les ai entre les mains; voici ces différents avis.

Voici l'avis du Ministre des finances, qui seul avait soulevé des objections :

« 2 octobre 1861.

« Notre pavillon couvre à peine le quart des transports en destination de l'Algérie. Les approvisionnements de cette colonie viennent en majeure partie de l'Espagne et des côtes italiennes. La participation du pavillon étranger est donc nécessaire, et, dans le double intérêt du commerce et de la masse des consommateurs, je reconnais qu'il est utile de supprimer sur les bâtiments étrangers à voiles un droit de tonnage qui grève la marchandise, mais qui ne protége pas notre pavillon contre le commerce étranger. »

Le Ministre conclut en ces termes :

« 1° Les droits de navigation sur les bâtiments étrangers à voiles peuvent être supprimés dans les ports de l'Algérie;

« 2° Les taxes ne doivent, dans les mêmes ports, être exigées des navires étrangers à vapeur qu'en raison du

nombre des voyageurs et des quantités de marchandises réellement embarqués ou débarqués. »

Le 26 juillet 1861, le Ministre du commerce s'exprime en ces termes :

« Il faut déduire du nombre des navires étrangers
entrés dans les ports algériens, nonobstant les charges
qui résultent pour eux de la perception du droit de
tonnage, que notre marine à voiles est insuffisante
pour satisfaire au besoin des échanges qui se sont établis entre nos possessions du nord de l'Afrique et les
pays étrangers. Or, le droit de tonnage, qui n'a jamais
été considéré comme protecteur, retombe sur le con-
sommateur qui, en fin de compte, subit toutes les
charges qu'une marchandise supporte avant d'arriver à
sa destination finale. »

Par ces motifs, le Ministre conclut à : « La suppression du droit de tonnage en Algérie, tant pour les navires à voiles que pour les navires à vapeur. »

Voilà les conclusions du Ministre. Je n'invente rien,
je suis prêt à déposer sur le bureau de la Chambre les
documents que je viens de lire.

Je maintiens, je soutiens que, pour les navires à
voiles, tout le monde demandait la suppression du
droit de tonnage. Je prouve que le Ministre des finances
demandait cette suppression pour les navires à voiles
et ne faisait d'objection que pour les navires à vapeur.
Enfin, j'ai fait connaître l'opinion du Gouverneur général de l'Algérie.

Dans ces conditions, et au moment où nous touchons à la fin de notre session et de la législature, je crois que nous ferions sagement en ne nous associant pas à un projet de loi de peu de durée qui ne répondra pas au but qu'on se propose.

M. Loyer, Conseiller d'État, Commissaire du Gouvernement. L'honorable M. Jérome David a demandé sur quelles autorités le Conseil d'État s'était appuyé pour vous proposer le projet de loi qui lui a été envoyé par l'Empereur, et qui vous est soumis par son Gouvernement.

Sur quelles autorités? — J'ai été le rapporteur du projet de loi devant le Conseil d'État; j'ai lu, comme c'était mon devoir, fort attentivement toutes les pièces du dossier, et je me contenterai de la réponse très-simple et très-catégorique qui va suivre.

Sur quelles autorités? Sur l'opinion du Ministre du commerce lui-même.

Effectivement, Messieurs, la question du droit de tonnage est une question à la fois commerciale, maritime, financière; elle demande à être examinée sous tous ses aspects, à être envisagée sous toutes ses faces. Or, en présence des avis divergents qui s'étaient produits, le Ministre du commerce lui-même a renvoyé l'affaire devant le Conseil supérieur du commerce; elle y a été renvoyée pour que tous les droits se fissent jour, pour que tous les intérêts se fissent entendre, et pour que le Gouvernement, après s'être suffisamment éclairé, et après une instruction approfondie, pût prendre, en pleine connaissance de cause, les résolutions qu'il croirait devoir adopter.

Quelle serait, Messieurs, la conséquence de la mesure qui vous est proposée par M. Jérôme David, si elle était adoptée? ce serait le rejet de la loi. Le rejet de la loi, c'est une conséquence contre laquelle le gouvernement général de l'Algérie proteste énergiquement. Il convient d'attendre les délibérations du Conseil supérieur du commerce; mais, en attendant, en présence des réclamations incessantes du Gouvernement général de l'Algérie, qui dit : « A la perception du droit de tonnage par tonneau de jauge, éloignant les navires étrangers des ports de l'Algérie, substituez, je vous en conjure, la perception du droit de tonnage par tonneau d'affrétement, qui permettra à ces navires d'y aborder, parce qu'ils ne payeront le droit que proportionnellement aux navires et à l'importance des opérations qu'ils feront. »

Le Gouvernement n'a pas voulu que l'Algérie restât dans la situation que lui fait la législation actuelle. Il tient à lui donner la satisfaction qu'elle réclame.

Cette satisfaction, le projet de loi qui vous est soumis la donne, et il a ce précieux avantage de la donner sans préjuger la question de la suppression du droit de tonnage, si cette suppression doit avoir lieu, de la donner sans causer aucun dommage à la marine, sans porter aucun trouble dans les finances; cette satisfaction, le Gouvernement de l'Algérie l'attend impatiemment, et il l'acceptera de vous avec reconnaissance.

C'est là ce que la Commission, après les explications que nous avons eu l'honneur de lui fournir, lorsque nous avons été appelés dans son sein, a constaté, a recueilli; c'est là ce qui a motivé l'adhésion presque unanime de tous ses membres.

Eh bien, je n'hésite pas à le dire, d'accord avec le Gouvernement, d'accord avec votre Commission, vous donnerez à l'Algérie ce nouveau témoignage d'intérêt, en votant le projet de loi tel qu'il vous est présenté. (Très-bien! — Aux voix! aux voix!)

M. LE PRÉSIDENT. Je mets aux voix les articles :

« ART. 1er. Le droit de tonnage, actuellement imposé aux navires étrangers dans les ports de l'Algérie, sera perçu par tonneau d'affrétement sur les marchandises que ces navires débarqueront ou embarqueront. »

(L'article 1er est mis aux voix et adopté.)

« ART. 2. Le droit de tonnage sera également perçu proportionnellement au nombre de passagers débarqués ou embarqués, et fixé comme suit :

« 1° Un tonneau par chaque passager débarqué ou embarqué, chaque enfant, quel que soit son âge, étant compté pour un passager;

« 2° Deux tonneaux par cheval ;

« 3° Trois tonneaux par voiture à deux roues et quatre tonneaux par voiture à plus de deux roues.

« Les bagages des passagers, y compris les petites provisions de voyage qu'ils ont avec eux, ne seront pas comptés dans l'évaluation des marchandises débarquées ou embarquées. » (Adopté.)

« ART. 3. Le droit de tonnage, perçu en vertu des articles 1 et 2 ci-dessus, ne pourra, dans aucun cas, excéder la somme qui aurait été perçue d'après le tarif actuel.« (Adopté.)

Il est procédé, sur l'ensemble de la loi, à un scrutin qui donne le résultat suivant :

Nombre des votants................ 205

Majorité absolue.................. 103

Pour l'adoption................... 205

Contre........................... 0

Le Corps législatif a adopté.

ENQUÊTE

SUR

LE COMMERCE ET LA NAVIGATION

DE L'ALGÉRIE.

ENQUÊTE

SUR

LE COMMERCE ET LA NAVIGATION

DE L'ALGÉRIE.

Par décret impérial rendu sur la proposition de S. Exc. le Ministre de l'agriculture et du commerce, M. de Forcade La Roquette, sénateur, membre du Conseil supérieur du commerce et de l'industrie, a été chargé (février 1863) de se rendre en Algérie et d'y procéder à une enquête sur le commerce et la navigation.

Un arrêté du Gouverneur général, duc de Malakoff, institua, en conséquence, un conseil supérieur d'enquête sous la présidence de M. de Forcade La Roquette. Les représentants des différentes chambres de commerce, ainsi que les principaux négociants et industriels de la colonie, furent appelés à fournir à ce Conseil des explications sur les divers points précisés dans un questionnaire ainsi conçu :

QUESTIONNAIRE.

§ 1ᵉʳ. — DES NAVIRES.

1° Quel est, en Algérie, dans les ports où il existe des chantiers de construction, le coût réel, par tonneau de jauge, d'un bâtiment de commerce?

2° Quelle est la durée ordinaire d'un bâtiment de même force comme tonnage, alors qu'il a été construit en Algérie, en France ou à l'étranger?

3° Quel est le taux de l'amortissement annuel pour un navire algérien?

4° Le système de gréement algérien exige-t-il un plus grand nombre de bras pour la manœuvre que celui des navires des marines étrangères?

5° La prime d'assurance est-elle plus élevée à l'égard des bâtiments algériens qu'à l'égard des bâtiments d'origine française ou étrangère?

6° A quelles conditions les capitaux entrent-ils dans les opérations maritimes en Algérie?

7° L'industrie des constructions navales offre-t-elle des chances d'avenir en Algérie?

8° Conviendrait-il, dans l'intérêt des constructeurs algériens, de faire revivre les dispositions du décret du 17 octobre 1855, qui avait autorisé l'importation en franchise complète de tous les objets nécessaires à la construction, au gréement d'un bâtiment de mer?

§ 2. — CABOTAGE.

1° Quelles sont les conditions de l'armement pour le cabotage? Ces armements sont-ils généralement faits par des négociants, ou bien les bateaux appartiennent-ils plutôt aux patrons qui les commandent?

2° L'habitude où l'on est, dans certains ports, de demander aux capitaines ou maîtres au cabotage de concourir, dans une certaine proportion, soit aux frais de construction, soit à l'achat du navire qu'ils commandent, est-elle un avantage ou un inconvénient pour l'armement?

3° Comment naviguent les marins du cabotage algérien? Est-ce à la part, est-ce avec des gages fixes?

4° Quels seraient les moyens à prendre pour faciliter les opérations du cabotage?

5° Quel est le fret payé généralement pour le cabotage entre Alger, Oran, Bône et Philippeville?

§ 3. — DES ÉQUIPAGES.

1° Les maîtres au cabotage algérien sont-ils, en théorie et surtout en pratique, supérieurs ou inférieurs aux caboteurs espagnols ou italiens?

2° Y a-t-il quelque espoir à fonder sur l'élément indigène pour la composition des équipages, et dans quelle proportion y entrent-ils?

3° Sont-ils, en général, moins robustes ou moins exercés que les matelots de certaines puissances étrangères? En résulte-t-il la nécessité d'équipages plus nombreux?

4° Les frais de nourriture, à raison de la composition des rations, les salaires sont-ils généralement, en Algérie, plus onéreux à l'armement que dans les autres pays?

§ 4. — DES ÉLÉMENTS DIVERS DES FRAIS DE NAVIGATION.

1° Quel est le tonnage moyen des bâtiments algériens pour tel ou tel genre de navigation?

2° Quel est le fret ordinaire pour Marseille, Cette, Bordeaux, le Havre, et réciproquement, soit des navires français, soit des navires algériens?

3° Quel est le fret entre les ports de l'Algérie et les principaux ports étrangers de la Méditerranée?

4° Quelle est, dans les ports algériens, l'organisation du commerce maritime considérée en elle-même et comparée à celle des ports étrangers avec lesquels nous entretenons le plus de relations?

§ 5. — DES RÈGLEMENTS MARITIMES.

1° Quelle influence peuvent exercer sur le mouvement de la navigation en Algérie :

Les règlements ou tarifs de pilotage;
Les taxes ou habitudes de certains ports, et notamment les capitaineries ou directions de ports?

2° Convient-il de maintenir les dispositions de l'article 1ᵉʳ de l'ordonnance royale du 16 décembre 1843, qui réserve aux seuls navires français les transports entre la France et l'Algérie, et réciproquement?

3° Quelle est l'influence de ces dispositions sur l'élévation du fret et sur le développement de l'agriculture, du commerce et de l'industrie du pays?

4° Y a-t-il lieu de modifier ces dispositions, dans quel sens?

5° Quelles modifications faut-il introduire à l'article 3 de l'ordonnance précitée, qui impose un droit de tonnage de 4 francs par tonneau de jauge sur les navires étrangers à leur entrée dans les ports de l'Algérie?

6° Au cas où le droit de tonnage devrait être supprimé ou diminué, convient-il d'autoriser les navires étrangers à faire le cabotage d'un port à l'autre de l'Algérie, cabotage aujourd'hui autorisé moyennant le payement du droit de tonnage?

7° Le régime quarantenaire exerce-t-il en Algérie quelque influence sur les opérations maritimes?

§ 6. — DE LA LÉGISLATION DOUANIÈRE ET DES TRAITÉS DE COMMERCE.

1° Quelles sont les modifications que peuvent comporter les régimes actuels des entrepôts réels ou fictifs de douane et d'octroi en Algérie?

2° Les traités de commerce et les modifications apportées depuis deux ans aux tarifs des douanes ont-ils exercé une influence sur les opérations maritimes en Algérie ?.

3° Le décret du 25 juin 1860, qui autorise sur les frontières du sud de l'Algérie la libre introduction en franchise de toutes les productions du Soudan, du Sahara, a-t-il produit tous les effets qu'on en espérait ?

4° Quelles seraient les autres mesures qui pourraient favoriser le passage des caravanes à travers l'Algérie et le développement des échanges avec le Soudan?

5° Y a-t-il lieu d'appliquer en Algérie les dispositions de la loi des 5-16 juillet 1836, qui autorise, à des conditions déterminées, l'importation temporaire de certains produits étrangers destinés à être fabriqués ?

6° Quelles modifications utiles à l'Algérie peut comporter la législation relative à la restriction du tonnage de rigueur pour l'importation et la réexportation de certaines marchandises ?

7° Quelles sont, dans le régime commercial actuellement en vigueur, les modifications qui paraîtraient susceptibles de développer l'agriculture, le commerce, l'industrie, la marine de l'Algérie ?

8° Y a-t-il lieu, notamment, d'apporter des modifications au décret du 7 septembre 1856, relatif à la francisation en Algérie des navires étrangers, à leur armement, à leur équipement, à leur commandement?

§ 7. — PÊCHE DU CORAIL.

1° La législation actuelle sur la pêche du corail donne-t-elle des résultats satisfaisants au point de vue des intérêts de l'Algérie?

2° Dans le cas de la négative, quelles mesures paraîtrait-il convenable d'adopter pour faire profiter la colonie des bénéfices de tous genres que devrait lui procurer l'exercice de cette pêche?

3° Quel est le chiffre proportionnel des marins français, indigènes ou étrangers qui se livrent à la pêche du corail?

4° Qui empêche les marins français ou indigènes de participer à cette pêche dans une plus large mesure?

§ 8. — PÊCHE DU POISSON.

1° La réglementation actuelle de la pêche côtière en Algérie est-elle satisfaisante?

2° Conviendrait-il de rendre applicable, en Algérie, le décret du 10 mai 1862 sur la pêche côtière?

3° Quel est le chiffre proportionnel des marins français, indigènes ou étrangers qui exercent cette industrie?

A la suite de cette enquête, qui occupa plusieurs séances, M. de Forcade La Roquette adressa au Conseil supérieur du commerce, de l'agriculture et de l'industrie, le rapport suivant.

RAPPORT

Sur le commerce et la navigation en Algérie présenté au Conseil supérieur du commerce, de l'agriculture et de l'industrie, par M. de Forcade la Roquette, sénateur, membre du Conseil supérieur.

« Messieurs, je viens rendre compte au Conseil supérieur des résultats de l'enquête à laquelle j'ai été chargé de procéder sur le commerce et la navigation de l'Algérie.

« Conformément aux instructions contenues dans la lettre de S. Exc. le Ministre de l'agriculture, du commerce et des travaux publics, en date du 18 février dernier, j'ai suivi en Algérie la marche qui avait été adoptée en France dans les enquêtes qui ont précédé le traité de commerce avec l'Angleterre et dans celles qui se poursuivent encore aujourd'hui. Un conseil supérieur d'enquête a été institué à Alger, sous ma présidence, par arrêté de S. Exc. le Maréchal duc de Malakoff. C'est devant ce conseil que les représentants des chambres de commerce d'Alger, de Constantine, de Philippeville, de Bône et d'Oran, ainsi que les principaux négociants et industriels de la colonie, ont été appelés à fournir des explications sur les divers points précisés dans un questionnaire spécial.

« L'enquête, commencée le 23 mars, a occupé plusieurs séances.

« Ma mission ne serait pas complétement remplie si je ne venais maintenant soumettre au Conseil supérieur mes observations personnelles et mes propositions sur les diverses questions élucidées par l'enquête et par les délibérations qui l'ont suivie.

« Je me propose d'examiner, dans ce rapport, d'après les faits et les documents que j'ai recueillis :

« 1° L'état actuel du commerce de l'Algérie avec la France et l'Étranger, ainsi que les conditions de développement qu'il présente dans un prochain avenir;

« 2° L'importance du mouvement de navigation qui existe aujourd'hui entre l'Algérie et la France, entre l'Algérie et l'étranger, entre les différents ports de l'Algérie les uns avec les autres.

I.

« Les possessions que les grandes puissances de l'Europe ont conquises au delà des mers peuvent être envisagées sous divers points de vue.

« Les unes, comme Gibraltar et Malte, sont des stations maritimes et militaires.

« Les autres, comme les Indes anglaises, sont un vaste débouché ouvert à une nation commerçante qui vient exploiter, au moyen de ses comptoirs et de ses armées, les richesses du pays conquis.

« D'autres enfin, comme autrefois le Canada, comme aujourd'hui l'Australie, sont des colonies ouvertes à l'immigration européenne.

« L'Algérie réunit tous ces caractères : elle est à la fois une station maritime, un comptoir commercial et une colonie. Comme station maritime, elle commande la route de l'Égypte et de l'Orient au sortir du détroit de Gibraltar. Comme comptoir commercial, elle offre, depuis plusieurs années, aux exportations de la France, un de leurs principaux débouchés. Comme colonie, elle a déjà une population française deux fois plus considérable que celle qui occupait le Canada quand nous l'avons perdu.

« Mais l'Algérie a de plus un caractère qui lui est propre. Une population indigène importante y était établie avant la conquête française. Une partie de cette population est d'origine européenne; elle a conservé la tradition des lois romaines et des institutions municipales; elle habite des villages et possède la terre à titre individuel. On retrouve souvent en Kabylie les types faciles à reconnaître des races latines et germaniques. La population d'origine arabe, beaucoup moins avancée, est également digne d'intérêt; ses mœurs, ses idées, sa vie nomade, reportent la pensée aux premiers âges du monde; elle ne professe pas un culte sauvage, mais une religion respectable; elle est sortie de la barbarie sans avoir atteint jusqu'à la civilisation. Utiliser cette population, la moraliser par le travail, l'éclairer par l'exemple, enfin l'élever peu à peu au niveau des progrès modernes, c'est poursuivre un but qui convient à la grandeur de la France, mais qui doit profiter également aux intérêts agricoles, industriels et commerciaux de l'Algérie.

« Tous ces points de vue divers sont loin d'être étrangers aux questions spéciales que nous avons à examiner dans ce rapport. En effet, ce n'est point une chose indifférente à la prospérité commerciale de l'Algérie que d'être une station maritime et militaire de premier ordre; elle possède un port assez vaste pour contenir une escadre, elle possédera bientôt des bassins de radoub aussi beaux que ceux de Toulon. Ces avantages profitent à la marine marchande aussi bien qu'à la marine militaire. Alger offre aux bâtiments de commerce qui naviguent dans ces parages le meilleur point de relâche et de ravitaillement qui existe sur la côte d'Afrique entre le détroit de Gibraltar et Alexandrie.

« Ce n'est pas un élément de travail ou une source de profits qui soit à dédaigner que la force productive d'une population indigène évaluée à 2,500,000 habitants. L'énergie ne manque ni à la race kabyle ni à la race arabe : on a pu en juger pendant quinze années de guerre; il s'agit de diriger aujourd'hui cette énergie vers les travaux de la paix et les progrès de l'agri-

culture. Les tribus de l'Algérie ont bien su emprunter
à l'Europe l'usage de la poudre et du fusil : ont-elles
moins d'intérêt aujourd'hui à apprendre l'usage beaucoup plus utile de nos outils et de nos machines agricoles?

« C'est à ce point de vue surtout que les colons
français et étrangers rendent à l'Algérie et à la population indigène elle-même les plus grands services.
Déjà en possession de tous les débouchés du littoral,
les colons exploitent les richesses acquises, créent des
richesses nouvelles et, par leurs habitudes laborieuses,
par leur initiative appliquée à la culture comme à
l'industrie, ils donnent aux Kabyles et aux Arabes des
leçons et des exemples qui sont la meilleure garantie
des progrès de l'avenir. Il y a entre toutes ces causes
de prospérité une solidarité étroite qui se révèle par
l'accroissement rapide du commerce de l'Algérie.

« D'après les documents, qui remontent aux premiers temps de la conquête, on n'estime pas qu'en
1830, et dans les années précédentes, le commerce
de la Régence avec la France fût supérieur à 5 ou
6 millions. En 1837, il n'était encore que de 20 millions, exportations et importations réunies. En 1847,
il atteignit déjà 100 millions. En 1861, le commerce
de l'Algérie dépasse 237 millions (valeurs réelles), qui
se décomposent de la manière suivante :

« Importations de France en Algérie. 137 millions;

« Exportations d'Algérie en France..   63 millions;

« Commerce avec les pays étrangers.   28 millions.

« Lorsqu'on se place au point de vue commercial,
on demande surtout à des possessions d'outre-mer
l'importance des débouchés qu'elles procurent. Au milieu du développement merveilleux de la production
industrielle dans les pays avancés de l'Europe, ce
qu'on cherche partout, ce sont des marchés de consommation. En effet, la production, secondée aujour-
d'hui par la puissance des machines, n'a guère d'autres
limites que la consommation elle-même, à moins que
des circonstances accidentelles n'amènent une insuffisance de matières premières.

« Plusieurs de nos industries métropolitaines, et notamment nos manufactures de coton, de laine et de
soie, profitent assez largement du débouché nouveau
que leur offre l'Algérie. De 1830 à 1840, l'importation des tissus de coton français en Algérie n'était
guère que de 2 à 3 millions par an. De 1841 à 1850,
elle atteignait une moyenne annuelle de 23 millions.
Cette progression s'accroît sans cesse, et l'importation
des tissus de coton s'est élevée en 1861 à 62 millions.

« Il importe de remarquer ici que, pour faire ressortir la progression relative des importations de France
en Algérie depuis 1831, on a dû employer le chiffre
des valeurs officielles pendant toute la période, les
valeurs réelles n'ayant été établies que depuis 1847.
Mais, en réalité, le prix des tissus de coton ayant beaucoup baissé dans les vingt dernières années, le chiffre
exact (valeurs réelles) des importations de tissus de
coton français en Algérie, en 1861, doit être ramené à

18,300,000 francs. Les tissus de soie et de laine ont donné lieu également à une exportation constamment progressive.

« La consommation du sucre raffiné n'atteignait pas un million de francs chaque année, avant 1840; elle dépasse depuis plusieurs années 6 millions.

« L'armée contribue, sans doute, à ces consommations diverses; mais ce serait une appréciation erronée que d'attribuer ce progrès commercial aux dépenses de l'armée. L'effectif, qui était de 100,000 hommes environ en 1844 et 1845, était réduit à 65,000 hommes en 1861. Le nombre des soldats à approvisionner était diminué de 35,000 hommes, et la consommation des produits manufacturés, aussi bien que des denrées alimentaires, avait plus que doublé.

« Nous ne rechercherons pas si cette consommation est due plutôt aux colons européens qu'aux indigènes : cette question ne rentre pas dans le cadre de ce travail; mais nous croyons qu'elle ne saurait être résolue par la comparaison du chiffre des consommateurs. Quoique plus nombreux, les indigènes ont une manière de vivre qui leur permettrait de se passer assez facilement de nos denrées coloniales et de nos produits manufacturés. Avant la conquête française, ils ne recherchaient guère ces produits. Mais les colons ont apporté en Algérie des habitudes nouvelles; ils travaillent, produisent et consomment beaucoup plus que les indigènes; ceux-ci, de leur côté, arrivent peu à peu à comprendre qu'une nourriture saine et substantielle est la condition d'un travail énergique et régulier; ils deviennent, à leur tour, des consommateurs moins parcimonieux en devenant des producteurs plus utiles.

« Aussi, sous l'influence de ces causes diverses, l'Algérie offre-t-elle aujourd'hui à la France un marché de consommation plus considérable que toutes ses autres colonies ensemble. En 1861, l'île de la Réunion, la Guadeloupe, la Martinique, le Sénégal, la Guyane, nos comptoirs des Indes, n'ont demandé à l'importation française que pour 110 millions de produits, tandis que les chiffres déjà cités établissent que l'Algérie demande, achète et consomme bien davantage.

« Si l'on excepte l'Angleterre, les États-Unis et les nations voisines, telles que l'Allemagne, l'Italie et l'Espagne, l'Algérie assure à la métropole plus de débouchés que les autres pays du monde, et notamment que la Russie, les Pays-Bas et toutes les populations musulmanes prises dans leur ensemble et répandues en Turquie, en Égypte, au Maroc et à Tunis.

« Dans notre opinion, les progrès déjà réalisés, au point de vue du développement de la consommation, ne sont que les premières étapes d'un mouvement commercial destiné à un plus grand avenir. Mais cet avenir dépend surtout des progrès de la production et de la facilité des échanges. En effet, l'importation des marchandises françaises et étrangères dépasse déjà, dans une proportion assez sensible, l'exportation des produits algériens. Pour pouvoir acheter davantage et augmenter sa consommation, il faut que l'Algérie développe ses propres éléments de richesse et soit en mesure de vendre à l'Europe une plus grande quantité de marchandises.

« Nous avons donc été amenés à rechercher surtout la nature et l'importance des produits que l'Algérie pouvait offrir à l'exportation.

« Dans l'état actuel des choses, les principaux éléments d'échange avec l'Europe consistent dans les céréales, les laines, les bestiaux, les cuirs, les huiles, les tabacs, les produits forestiers, les minerais de fer et de plomb; on peut y joindre d'autres produits accessoires, tels que le lin, la garance, la soie et le coton; mais les résultats acquis, en ce qui concerne ces cultures industrielles, s'ils peuvent avoir une véritable importance au point de vue de la colonisation, n'influent pas sérieusement encore sur le mouvement du commerce et de la navigation.

« La production des céréales et des bestiaux constitue, quant à présent, la principale richesse de l'Algérie, une richesse acquise, facile à développer, suffisante pour porter très-haut la prospérité du pays.

« Dans les douze dernières années, l'exportation des céréales a pris un accroissement qui mérite de fixer l'attention. Avant 1850 elle n'atteignait pas une moyenne de 200,000 francs par an. En 1851 est intervenue la loi qui autorisait l'admission libre en France des céréales algériennes, soumises jusque-là, comme les céréales étrangères, aux règles de l'échelle mobile. Dès 1852 l'exportation atteignait 5 millions; elle s'élevait rapidement à 10 millions en 1853, à 22 millions en 1854, à 23 millions en 1855. Depuis cette époque, une série de mauvaises récoltes a diminué l'exportation des céréales; mais elle était encore de 10 millions en 1861.

« Qu'une année favorable se présente, l'exportation reprendra le mouvement ascendant qu'elle a suivi de 1852 à 1855. La production des céréales, accrue par les progrès qui s'accomplissent chaque année dans les cultures indigènes sous l'influence des colons européens, peut aboutir à des résultats très-considérables dans un prochain avenir. On sait que la partie de l'Algérie considérée comme propre à la culture des céréales, le Tell, comprend environ 12 millions d'hectares. En 1861, 2 millions d'hectares seulement ont été ensemencés en blé, en orge et en maïs. La culture européenne obtient 20 et 25 hectolitres par hectare. La culture indigène n'obtient encore, en général, que de 5 à 6 hectolitres. La production totale de l'Algérie n'a donné que 12 millions d'hectolitres, savoir : blé, 5 millions d'hectolitres; orge, 7 millions. Il faut ajouter environ 300,000 hectolitres pour le maïs et les céréales diverses.

« Deux causes faciles à prévoir, car elles agissent tous les jours, l'extension des ensemencements et les progrès des cultures, doivent amener assez promptement une amélioration notable dans la production des

céréales. La sécurité que donne désormais aux cultivateurs indigènes le récent sénatus-consulte sur la
propriété arabe ne peut que faciliter ces progrès. Ce
n'est pas une œuvre d'un succès bien difficile que
d'étendre au delà de 2 millions d'hectares les ensemencements dans un pays qui compte 12 millions d'hectares cultivables ; ce n'est pas un espoir trop chimérique
que de prévoir une production supérieure à 5 ou 6 hectolitres dans un pays où la terre bien cultivée produit 15, 20 et 25 hectolitres. Le moindre progrès
suffit pour amener un résultat considérable. Or la
colonisation, en se développant, a déjà répandu dans
les populations indigènes de précieux enseignements ;
les Arabes commencent à connaître et à employer les
charrues et les outils perfectionnés de l'Europe. Ils
sont, d'ailleurs, assez intelligents pour comparer les
récoltes que les Européens obtiennent à côté d'eux aux
récoltes qu'ils obtiennent eux-mêmes. Ils ne se dissi-
mulent nullement leur infériorité, et ne demandent pas
mieux que d'obtenir un plus grand résultat pour un
moindre effort.

« Le moment n'est pas éloigné où la reproduction
des céréales, dans une bonne année, pourrait atteindre
18 ou 20 millions d'hectolitres. La consommation
locale, à raison de 3 hectolitres par tête pour 3 millions d'habitants, ne dépasserait pas 9 à 10 millions
d'hectolitres. On peut juger par là de l'importance des
ressources offertes à l'exportation ! Il ne s'agirait de
rien moins que de plusieurs millions d'hectolitres de

blé et d'orge, d'une valeur approximative de 100 millions. Un des déposants dans l'enquête résumait ainsi son opinion à ce sujet : « Atteindre en Algérie à un « excès de production de 15 à 20 millions d'hectolitres « en orge ou en blé, c'est la situation à laquelle on « songe le moins, et il n'y en a pas qui soit plus proche « et mieux préparée. » (Déposition de M. Millon, page 219 de l'Enquête.)

« Les blés d'Algérie, et notamment les blés durs, très-remarquables pour la fabrication des pâtes alimentaires, ont obtenu en Angleterre, à l'exposition universelle de 1861, une faveur particulière. Pour l'Angleterre, aussi bien que pour la France, il est plus facile et moins coûteux de venir acheter à Alger ou à Philippeville les céréales qu'on demande aujourd'hui à New-York et à Odessa.

« Le commerce des laines semble destiné, comme le commerce des céréales, à prendre un accroissement très-rapide, si l'on en juge par les faits réalisés dans les dix dernières années.

« De 1840 à 1850, la moyenne des exportations était restée inférieure à 500,000 francs; le commerce des laines a atteint 3 millions en 1852, 9 millions en 1857, 15 millions en 1861.

« On peut évaluer à 10 millions environ le nombre de bêtes ovines appartenant aux indigènes et aux Européens. Le poids de la toison en suint varie de 1 kilogramme 1/2 à 2 kilogrammes; certaines toisons dépassent même 2 kilogrammes. D'après ces données, on

est amené à reconnaître que l'Algérie doit produire en
ce moment de 18 à 20 millions de kilogrammes de laine.

« En 1861, les quantités exportées se sont élevées
à 6,500,000 kilogrammes. Une partie de la récolte est
restée dans le pays pour les besoins de la fabrication
indigène ; mais le commerce peut, dès à présent, retirer
de l'Algérie plus qu'il n'en obtient encore dans l'état
actuel des choses.

« Or la France demande annuellement à l'étranger
une quantité de laine valant plus de 150 millions. La
production algérienne trouverait donc en France un
débouché illimité. Si le débouché existe aussi vaste,
aussi rapproché, n'est-il pas naturel de penser que la
production tendra à se développer dans les vastes
espaces ouverts à l'élève du bétail depuis la Méditerranée
jusqu'au désert? On compte 40 millions d'hectares
propres au parcours; le nombre des bêtes ovines peut
doubler, tripler sans grand effort. Lorsque les Arabes
ne pouvaient vendre à des conditions avantageuses ni
la laine, ni l'agneau, ni le mouton, ils n'avaient pas
d'intérêt à augmenter leur production au delà de leurs
besoins. Mais aujourd'hui les débouchés existent, les
relations commerciales sont créées; les indigènes,
éclairés par les exemples qui les entourent, par les faits
dont ils sont les témoins, peuvent augmenter leur bétail
dans des proportions considérables, sous le simple
stimulant des profits assurés par la vente de leurs produits. Tous les calculs que l'on pourrait faire à cet
égard seraient plus ou moins hypothétiques; mais,

dans l'enquête à laquelle il vient d'être procédé, les négociants qui achètent les laines dans le sud de nos possessions n'ont pas hésité à déclarer que, dans leur opinion, le commerce de la laine était bien loin d'être parvenu encore au développement qu'il pouvait atteindre.

« M. Romanet, qui fait ce commerce entre Boghar et Laghouat, s'exprimait ainsi dans l'enquête (page 233) :

« Je fais environ pour 1 million ou 1,200,000 francs « d'affaires. Avant 1857, tout le commerce du sud au « delà de Boghar était exploité par les Mozabites et les « juifs indigènes. Ils ne payaient pas la laine plus de « 50 ou 58 francs les 100 kilogrammes, prix que j'ai « payé moi-même en 1857. En 1858, ma présence « dans le sud et les achats assez importants que j'y avais « faits firent élever ces prix à 80 francs au début et « jusqu'à 110 francs à la fin de la campagne. Dans la « province d'Alger seulement, on pourrait produire « 25 millions de kilogrammes de laine au lieu de 4 mil- « lions qu'on produit aujourd'hui, si les indigènes s'ap- « provisionnaient de fourrage pour nourrir leurs bes- « tiaux pendant l'époque comprise entre la fin des « chaleurs et les premières pluies. »

« Les renseignements donnés par M. Romanet sur le commerce des laines dans la province d'Alger ne diffèrent pas de ceux que nous avons recueillis sur le même commerce dans les provinces d'Oran et de Constantine. On peut juger de la transformation déjà opérée dans le pays par le mouvement qui s'est produit sur le seul marché de Tlemcen. En 1850, Tlemcen ne fournissait à l'exportation que 60,000 à 70,000 kilogrammes de laine, d'une valeur de 28 à 30 francs le quintal. En 1860 et 1861, les prix ont atteint et dépassé 100 francs; les quantités exportées se sont élevées à 1,500,000 kilogrammes par année.

« Ainsi le commerce de la laine dans les trois provinces, en suivant un progrès régulier et normal dans une voie déjà connue, peut en quelques années représenter une importance de 25 ou 30 millions. Ce progrès nouveau paraît moins difficile peut-être à réaliser que celui qui a été obtenu en portant l'exportation des laines en dix ans de 3 millions à plus de 15 millions.

« Le développement du commerce des bestiaux et des cuirs se lie naturellement au développement du commerce des laines, et les besoins de l'Europe, en ce qui concerne ces produits, sont aussi incontestables que les ressources de l'Algérie.

« La culture du tabac a donné également aux colons et aux indigènes des résultats dignes de remarque. Dans la période quinquennale comprise entre 1847 et 1851, l'exportation des tabacs algériens ne s'élevait pas en moyenne à 500,000 francs par an. Le progrès a été si rapide que l'exportation, en France seulement, atteignait 9 millions en 1858, 10 millions en 1859, 13 millions en 1860. A cette époque le succès même amena des abus : la qualité du tabac fut sacrifiée à la quantité, et la régie ayant été amenée à réduire ses

achats, l'exportation redescendit, en 1861, à 6,800,000^f
Mais ce n'est là qu'une réaction passagère occa-
sionnée par la rapidité même des résultats obtenus.
Les cultivateurs comprendront mieux désormais la
nécessité de surveiller les qualités de tabac, et la culture se perfectionnera sans cesse de se développer.

« Les progrès que ne peut manquer de faire la culture de l'olivier, en même temps que la trituration et
l'épuration de l'huile d'olive, donnent lieu d'espérer
une extention importante de cette branche de commerce. Déjà, dans certaines années favorables, l'exportation des huiles d'olive a dépassé 3 millions, et s'est
même élevée jusqu'à 5 millions. Plusieurs usines européennes sont déjà établies en Algérie pour la trituration des huiles. La plus importante appartient à
M. Garro, dans le cercle de Drâ-el-Mizan. Cette usine
triture en moyenne 4,000 quintaux d'olives par an, et
obtient un rendement de 14 kilogrammes d'huile par
100 kilogrammes d'olives. M. Garro a été entendu dans
l'enquête; il a déclaré que les huiles produites dans la
Kabylie de la province d'Alger pouvaient entrer en
concurrence avec les meilleures de Nice (page 156).
L'huile se vend sur place à raison de 1 franc le litre.
D'après les évaluations de M. Garro, le produit des
huiles en Kabylie ne s'élève pas à moins de 15 millions
de francs. La consommation locale représente une
valeur d'environ 10 millions, ce qui laisse à l'exportation, dans la province d'Alger seulement, une marge
de 5 millions. C'est surtout en Kabylie, c'est-à-dire

dans la partie la plus industrieuse de l'Algérie, que l'olivier est cultivé de temps immémorial. La soumission de la Kabylie est encore récente, et les expéditions diverses qui ont eu lieu dans ce pays, de 1850 à 1857, ont naturellement nui à son commerce. Mais le Kabyle, laborieux comme le paysan d'Europe, se livre avec intelligence à la culture. Il n'est pas nomade comme l'Arabe, il habite des villages aussi peuplés et aussi rapprochés que les villages des Pyrénées. On peut attendre beaucoup de cette population, moins éloignée de nous par son origine et ses mœurs et plus facile à assimiler que la population arabe.

« Les richesses forestières et minérales de l'Algérie n'ont pas encore été l'objet d'une exploitation en rapport avec leur importance. Cependant les concessions nombreuses de chênes-liége faites dans ces dernières années fourniront bientôt un élément d'exportation très-recherché par la France. Les mines de fer de Karezas, aux environs de Bône, produisent déjà une fonte aciéreuse de qualité supérieure. Les mines de plomb argentifère de Kef-Ouen-Teboul et de Gar-Rouban sont régulièrement exploitées. Cette dernière occupe plus de cinq cents ouvriers et deux machines à vapeur de la force de 25 chevaux. Quinze mines embrassant une superficie de 30,000 hectares sont dès à présent concédées. En 1850, l'exportation des minerais de toutes sortes était à peine de 150,000 francs; elle dépassait, en 1860, 3 millions. Il y a là de précieux éléments de commerce et d'industrie qui ne peuvent manquer d'être utilisés par les capitaux de l'Europe.

« La culture du coton mérite une mention particu-culière, à cause de l'intérêt qu'elle présente à l'industrie européenne et des espérances qu'ont fait naître des succès partiels et des efforts persévérants. Des expé-riences nombreuses ont été faites depuis dix ans, elles ont réussi sur certains points. Il n'est pas douteux que la guerre d'Amérique ne doive donner une nouvelle impulsion à cette culture, surtout dans les parties irri-gables des provinces d'Alger et d'Oran et dans les oasis fécondées par les puits artésiens.

« M. Dollfus, qui vient de faire un voyage de deux mois en Algérie, ne paraît pas douter d'un succès pro-chain et remarquable. Il est impossible de ne pas être frappé de cette opinion hautement émise par un homme qui jouit de l'autorité la plus légitime dans toutes les questions qui intéressent l'industrie coton-nière. J'ai eu occasion de l'entretenir à Alger, au retour de son voyage, après la clôture de l'enquête; il a fait des avances assez considérables aux colons pour les en-courager dans cette culture et a donné ainsi à nos grands industriels le plus louable exemple.

« M. Vallier, négociant à Alger, s'occupe de l'égre-nage et de la vente du coton. Il a été entendu dans l'enquête et a donné quelques renseignements qui se résument ainsi : en 1852, 1853 et 1854, la culture du coton avait pris beaucoup de développement, mais il était mal cultivé, il n'y avait pas plus de 2, 3 ou 4 quintaux à l'hectare.

Quand on a retiré la prime de 20 francs par 20 ares, la culture a diminué. En 1861 on a fait du coton en plus grande quantité, les prix se sont relevés. Les événements d'Amérique, ajoute M. Vallier, ont fait hausser la valeur du coton, et les prix élevés auxquels on a pu les acheter ont donné du courage aux cultivateurs. En 1863 les plantations paraissent devoir couvrir plus de 500 hectares dans la province d'Alger. Dans la province d'Oran, les plantations de coton seront plus considérables encore. Si la récolte n'est pas contrariée cette année par le temps, on doit espérer que les expériences faites en 1863 seront beaucoup plus décisives que celles qui ont été faites pendant les années précédentes. Un succès bien constaté, au milieu de la disette générale du coton, aurait pour l'Algérie les plus heureuses conséquences, et pourrait déterminer plusieurs de nos grands industriels à imiter l'exemple de M. Dollfus.

« Des renseignements très-intéressants ont été donnés au conseil supérieur d'enquête sur le commerce à établir avec les oasis du Sahara et avec le Soudan par le lieutenant-colonel Mircher et le capitaine de Polignac; chargés d'une mission à Ghadamès, ils ont signé avec les chefs touaregs un traité destiné à garantir la sécurité des caravanes. Des détails également curieux ont été fournis sur le voyage d'une caravane expédiée par M. Jacques Solari, négociant algérien, jusque dans le Gourahra. La poudre d'or, les dents d'éléphants, les plumes d'autruche et quelques étoffes, sont les principaux éléments d'échange qu'on peut demander à ces populations lointaines. La caravane de M. Jacques Solari, composée de 60 chameaux, portait du savon, de l'huile, du café, du sucre, du thé, des épices, de la quincaillerie, des haches, des marteaux, des chaînes, des scies, des pioches, enfin toute la série d'outils et de marchandises nécessaires aux premiers métiers et aux premiers besoins de l'homme.

« Cet aperçu général du commerce de l'Algérie et des éléments de production et d'échange que lui assure l'étendue de son territoire et la fertilité remarquable de certaines parties du pays suffit, ce nous semble, pour permettre d'apprécier à la fois les progrès du passé et les légitimes espérances d'un avenir qui n'est pas éloigné.

« L'Algérie a traversé la période de difficultés et d'épreuves que rencontrent presque toujours les établissements nouveaux : on peut dire qu'elle les a aujourd'hui surmontées. Les colonies anglaises de l'Amérique du Nord, si puissantes depuis la guerre de l'indépendance, ont eu des commencements plus difficiles et ont fait des progrès moins rapides que les possessions françaises du nord de l'Afrique. Dans un ouvrage publié récemment, M. Bigelow, consul des États-Unis à Paris, évalue à 19 millions seulement le commerce que les États de la Nouvelle-Angleterre, de New-York, de la Pensylvanie, de la Virginie, de Maryland et de la Caroline, faisaient au commencement du XVIIIe siècle. Avant la guerre de l'indépendance, en 1774, les importations dans les colonies d'Amérique n'offraient encore à l'Angleterre qu'un débouché de 67 millions, beaucoup moindre assurément que le débouché ouvert dès à présent à la France par l'Algérie. C'est à force de persévérance que la race anglo-saxonne a créé un nouveau monde dans les déserts de l'Amérique. Pendant un siècle et demi, elle a poursuivi obscurément son œuvre à travers des obstacles de tout genre. Les premiers succès ont été lents et pénibles, plus tard sont venus les succès rapides qui ont fait l'admiration de l'Europe. N'oublions pas que la conquête et surtout la pacification de l'Algérie sont encore récentes. La soumission d'Abd-el-Kader ne date que de 1847 ; depuis il a fallu conquérir les oasis du sud et assurer par diverses expéditions, de 1850 à 1857, notre domination sur la Kabylie. Ce n'est que depuis 1851 que le mouvement commercial de l'Algérie a pris une véritable importance. Une sécurité profonde règne aujourd'hui d'un bout à l'autre de nos possessions d'Afrique. Qui peut prévoir ce que l'établissement des chemins de fer ajoutera aux éléments de richesse et de progrès de l'Algérie ? Dans notre opinion, on doit attendre beaucoup des résultats qui seront obtenus dans un prochain avenir, si du moins on en juge par les résultats accomplis dans les dix dernières années.

II.

« Il nous reste à apprécier, dans la seconde partie de ce rapport, l'importance du mouvement de navigation déterminé par le commerce extérieur de l'Algérie.

« Ce commerce est presque exclusivement maritime ; les relations par la frontière de terre avec Tunis, le Maroc, le Sahara et le Soudan ne sont encore et ne seront longtemps que secondaires ; la Méditerranée et l'Océan sont les grandes voies ouvertes aux exportations des marchandises algériennes comme à l'importation des marchandises françaises ou étrangères.

« Avant 1830, la navigation aussi bien que le commerce avec la Régence étaient à peu près nuls. En 1852, la navigation avec l'Algérie présentait déjà une importance de 200,000 tonneaux, y compris le cabotage des ports de la côte entre la frontière du Maroc et celle de Tunis. En 1860, cette importance avait plus que doublé : les navires entrés dans les ports algériens représentaient plus de 500,000 tonneaux. Les chiffres étaient à peu près les mêmes à la sortie des ports de l'Algérie. Les navires français figurent dans cette navigation, en 1860, au nombre de 1,466, jaugeant 300,000 tonneaux. Notre pavillon trouve ainsi dans la Méditerranée un aliment et une influence qu'il ne pouvait avoir aux autres époques de notre histoire.

« Pour se rendre compte du mouvement maritime produit par le commerce de l'Algérie, et des conditions faites à la navigation par les décrets et règlements en vigueur, il est nécessaire de distinguer :

« 1° La navigation entre l'Algérie et la France ;

« 2° La navigation entre l'Algérie et les pays étrangers ;

« 3° Le cabotage entre les ports de l'Algérie et la pêche du corail.

1° NAVIGATION ENTRE LA FRANCE ET L'ALGÉRIE.

« Nous avons déjà vu que le commerce général entre la France et l'Algérie, depuis 1860, s'élevait à plus de 200 millions par an. Ce commerce donne lieu à des transports assez suivis par navires à voiles, et alimente en outre le trafic des compagnies de bateaux à vapeur qui font un service régulier entre Marseille, Alger, Oran, Philippeville et Bône.

« Le principe de la navigation réservée est encore en vigueur pour les transports maritimes entre l'Algérie et la France, et réciproquement. L'ordonnance du 16 décembre 1843 contient en effet une disposition ainsi conçue : « Les transports entre la France et l'Algérie ne pourront s'effectuer que par navires français, « sauf le cas d'urgence et de nécessité absolue pour les « services publics. »

« Les chambres de commerce d'Alger, d'Oran et de Constantine sont unanimes pour déclarer que, dans l'intérêt du commerce et des affaires, il serait utile d'abroger cette disposition de l'ordonnance de 1843. Le privilége qu'elle accorde aux navires français a pour effet d'augmenter le prix du transport en écartant toute concurrence étrangère. Ce privilége ne profite

pas, d'ailleurs, à la marine algérienne proprement dite.
Cette marine, constituée dans des conditions exceptionnelles, qui seront ultérieurement expliquées, est
réduite au cabotage sur la côte d'Afrique. Quant à la
marine métropolitaine et aux compagnies de bateaux à
vapeur, elles se trouvent placées vis-à-vis de l'Algérie
dans des conditions tellement favorables qu'elles trouveraient dans la concurrence un stimulant utile bien
plus qu'un danger réel.

« La chambre de commerce d'Alger fait observer
encore que le principe de la navigation réservée a été
supprimé par la loi du 3 juillet 1861, en ce qui concerne les autres colonies de la France. L'Algérie seule
doit-elle y rester soumise ?

« Mais ce n'est pas seulement le principe de la navigation réservée qui nuit au commerce algérien. Des
taxes différentielles ont, en outre, été établies sur diverses marchandises destinées à la consommation de
la colonie, et ont pour conséquence de les détourner
de ses ports, et de les diriger sur Marseille et les entrepôts de France.

« Ainsi, le café provenant des entrepôts de France
ne paye, à l'importation en Algérie, que 12 francs les
100 kilogrammes. S'il arrive à Alger ou à Oran des
pays de provenance mêmes par navire français, le café
paye 15 francs. S'il arrive des pays de provenance par
navire étranger, le droit est de 16 fr. 50 cent. Les
cafés du Brésil, de la Havane et des autres pays producteurs vont donc à Marseille au lieu de se rendre

à Alger. En effet, ces denrées, lorsqu'elles passent par les entrepôts de Marseille, jouissent d'une diminution de taxe et ne payent pas de droit de tonnage.

« Une taxe différentielle de même nature existe pour les tabacs. Importés des entrepôts de France, ils ne payent que 20 francs les 100 kilogrammes ; importés des pays de provenance, ils payent 25 francs par navires français; 27 fr. 50 cent. par navires étrangers, plus le droit de tonnage.

« Il en est de même des sucres bruts. S'ils viennent des entrepôts de France, ils sont soumis à un droit de 26 fr. 25 cent. les 100 kilogrammes ; s'ils sont importés des pays de provenance autres que nos colonies, on applique aux sucres bruts les droits du tarif général, c'est-à-dire 42 ou 45 francs, suivant qu'ils sont transportés par navires français ou étrangers.

« Quant au sucre raffiné provenant d'ailleurs que de France, il est prohibé en Algérie. Marseille paraît cependant mieux placée que les ports d'Angleterre, de Belgique ou de Hollande pour envoyer ses sucres raffinés sur la côte d'Afrique. Cette prohibition a surtout pour effet d'élever le prix du sucre en écartant toute possibilité de concurrence.

« Plusieurs témoins entendus dans l'enquête se sont plaints de ces taxes différentielles et de cette prohibition. Ils ont fait observer que de semblables combinaisons de tarif reposaient sur un système commercial aujourd'hui abandonné, et que ce système, en subordonnant l'intérêt colonial à l'intérêt de quelques industries métropolitaines, nuisait en réalité aux intérêts généraux du commerce de la métropole aussi bien que de la colonie.

2° NAVIGATION ENTRE L'ALGÉRIE ET LES PAYS ÉTRANGERS.

« Le commerce de l'Algérie avec les pays étrangers (importations et exportations réunies) s'est élevé en moyenne à 26 millions pendant les cinq dernières années. Le progrès des exportations à l'étranger est sensible. Limitées à 3 millions en 1857, les exportations se sont élevées à plus de 11 millions en 1861. Les produits de l'Algérie commencent à être connus et appréciés en Espagne, en Italie, surtout en Angleterre. Ils ont été très-remarqués à l'Exposition universelle de Londres en 1862. Mais ces produits ne sont pas encore assez considérables pour fournir des cargaisons entières aux navires qui viennent relâcher à Alger, et le droit de tonnage a fait jusqu'ici obstacle au chargement partiel des navires étrangers. En effet, pour prendre ou pour déposer quelques tonneaux de marchandises, il fallait payer le droit de 4 francs par tonneau sur la coque entière du bâtiment.

« Aussi le droit de tonnage est-il devenu depuis quelques années l'objet de plaintes continuelles de la part des négociants de l'Algérie. Une loi, adoptée dans le cours de la dernière session, a donné une première satisfaction aux demandes formées à ce sujet. Cette loi limite la perception du droit de tonnage aux marchandises débarquées ou embarquées; mais elle ne

27.

résout pas la question au point de vue général qui préoccupe le commerce de la colonie.

« Cette question mérite assurément d'être examinée avec attention.

« L'Espagne, l'Italie et l'Angleterre sont les pays qui entretiennent avec l'Algérie les relations les plus fréquentes.

« Examinons d'abord l'influence du droit de tonnage sur les relations avec l'Espagne et l'Italie. En 1861, les importations et exportations d'Algérie en Espagne, et réciproquement, ont atteint 10 millions; elles s'étaient élevées, en 1858, jusqu'à 15 millions. C'est un commerce de marchandises assez variées. L'Algérie exporte principalement des bestiaux, des grains, des tabacs; l'Espagne envoie des vins et des fruits.

« Entre des ports aussi rapprochés de la côte d'Afrique que Carthagène, Valence, Barcelone, Gênes, Livourne et Naples, le fret est peu important; il varie depuis 8 francs jusqu'à 12 et 16 francs. On comprend qu'un droit de tonnage de 4 francs pèse beaucoup sur des marchandises transportées à d'aussi courtes distances. Un navire qui vient d'Amérique, des Antilles ou de la mer des Indes dans un port de France, peut payer sans difficulté ce droit de tonnage de 4 francs, qui n'ajoute qu'un faible surcroît de dépense à des frets de 100 et 150 francs. Mais, pour le navire espagnol, le droit de tonnage est tout à fait disproportionné avec des frets de 8 et 10 francs. Les balancelles espagnoles qui font cette petite navigation ne jaugent guère plus de 3o à 8o tonneaux; le voyage ne doit durer que quelques jours; à chaque voyage il faut payer, suivant la jauge du navire, de 1oo à 3oo francs de droit de tonnage. Cependant les facilités du voisinage, la nécessité des relations, amènent à Oran 3oo balancelles espagnoles par an; il en vient 2 5o à Alger, 4o à Philippeville, 35 à Stora. On voit que ce mouvement de navigation est assez suivi; il n'est pas douteux qu'il ne soit favorable à l'immigration espagnole en Algérie. La suppression du droit de tonnage rendrait ces voyages plus faciles encore, plus fréquents et moins coûteux.

« Les observations qui précèdent s'appliquent également au commerce avec les ports de l'Italie, aussi rapprochés que ceux de l'Espagne; mais déjà, par le traité du 10 février 1851, le droit de tonnage entre les ports de la Sardaigne et de la Toscane et ceux de l'Algérie a été réduit à 2 francs.

« Le droit de tonnage exerce surtout une influence fâcheuse sur le commerce avec l'Angleterre. L'Algérie est destinée, dans notre opinion, à entretenir des relations importantes avec ce grand pays. L'Angleterre peut demander à l'Algérie des grains, des bestiaux, des laines, des primeurs de toute espèce; elle en achète déjà pour 4 ou 5 millions par an. Mais les grands bateaux à vapeur anglais qui sillonnent la Méditerranée n'ont pu jusqu'ici faire escale à Alger sans payer le droit de tonnage sur la coque entière du bâtiment. Pour des navires de 1,000 tonneaux, ce n'était rien moins qu'une somme de 4,000 francs à débourser pour s'arrêter à Alger. Aussi avaient-ils renoncé à y faire escale, après diverses tentatives reconnues trop onéreuses.

« La loi nouvelle, qui a pour objet de ne faire payer le droit de tonnage que proportionnellement à la quantité de marchandises et au nombre de voyageurs débarqués ou embarqués, remédie dans une certaine mesure à cet inconvénient souvent signalé. L'obstacle absolu n'existe plus ; mais le droit de tonnage, réduit à une perception proportionnelle, n'en est pas moins maintenu en principe. Or ce droit n'existe pas à Marseille. Le courant commercial sera donc toujours poussé vers le grand port métropolitain de la Méditerranée, au détriment des ports de la colonie.

« Ajoutons que ce n'est pas seulement le droit de tonnage qui grève les navires anglais à Alger, ce sont aussi les surtaxes de pavillon. Par le traité de 1826, les surtaxes de pavillon entre la France et l'Angleterre ont été supprimées pour toutes les marchandises provenant directement de l'un ou de l'autre pays. Le traité de 1826 ne s'applique pas à l'Algérie, et les surtaxes de pavillon sur les marchandises d'origine anglaise sont payées encore à Alger ou à Oran, lorsqu'elles ont cessé de l'être à Marseille ou à Bordeaux. Ainsi le fer anglais arrive à Marseille sans payer ni droit de tonnage, ni surtaxe de pavillon : il paye l'un et l'autre droit à Alger.

Sans doute, ces droits ne sont pas très-élevés, et

nous ne pensons pas qu'ici le préjudice causé au commerce algérien ait été bien considérable. Mais, en présence des réformes économiques accomplies récemment, le moment n'est-il pas venu de reviser le principe d'une législation qui semble avoir pour but de détourner le commerce étranger de nos ports sur la côte d'Afrique?

« Au lieu d'élever des obstacles, ne convient-il pas plutôt de créer des facilités nouvelles? Pour être appréciée à sa juste valeur, l'Algérie n'a besoin que d'être connue et visitée pendant les six mois de printemps que lui a donnés la nature. Déjà un certain nombre d'étrangers viennent passer l'hiver à Alger. Là, sous un climat admirable, ils trouvent toutes les facilités de la vie européenne à côté du curieux spectacle qu'offrent encore aujourd'hui, à quelques heures de l'Europe, les mœurs et la vieille civilisation arabes. Les paquebots à vapeur qui côtoient le littoral de l'Afrique ne peuvent s'arrêter à Alger sans augmenter leurs dépenses de charbon et tous les faux frais du voyage. S'il est important d'attirer ces navires, est-il sage de créer des entraves par des droits et par des surtaxes? Ne doit-on pas, au contraire, chercher par tous les moyens à faire du port d'Alger un point de relâche ouvert à tous les bâtiments qui traverseront le détroit de Gibraltar pour se rendre en Égypte, en Grèce ou en Orient?

« L'intérêt fiscal engagé dans la question du droit de tonnage, en ce qui concerne l'Algérie, est d'ailleurs sans importance : il ne s'élève guère à plus de

200,000 francs par an. Le Conseil supérieur d'enquête, constitué à Alger sous notre présidence, n'a pas hésité à émettre l'avis que le droit de tonnage devait être complétement supprimé. Dans le cas où le Trésor ne croirait pas pouvoir renoncer à cette légère perception, le Conseil d'enquête a pensé qu'il serait possible de remplacer ce droit par une surtaxe sur des objets de consommation, tels que le sucre, le café ou le tabac, de manière à dégager complétement l'intérêt fiscal d'une question qui touche, par plus d'un côté, à l'avenir de la colonie.

3° CABOTAGE ENTRE LES PORTS DE L'ALGÉRIE ET PÊCHE DU CORAIL.

« La navigation du cabotage sur la côte d'Afrique est réservée à la marine française et à la marine locale de l'Algérie. Quelques bateaux à vapeur français desservent différents points de la côte ; mais le cabotage se fait principalement au moyen de balancelles ou sandales algériennes, de jauges diverses, depuis 10 jusqu'à 100 tonneaux. Le nombre de ces navires s'élève à 133, jaugeant ensemble 3,365 tonneaux. Cette navigation emploie de 500 à 600 marins.

« On voit par ces chiffres que le cabotage entre les ports de l'Algérie ne présente, jusqu'à présent, qu'un intérêt secondaire. Cependant l'Algérie ne possédant pas de fleuves navigables, le débouché des trois provinces d'Alger, de Constantine et d'Oran, se trouve sur le littoral ; le cabotage, destiné surtout à conduire les marchandises dans les entrepôts d'Alger, représente en

quelque sorte un service de batellerie en même temps
qu'un service maritime proprement dit. Le port d'Alger,
accessible aux plus grands navires, attire naturellement
et attirera de plus en plus les principaux éléments du
commerce extérieur de la colonie.

« Le cabotage algérien se fait dans des conditions
exceptionnelles. Les marins français ont négligé cette
navigation et ne sont pas venus s'établir sur la côte
d'Afrique. Les essais qui ont été tentés pour utiliser
les indigènes et les former au service de la mer n'ont
pas réussi. Le personnel de la marine algérienne se
recrute presque exclusivement en Italie, en Espagne
et dans les îles voisines de la Méditerranée. Les marins
étrangers, qui se sont ainsi emparés du cabotage de
l'Algérie, sont domiciliés dans les villes du littoral.
Beaucoup y sont établis depuis un grand nombre
d'années; mais ils évitent de se faire naturaliser, et
échappent ainsi à l'inscription maritime. L'ordonnance
du 7 septembre 1856 règle cette situation anormale;
aux termes de l'article 6 de cette ordonnance, les capitaines au cabotage peuvent être étrangers, à la condition de justifier d'un diplôme de leur gouvernement
ou de subir un examen spécial à Alger, Mers-el-Kébir
ou Stora. L'article 7 a oute que les étrangers ne pourront entrer que pour moitié dans la composition des
équipages. Toutefois, en cas d'insuffisance, le commandant de la marine en Algérie peut modifier temporairement la composition des équipages.

« Par la force des choses cette tolérance est devenue la règle.

« La composition du matériel flottant de la marine algérienne n'est pas moins exceptionnelle que la composition du personnel.

« Les matières premières nécessaires aux constructions navales ne sont pas admises en franchise dans la colonie. Les cordages seuls payent encore 25 francs les 100 kilogrammes.

« L'industrie des constructions navales n'a pu se développer sous ce régime; mais la France n'en a pas profité. Un très-petit nombre de navires ont été construits, soit en Algérie, soit en France. Le matériel flottant se compose principalement de balancelles italiennes ou espagnoles francisées. L'ordonnance du 7 septembre 1856 a réglé les conditions particulières de cette francisation. Aux termes de l'article 1er de cette ordonnance, « les bâtiment étrangers de 80 tonneaux et au-dessous pourront être admis en Algérie à une francisation spéciale, qui leur permettra de naviguer exclusivement dans les eaux de cette colonie, sous pavillon français, en franchise de droit. »

« Ainsi la navigation de cabotage en Algérie se fait presque exclusivement par des marins étrangers montés sur des navires étrangers francisés. Cette situation, regrettable en elle-même, produit d'autres conséquences non moins fâcheuses. L'ordonnance du 7 septembre n'a autorisé les navires français à naviguer que dans les eaux de la colonie : d'où il suit que la navigation avec l'Espagne, l'Italie et les États barbaresques est interdite aux navires algériens francisés. En 1861, les transports maritimes entre Oran et l'Espagne ont été effectués par 304 navires espagnols jaugeant 8,400 tonneaux : 5 navires français seulement y ont pris part. Dans la même année, 266 navires espagnols, jaugeant 9,239 tonneaux, sont venus à Alger; les navires français ne sont pas allés d'Alger en Espagne, ils ne sont pas allés davantage d'Alger en Italie, et cependant 266 navires italiens, jaugeant plus de 9,000 tonneaux, sont allés d'Italie à Alger, et réciproquement.

« Quels que soient les motifs qui aient pu déterminer la marine marchande française à négliger les transports maritimes entre l'Algérie et les pays qui l'avoisinent, il est impossible de ne pas remarquer que l'interdiction faite aux caboteurs algériens montés sur des navires francisés de sortir des eaux de la colonie n'a pas profité à la marine française, mais à la marine étrangère.

« En présence de l'ensemble de ces faits, n'est-on pas en droit de se demander si le système protecteur n'a pas produit en Algérie des résultats directement contraires à ceux qu'on se proposait? S'agit-il de constructions navales? La législation n'a pas permis l'admission en franchise des matières premières nécessaires à ces constructions. On craignait sans doute de favoriser les constructeurs algériens au détriment des constructeurs de la métropole. Qu'est-il arrivé? Les constructions navales destinées à la colonie ne se font ni en

France ni en Algérie. Il a fallu autoriser un système de francisation spéciale exclusivement applicable au cabotage algérien. S'agit-il des transports maritimes entre l'Algérie et les pays voisins? On a voulu les réserver à la marine française en excluant la concurrence du cabotage algérien, et les transports se font par navires étrangers. Enfin, s'agit-il du personnel naval? En laissant indécise la question de l'inscription maritime en Algérie, on a amené les marins espagnols et italiens à se substituer aux marins français.

« Un système plus libéral produira-t-il de meilleurs résultats? Il est permis de l'espérer; on peut affirmer du moins qu'il ne pourrait en produire de moins favorables.

« La pêche du corail sur la côte d'Afrique peut devenir, plus encore peut-être que le cabotage, un utile élément de navigation maritime. Dans l'état actuel des choses, cette pêche échappe presque complétement à la marine française.

« On évalue à 5 ou 6 millions le produit de la pêche du corail sur la côte de l'Algérie : les documents officiels établissent que 239 bateaux corailleurs prennent part à cette pêche: 235 sont armés à l'étranger, surtout en Italie; 4 seulement sont armés en Algérie. La pêche du corail donne de l'emploi à un personnel qui peut être estimé à 1,500 ou 2,000 marins.

« Pendant les deux derniers siècles, la pêche du corail se faisait par navires français. Sous Louis XIV et sous Louis XV, des compagnies françaises payaient

une redevance au dey d'Alger pour s'assurer le mono-
pole de cette pêche. On fut obligé d'y renoncer pendant les guerres de la République et de l'Empire : les
Génois et les Napolitains s'en emparèrent.

« A une époque voisine de la paix d'Amiens, le premier consul prit un arrêté (23 nivôse an IX) pour re-
constituer, au profit de la marine française, la pêche
du corail, qui devait être confiée à une compagnie
spéciale. La courte durée de la paix maritime ne permit
pas de donner suite au système adopté; mais ce document officiel reste comme une preuve de l'importance
que l'Empereur Napoléon Ier attachait à cette question.
Ajoutons qu'elle n'intéresse pas seulement l'Afrique,
mais aussi la Corse, qui possède également dans son
voisinage des bancs de corail.

« En 1817, le gouvernement de la Restauration paya
au dey d'Alger une redevance de 60,000 francs pour
rentrer en possession de la pêche du corail. En 1821,
cette redevance fut portée à 200,000 francs; mais la
compagnie marseillaise qui fut investie du privilége ne
put réussir à faire reprendre aux marins français les
habitudes et les pratiques d'une pêche assez difficile,
que depuis longtemps ils avaient abandonnée.

« Aujourd'hui, l'Algérie nous appartient, et cependant la pêche du corail est restée entre les mains de
pêcheurs italiens et espagnols, qui ne sont pas même
établis dans notre colonie; chaque année, ils viennent
pêcher sur la côte et retournent ensuite dans leur
pays.

« Une commission spéciale est en ce moment instituée à Alger pour examiner les questions qui se rat-
tachent à la pêche du corail. L'attention du Gouvernement de l'Empereur ne peut donc manquer d'être
appelée prochainement sur ces questions. N'est-il pas
regrettable, en effet, que nous soyons dépossédés
d'une pêche qui s'accomplit sur une côte qui nous
appartient, à quelques lieues de la France, lorsque
nous payons des primes élevées pour favoriser des
pêches lointaines dans des eaux qui ne sont pas françaises ?

« La création en Algérie d'une marine marchande
d'origine française et indigène est une œuvre qu'on ne
saurait trop encourager ; le moment nous semble venu
de s'en occuper d'une manière sérieuse et suivie. En
effet, la population européenne, concentrée sur le sol
algérien, est déjà considérable. Sur 60,000 habitants,
Alger compte plus de 40,000 Européens. Dans les arrondissements d'Alger et de Blidah, sur une étendue de
plus de 200,000 hectares, comprenant le Sahel et la
Mitidja, les Français et leurs voisins espagnols et italiens
sont plus nombreux que les indigènes ; ils sont à la tête
de tous les progrès agricoles, industriels, commerciaux.
A Bône, à Philippeville, à Oran, à Mostaganem et dans
les territoires environnants la situation est la même ;
la prépondérance des intérêts nouveaux de la population européenne est un fait acquis et constamment
progressif. Si dans l'intérieur du pays la colonisation
est encore à ses premiers essais, on peut dire que sur

le littoral et dans le voisinage des villes, qui sont les débouchés de l'Algérie, la colonisation est à peu près accomplie. Les terres sont défrichées et assainies, les villages peuplés et souvent prospères, les fermes fécondées par des cultures comparables aux cultures de la Provence et du Languedoc. Sur ce littoral déjà transformé, et dont les ports s'ouvrent en face des côtes de France, seule notre population maritime n'est pas représentée. Dans les rangs de notre armée figurent déjà des régiments indigènes qui ont soutenu dignement en Crimée et en Italie l'honneur de notre drapeau; dans les fermes des colons, sur les chantiers de construction de l'État et des particuliers, on voit la population indigène mêlée à la population européenne. Le service de mer est le seul dans lequel les indigènes ont plutôt reculé qu'avancé. Il y avait une marine indigène avant la conquête de 1830, il n'y en a plus aujourd'hui. Ce fait a été constaté dans l'enquête, non-seulement par les témoignages des chambres de commerce, mais par les documents officiels fournis par M. Favereau, commissaire de la marine, chef du service à Alger.

« D'où vient cette situation et comment y porter remède? La plupart des déposants entendus dans l'enquête n'ont pas hésité à attribuer l'absence de marins français en Algérie à l'indécision qui existe encore sur la question de l'inscription maritime. Le marin français peut-il venir s'établir en Afrique avec sa famille, s'il reste exposé aux chances d'embarquement sur un bâtiment de l'État? Peut-il courir à la fois les risques de la colonisation et ceux de l'inscription maritime? C'est là que se trouve l'obstacle principal à l'immigration des marins français, obstacle dommageable à l'avenir de notre marine aussi bien que de notre colonie.

Il ne s'agit pas d'examiner ici, en principe, la grande question de l'inscription maritime; il s'agit uniquement de savoir si, dans une colonie nouvelle aussi rapprochée de la France, il y a intérêt à encourager l'établissement d'une population maritime française. Les colons sont affranchis de la loi du recrutement; pourquoi les marins ne seraient-ils pas également affranchis de l'inscription maritime? Tout au moins la loi ne pourrait-elle déclarer que l'inscription maritime ne pourra être rétroactivement appliquée aux marins français établis en Algérie? Le premier but à poursuivre n'est-il pas de constituer sur le littoral une population maritime d'origine française? Le but atteint, et lorsque cette population aura surmonté les difficultés d'un premier établissement dans un pays nouveau, il sera temps d'examiner s'il convient d'appliquer, sans effet rétroactif, la loi du 3 brumaire an IV aux générations qui suivront. Les Italiens et les Espagnols eux-mêmes auront moins de répugnance à se faire naturaliser après dix et vingt ans de séjour, lorsque la naturalisation ne les exposera plus à être embarqués sur les bâtiments de guerre français.

« Le commerce de l'Algérie avec l'Espagne, l'Italie, les États barbaresques, le cabotage sur la côte, la

pêche du corail, peuvent dans quelques années fournir de l'emploi à trois ou quatre mille marins. C'est un
élément de puissance que la France ne saurait négliger. Plusieurs départements du littoral de la Méditerranée et de l'Océan ont déjà fourni à l'Afrique des
agriculteurs et des négociants; ils peuvent fournir aussi
des marins capables assurément de soutenir la concurrence des Italiens et des Espagnols. L'intérêt de la
colonisation n'est ici que secondaire; l'intérêt maritime est engagé, c'est-à-dire un intérêt de premier
ordre qui, en France comme en Algérie, se lie étroi-
tement à la grandeur nationale.

Le Sénateur, membre du Conseil supérieur du Commerce,
de l'Agriculture et de l'Industrie,

DE FORCADE LA ROQUETTE.

ÉTAT ACTUEL

DE L'ALGÉRIE.

1862.

ÉTAT ACTUEL

DE L'ALGÉRIE.

1862.

ADMINISTRATION CIVILE.

POPULATION ET ÉTAT CIVIL.

Européens. — A l'époque du dernier recensement (juillet 1861), l'effectif de la population européenne était de 192,746 habitants, ainsi répartis : Français, 112,229; étrangers, 80,517. Au 31 décembre 1862, l'effectif montait à 204,877 Européens, dont 118,804 Français et 86,073 étrangers. Il y a donc eu, de 1861 à 1862, une augmentation de 12,131 sur l'effectif de la population européenne, augmentation qui se décompose comme il suit : Français, 6,575; étrangers,

5,556. Cette différence porte sur *dix-huit mois :* elle est justifiée par l'excédant des naissances sur les décès (3,927, dont 1,182 en 1861 et 2,745 en 1862) et par l'arrivée des immigrants, ouvriers ou colons, (dont 2,736 en 1861 et 5,468 en 1862).

En 1862, le chiffre des naissances était de 8,648 et celui des décès de 5,903. Différence en plus, au profit des naissances, 2,745.

Soit, chez les Européens, 146 naissances sur 100 décès.

Indigènes. — La population indigène, recensée également en 1861, était ainsi répartie :

```
Arabes des villes.............    358,760
Arabes des tribus..........   2,374,091
Juifs indigènes............      28,097
                             ___________
              Soit........   2,760,948 habitants.
```

Ce chiffre ne peut être modifié que par le rapport qui existe entre les naissances et les décès. Or les registres de l'état civil accusent les résultats suivants :

```
Musulmans...  10,166 naissances.  12,562 décès.
Israélites.....   1,583     —          783   —
```

En ce qui concerne les Musulmans, les chiffres que nous citons ne doivent être considérés que comme très-approximatifs; en effet, dans les villes des deux territoires, le nombre des décès peut être connu, parce que les inhumations n'ont lieu que sur un permis délivré par la municipalité; mais, grâce au mystère dont s'entoure la famille arabe et que respecte l'Administration, les naissances ne peuvent être constatées, et grand nombre d'Indigènes évitent ou négligent de déclarer à l'autorité compétente la naissance de leurs enfants.

Chez les israélites, le nombre des naissances excède sensiblement le nombre des décès : 176 naissances pour 100 décès (proportion beaucoup plus forte que celle observée chez les Européens). Chez les Arabes, à ne consulter que les chiffres donnés plus haut, on compterait 100 naissances pour 123 décès. Mais, nous le répétons, le premier de ces chiffres est forcément inexact, et on ne saurait établir de proportion entre les naissances et les décès.

ADMINISTRATION MUNICIPALE.

On comptait, en 1862, 69 communes *de plein exercice* [1], comprenant 186 localités et une population totale de 665,396 individus, savoir :

Alger.	29 communes	92 localités	179,681 âmes.
Oran	18 —————	52 —————	99,371
Constantine	22 —————	42 —————	386.344
	69	186	665,396

[1] On en compte aujourd'hui 71, par suite du décret du 18 mars 1862, qui a créé deux nouvelles communes dans le département de Constantine.

Les corps municipaux des 69 communes étaient composées ainsi qu'il suit :

Alger. . . . . 116 maires et adjoints 214 conseillers.
Oran. . . . . 71 ——————————— 117
Constantine. . . 67 ——————————— 153 •

On comptait, parmi les conseillers municipaux et par département :

Alger.	140 français.	33 étrangers.	37 musulmans.	4 israélites.
Oran.	82	21	10	4
Constantine.	110	27	11	5
	332	81	58	13

Le territoire militaire de chaque province est administré par le commandant de la division territoriale, assisté d'un *Conseil des affaires civiles*. L'administration s'étend aux Européens et aux indigènes. Aucune modification n'a été apportée, en 1862, à l'assiette de ces territoires.

ORGANISATION FINANCIÈRE.

La constitution actuelle du régime financier en Algérie comprend :

1° Le budget du Gouvernement général de l'Algérie (budget de l'État);

2° Les budgets provinciaux;

3° Les budgets communaux;

4° Les budgets locaux;

5° Les budgets des centimes additionnels à l'impôt arabe.

Les prévisions de ces différents budgets, pour l'exercice 1862, ont été arrêtées comme suit :

BUDGET DU GOUVERNEMENT GÉNÉRAL.

Ce budget est préparé, chaque année, par le Gouverneur général, en Conseil supérieur du Gouvernement.

Exercice 1862.

Recettes au profit du Trésor.....   17,515,315^f

Dépenses à la charge de l'État :

Budget ordinaire du Gouvernement général.........................   17,323,015^f

Ce budget ne comprend point, d'ailleurs, les dépenses ci-après, relatives aux services qui sont rattachés à leurs ministères respectifs, savoir :

Budget de la justice............	870,000^f
Budget de l'instruction publique...	238,400
Budget des cultes..............	885,000
Budget des finances (douanes)....	1,052,615
	3,046,015

BUDGETS PROVINCIAUX.

Le budget de chaque province, préparé de concert par le préfet et le général de division commandant le territoire militaire, est présenté au conseil général par le préfet. Ce budget, après avoir été délibéré par le conseil général, est réglé définitivement par décret impérial.

Exercice 1862.

PROVINCES.	RECETTES.	DÉPENSES.	OBSERVATIONS.
	fr. c.	fr. c.	
Province d'Alger.......	2,680,845 09	2,680,845 09	Dans les fixations qui pré-cèdent ne se trouvent pas comprises les re-cettes et les dépenses qui ne sont rattachées au budget que pour or-dre.
——— d'Oran	2,093,816 00	2,093,816 00	
——— de Constantine.	3,079,066 46	3,079,066 46	
Réserve du fonds commun à répartir en cours d'exercice, suivant les besoins............	297,449 00	297,449 00	
	8,151,176 55	8,151,176 55	

BUDGETS COMMUNAUX.

Les budgets des communes *de plein exercice* s'alimentent :

1° Des mêmes produits et revenus dont la perception est autorisée au profit des communes de la métropole.

2° De la part qui leur revient au prorata de leur population (la population indigène comptant pour un dixième de son effectif), sur le produit net de l'octroi de mer ;

3° Et des subventions qui peuvent leur être accordées sur le budget provincial.

Exercice 1862 [1].

DÉPARTEMENTS.	RECETTES.	DÉPENSES.	OBSERVATIONS.
	fr. c.	fr. c.	
Départ.t d'Alger........	2,449,456 00	2.449,456 00	Excédant de recettes... 40,837f 72c
——— d'Oran........	1,638,388 42	1,597,550 70	Idem.......155,581 49
——— de Constantine..	2,140,115 00	1,984,533 51	
	6,227,959 00	6,031,540 21	196,419 21

[1] Ce tableau ne fait qu'indiquer les prévisions des recettes et des dépenses des budgets ordinaires (budgets primitifs). Les recettes communales, tant ordinaires qu'extraordinaires réalisées en fin d'exercice, atteignent aujourd'hui près de 8,000,000 de francs.

Ces budgets, spéciaux aux localités *non encore érigées en communes,* sont réglés directement dans le territoire civil par le préfet, et dans le territoire militaire par le général commandant la division. Ils s'alimentent comme les budgets communaux.

Exercice 1862.

PROVINCES.	RECETTES.	DÉPENSES.	EXCÉDANTS DE RECETTES.
	fr. c.	fr. c.	fr. c.
Province d'Alger........	97,730 00	95,832 00	1,898 00
——— d'Oran	190,760 00	187,760 00	3,000 00
——— de Constantine.	170,799 77	104,101 11	66,698 66
	459,289 77	387,693 11	71,596 66

BUDGET DES CENTIMES ADDITIONNELS À L'IMPÔT ARABE.

Ces budgets s'alimentent des centimes additionnels ajoutés au principal de l'impôt arabe. La quotité de ces centimes a été fixée, dans ces dernières années, à 18 centimes pour un franc d'impôt *achour* et *zekkat* (impôts sur la récolte et sur les bestiaux).

Les dépenses doivent toutes présenter essentiellement un caractère d'utilité publique pour les indigènes ou pour les localités des territoires non encore érigés en communes.

Exercice 1862.

PROVINCES.	TERRITOIRE.	RECETTES.	DÉPENSES.	EXCÉDANT de RECETTES.
Alger.......	Territoire militaire.....	810,763^{f}80^c	767,583^{f}22^c	43,180^{f}58^c (A)
	Territoire civil........	9,570 00	9,570 00	"
Oran........	Territoire militaire.....	672,749 76	630,421 62	42,328 14
	Territoire civil........	"	"	" (B)
Constantine..	Territoire militaire.....	974,873 87	859,033 99	115,839 88 (C)
	Territoire civil........	174,217 40	174,217 40	"
		2,642,174 83	2,440,826 23	201,348 60

(A) Excédant réservé pour faire face à des besoins imprévus et urgents.

(B) N'a point de budget spécial.

(C) Excédant réservé pour faire face à des besoins imprévus et urgents.

RÉCAPITULATION GÉNÉRALE.

DÉSIGNATION DES BUDGETS.	RECETTES.	DÉPENSES.	OBSERVATIONS.
Recettes au profit du Trésor...	17,515,315^{f}00^c	"	(1) Dans ce chiffre ne se trouvent pas comprises les dépenses des services qui sont rattachés à leurs ministères respectifs, Ces dépenses s'élèvent à la somme totale 3,046,015^f. (Voir p. 441).
Dépenses à la charge de l'État (budget du gouvernement général)..................	"	17,323,015^{f}00^c (1)	
Budgets provinciaux.........	8,151,176 55	8,151,176 55	
Budgets des communes de plein exercice	6,227,959 00	6,031,540 00	
Budgets locaux	459,289 77	387,693 11	
Budgets des centimes additionnels. en territoire civil.....	183,787 40	183,787 40	
en territoire militaire..	2,458,387 43	2,257,038 83	(2) Excédant de recettes, 661,664^{f}26^c.
	34,995,915 15	34,334,250 89 (2)	

IMPÔTS.

Les impôts perçus en Algérie se rapprochent, quant aux formes, de ceux établis sur le continent, mais ils ne sont pas aussi élevés.

Les Européens et les indigènes y sont soumis au même titre; les impôts arabes seuls ne frappent que la population indigène.

Les taxes actuellement établies sont les suivantes :

Au profit de l'État : les *impôts arabes,* la *contribution des patentes,* moins élevée pour les indigènes; les *droits d'enregistrement, de timbre, de greffe, d'hypothèques,* qui sont perçus d'après un tarif de moitié moins élevé qu'en France, et ne supportent pas l'addition du décime; les *droits de licence,* dus exclusivement par les débitants de vins et liqueurs; le produit de la vente *des poudres et des tabacs* de la régie de France ; les *droits de garantie* des matières d'or et d'argent; les *droits de vérification des poids et mesures;* les *droits de douanes ;*

Au profit des communes : la *taxe des loyers,* qui représente à peu près la contribution personnelle et mobilière de France; les *prestations en nature* pour les chemins vicinaux; la *taxe sur les chiens,* et l'*octroi de mer,* perçu dans tous les ports.

Aucun droit d'octroi n'est perçu à la porte des villes; les communes touchent les quatre cinquièmes de l'octroi de mer ; l'autre cinquième entre dans le budget provincial comme contribution des communes dans les dépenses hospitalières.

Les indigènes domiciliés en territoire civil supportent les différents impôts ci-dessus désignés, y compris les impôts arabes *achour* et *zekkat,* qui représentent à peu près l'impôt foncier dont les Européens
sont encore exempts.

Malgré ce surcroît de charges, leurs impositions
sont moins considérables que celles de la population
européenne. D'après les renseignements statistiques,
fournis par le service des contributions diverses de la
province d'Alger, les Européens ont payé, en 1862,
pour impôts de toutes natures, une somme de 28 fr.
01 cent. par tête, les indigènes n'ont versé que 18 fr.
16 cent. en moyenne; différence en moins en leur
faveur : 9 fr. 85 cent. par tête.

Les tribus des territoires militaires payent l'*achour,*
le *hokor,* particulier à la province de Constantine, la
zekkat et la *lezma.*

L'achour est la dîme prélevée sur les récoltes. Autrefois il se payait en nature; nous l'avons converti en
un impôt en argent, supputé annuellement, dans les
provinces d'Alger et d'Oran, d'après l'importance des
moissons et le prix des denrées. Dans la province de
Constantine, c'est une taxe fixe de 25 francs, qui,
combinée avec le *hokor* (sorte de loyer arrêté à 20 fr.),
porte à 45 francs par *charrue* l'impôt perçu sur les
cultures.

La *zekkat* est un impôt sur les bestiaux. Le Gouverneur général en arrête chaque année les tarifs, qui

sont aujourd'hui uniformes dans toute l'Algérie pour chaque espèce de bétail [1].

La *lezma* est une redevance fixe acquittée par certaines tribus éloignées qui reconnaissent notre souveraineté, sans être encore soumises à notre administration. En Kabylie, où la propriété ne se prête pas à l'établissement de l'*achour* et de la *zekkat,* c'est un impôt de capitation; dans quelques oasis, où il n'y a point de cultures, c'est une taxe sur les palmiers.

En territoire militaire, les rôles des contributions arabes sont rendus exécutoires par les généraux commandant les provinces. Le montant en est versé, pour chaque tribu ou fraction de tribu, dans la caisse des receveurs des contributions diverses.

En territoire civil, ces mêmes rôles, arrêtés par les préfets, sont *individuels*. Les receveurs des contributions, chargés de l'encaissement, font à cet effet des tournées périodiques; ils évitent ainsi aux contribuables des déplacements onéreux.

Le produit des impôts arabes ne fait pas intégrale-

[1] Le tarif de conversion en argent de l'impôt *zekkat*, applicable à l'exercice 1863, a été fixé par arrêté du Gouverneur général du 10 avril 1863 de la la manière suivante, pour les trois provinces et sans distinction des territoire civil ou militaire, savoir :

Chameaux..	4^f 00^c par tête.
Bœufs.	3 00
Moutons.	0 15
Chèvres................	0 20

Le même arrêté dispose que l'impôt *zekkat* sera perçu sur tous les bestiaux de la province de Constantine, sans distinction entre les terres *arch, melk* ou *azel*.

ment partie des revenus du budget général de l'Algérie;
ce budget n'en reçoit que les 5/10.

En exécution du décret du 27 octobre 1858,
4/10es du produit de l'impôt arabe étaient affectés aux
budgets provinciaux (dont les conseils généraux pré-
parent et proposent la répartition); mais un décret,
rendu en 1861, a augmenté d'un nouveau dixième la
part de l'impôt arabe afférente à ces budgets, ce qui
produit, en partie, la diminution qu'on peut remarquer
dans les chiffres de recettes du budget général de 1862.
Ce décret était, d'ailleurs, motivé par la nécessité bien
reconnue de permettre aux conseils généraux de donner satisfaction, dans une juste mesure, aux besoins
que fait naître le développement progressif de la colonisation.

Les contributions arabes ont donné, en 1862, la
somme brute de 13,362,779 francs, ainsi répartie
entre l'État, les chefs arabes chargés de percevoir les
impôts, et les budgets provinciaux.

DÉSIGNATION DES IMPÔTS.	RECETTE BRUTE.	SOMMES VERSÉES		
		aux CHEFS INDIGÈNES. (1/10 du produit brut.)	À L'ÉTAT. (5/10 du produit net.)	AUX BUDGETS provinciaux. (5/10 du produit net.)
Hokor.........	1,293,120f 59c	129,312f 05c	581,904f 25c	581,904f 25c
Achour.......	5,392,773 20	539,277 32	2,426,747 94	2,426,747 94
Zekkat	5,027,731 42	502,773 14	2,262,479 14	2,262,479 14
Lezma	1,649,153 79	164,915 37	742,119 21	742,119 21
Total....	13,362,779 00	1,336,277 88	6,013,250 54	6,013,250 54

En 1861, la recette brute avait été de... 13,911,628f 97c
Différence en moins pour 1862........   548,849 97

Le montant des amendes dont les tribus ou fractions de tribus sont frappées est versé, par les chefs indigènes qui les ont reçues, à la caisse du receveur des contributions diverses, lequel en fait la répartition de la manière suivante : Sept dixièmes au budget provincial et trois dixièmes aux chefs indigènes.

OCTROI DE MER.

L'octroi de mer est perçu par les soins de la douane :

1° Dans les villes du littoral sur les denrées arrivant par mer;

2° Aux frontières de terre, sur tous les produits tunisiens et marocains passibles d'un droit à l'entrée par mer. Il est fait prélèvement, sur le produit brut de cet octroi, de 3 p. o/o attribués au Trésor pour frais de perception, et, quand il y a lieu, de l'escompte bonifié au redevable; le restant, ou produit *net*, est réparti de la manière suivante : 1° 4 cinquièmes entre les communes constituées et les localités non érigées en communes, au prorata de leur population, la population indigène comptant pour un dixième de son effectif; 2° un cinquième au budget provincial, pour dépenses d'assistance publique.

Exercice 1862.

DÉCOMPTE.	ALGER.	ORAN.	CONSTANTINE.	TOTAUX.
Produit brut............	1,315,740^f 22^c	886,723^f 00^c	964,586^f 03^c	3,167,049^f 25^c
Frais de perception et escomptes............	42,762 37	28,961 57	31,552 16	103,276 10
Produit net........	1,272,977 85	857,761 43	933,033 87	3,063,773 15

HÔPITAUX ET INFIRMERIES.

Civils. — Traités dans les hôpitaux militaires et civils, 41,762; décès, 2,048, soit 4,91 p. o/o des malades. Dans les hôpitaux et ambulances *civils :* fiévreux, 61 p. o/o; blessés, 33 p. o/o; vénériens, 5 p. o/o; galeux, 1 p. o/o [1].

La proportion des décès au nombre des malades est plus considérable pour les malades civils que pour les malades militaires : cela tient à ce que les colons, éloignés, pour la plupart, des établissements hospitaliers, ne se décident à entrer à l'hôpital que lorsqu'ils sont trop gravement atteints pour attendre chez eux leur guérison.

ALIÉNÉS.

Au 1ᵉʳ janvier 1862, il existait dans les asiles d'Aix, Marseille, Nantes, Dijon et Montpellier, 117 aliénés: 66 hommes et 51 femmes.

Il a été admis, en 1862, dans ces divers asiles 60 aliénés des deux sexes; il en est sorti 36; il restait, au 31 décembre, 141 individus, dont 91 hommes et 50 femmes.

Les dépenses occasionnées par le traitement de ces individus se sont élevées, en y comprenant les frais de translation, à 55,359 fr. 24 cent. — 55,038 fr. 84 cent. ont été à la charge des départements, et 320 fr. 40 cent. à la charge des familles.

MILICES ALGÉRIENNES.

La milice est organisée par commune dans toutes

[1] Voyez page 523, pour les malades civils traités dans les hôpitaux militaires.

les parties du territoire où le gouverneur général le juge nécessaire ; son service consiste :

En service ordinaire dans l'intérieur de la commune, et, quand des circonstances extraordinaires le réclament, en service de détachement hors du territoire de la commune.

Elle est placée :

Dans les territoires civils, sous l'autorité des maires, commissaires civils, sous-préfets et préfets ;

Dans les territoires militaires, sous l'autorité du pouvoir militaire chargé de l'administration du pays.

Toutefois, elle peut toujours passer, en vertu d'un arrêté du Gouverneur général, sous le commandement de l'autorité militaire.

Le service de la milice est obligatoire pour tous les Français âgés de dix-huit à cinquante-cinq ans, qui sont reconnus aptes à ce service par le conseil de recensement ; il devient également obligatoire pour les étrangers, les Musulmans et les Israélites admis dans la milice avec l'approbation du Gouverneur général.

Néanmoins, les causes particulières qui, en France, font exempter du service ou exclure de la garde nationale certaines catégories de citoyens entraînent également en Algérie l'exemption ou l'exclusion de la milice, dont l'organisation générale est réglée par un décret.

SOCIÉTÉS DE SECOURS MUTUELS.

On compte en Algérie 20 sociétés de secours mutuels, savoir :

11 dans la province d'Alger, 3 dans la province d'O-
ran, 6 dans celle de Constantine.

Le nombre total des sociétaires (honoraires et parti-
cipants) est de 5,674.

Le produit des cotisations a dépassé, pour l'ensemble des sociétés, le chiffre de 60,000 francs; 1,747
malades ont été secourus par ces diverses sociétés.

Parmi les sociétaires on compte : 4,315 Français,
1,223 étrangers, 35 Musulmans et 101 Israélites indigènes.

BUREAUX DE BIENFAISANCE.

Européens. — Les Européens ont constitué des bureaux de bienfaisance dans les principales villes. Le
nombre de ces bureaux est de 12, savoir : 3 dans la
province d'Alger, 6 dans celle d'Oran, 3 dans celle de
Constantine.

Le total des recettes, tant ordinaires qu'extraordinaires, s'est élevé, en 1862, à 156,591 fr. 25 cent.
le chiffre des dépenses en secours a atteint 108,641 fr.
17 cent. Les bureaux ont secouru 9,004 individus,
dont 2,843 Français, 5,088 étrangers, 768 Israélites
indigènes et 305 Musulmans.

Arabes. — Les indigènes d'Alger (Musulmans) ont
un bureau spécial, subventionné par le budget provincial. La subvention est de 80,318 francs.

ORPHELINATS.

Il existe 8 orphelinats : Alger, 5; Oran, 2; Constantine, 1.

Restant au 31 décembre 1861............... 953

Entrés en 1862......................... 373

Sortis en 1862......................... 218

Décédés................................ 70

Restant au 31 décembre 1862............. 1,038

Coût moyen d'une journée d'enfant......... 0^f 66

Produit moyen d'une journée d'enfant....... 0 30

Travail manuel, durée.. { Garçons, de 7 à 8 heures.
{ Filles, de 3 à 5 heures.

Sur les 218 enfants sortis en 1862 :

76 ont été versés par la maison de la Miséricorde à Ben-Aknoun;

101 sont sortis avant leur majorité;

41 sont sortis à leur majorité.

Sur les 101 sortis avant leur majorité, on compte :		Sur les 41 sortis après leur majorité, on compte :	
Remis à leur famille (garçons et filles)...................	45	Remis aux familles (garçons et filles)...................	6
Agriculteurs................	20	Agriculteurs................	12
Domestiques (garçons)........	11	Domestiques................	2
Ménagères.................	2	Forgeron...................	1
Tailleur...................	1	Militaire...................	1
Sans profession (garçons et filles).	21	En religion (garçon).........	1
En religion (garçon)..........	1	Ménagères.................	5
		Mariées...................	8
		Religieuses................	5
	101		41

La proportion des décès au nombre des orphelins est de 5,37 p. 0/0.

PRISONS.

Il existe en Algérie 11 maisons de détention : 4 dans le département d'Alger, 3 dans celui d'Oran, 4 dans celui de Constantine. — Il restait, au 31 décembre 1861, dans ces différentes prisons, 2,317 individus des deux sexes : il en est entré 7,264; il en est sorti 6,799, et 184 sont morts.

Il restait, au 31 décembre 1862, 2,598 détenus, savoir : hommes, 2,435; femmes, 91; garçons, 66; filles, 6.

La mortalité parmi les détenus a été de 1,92 p. o/o.

CAISSES D'ÉPARGNE.

Le nombre des déposants aux caisses d'Alger, Oran, Constantine, Bône et Philippeville était, en 1862, de 4,822, ainsi classés :

Ouvriers... 320
Artisans patentés............................. 10
Domestiques.................................. 254
Employés..................................... 254
Militaires ou marins........................ 3,459
Professions libérales........................ 228
Rentiers..................................... 19
Mineurs...................................... 275
Sociétés de secours mutuels................ 3

Les sommes déposées s'élevaient à 574,203 francs.

BANQUE DE L'ALGÉRIE.

La banque de l'Algérie a clôturé sa onzième année d'exercice le 31 octobre 1862.

Le compte rendu des opérations de l'année, présenté aux actionnaires dans l'assemblée générale du 29 novembre 1862, donne, sur la marche de cet établissement financier, des détails qui permettent d'en constater les progrès incessants.

Les *opérations d'escompte* ont porté sur un nombre total de 99,188 effets, représentant, en capital, la somme de 68,365,075 fr. 68 cent.

L'année précédente, les escomptes n'avaient porté que sur 88,169 effets, représentant, en capital, la somme de 61,983,728 fr. 18 cent.

L'augmentation, en faveur de l'exercice 1861-1862, s'élève donc à 11,019 effets, représentant, en capital, la somme de 6,381,247 fr. 50 cent.

Le produit des escomptes s'est élevé
à.................................... 576,505^f 31^c
Ce même produit ne s'était élevé
l'année précédent qu'à............. 531,203 32

D'où résulte, en faveur de l'année
1861-1862, un excédant de........ 45,301 99

Il est à noter que dans le chiffre des effets escomptés figurent 224 warrants pour 313,438 fr. 10 cent. sur lesquels 17 warrants, s'élevant à 29,846 fr. 25 cent. ont été pris directement.

Ces opérations sont résumées au tableau A.

Les *effets remis à l'encaissement* ont atteint le nombre de 35,414, représentant, en capital, la somme de 17,017,578 fr. 23 cent.

Pendant l'exercice précédent, les *effets remis à l'encaissement* avaient atteint le nombre de 36,808, représentant, en capital, la somme de 18,177,153 fr. 63 cent.

D'où résulte, pour l'exercice 1861-1862, une diminution de 894 effets et de 1,159,575 fr. 40 cent.

Les traites du Trésor, reçues en couverture d'encaissements opérés pour le compte de la Banque et celles qui ont été prises par elle au Trésor se sont élevées aux totaux ci-après :

Banque d'Alger... 4,924 traites pour 12,529,300[f]
Succursale de
Constantine....... 1,984 traites pour 8,228,600
Succursale d'Oran. 2,313 traites pour 9,815,300

Ensemble....... 9,221 traites pour 30,573,200

Pendant l'exercice précédent ce compte présentait un chiffre de 9,591 traites pour 28,888,950 francs.

Il ressort donc de cette comparaison une diminution de 370 traites, en même temps qu'une augmentation en capital de 1,684,250 francs.

Le tableau B résume les mouvements des *effets remis à l'encaissement* et ceux des *traites du Trésor*.

Un progrès essentiel à constater est celui qui s'est manifesté, en 1861-1862, dans le nombre des *billets de la banque en circulation.* Ce progrès est attesté par la comparaison des chiffres suivants :

La moyenne de la circulation des billets au porteur, émis par la Banque de l'Algérie, s'est élevée, pendant l'exercice 1861-1862, à.............. 4,668,300^f

Pendant l'exercice 1860-1861, elle n'était que de...................... 4,179,800

D'où résulte une augmentation de...   488,500

Qui se décompose ainsi par province :

Alger. .... 119,850^f
Constantine.............. 351,500
Oran. 17,150

TOTAL ÉGAL...... 488,500

Une augmentation de circulation des billets de la banque s'était aussi produite en 1860-1861, mais elle n'avait été que de 94,000 francs.

Cet accroissement de circulation de près de 500,000 francs a été, en grande partie, le résultat des bienveillantes instructions adressées aux chefs des services financiers de l'Algérie par M. le Ministre des finances, qui ne cesse de donner à la Banque de l'Algérie des gages de son active sollicitude.

Le tableau C résume les mouvements comparatifs du numéraire et des billets au porteur, soit en émission, soit en circulation.

Une situation aussi généralement satisfaisante devait, en fin d'exercice, procurer aux actionnaires de la

Banque un notable surcroît de produit. C'est aussi ce qui a eu lieu.

Le premier semestre de l'année 1861-1862 a donné, en intérêts et dividende, pour chaque action. 23^f 75^c

Le deuxième semestre a donné........ 27 70

PRODUIT TOTAL DE L'ANNÉE....... 51 45

soit 10 1/4 p. o/o pour les actions émises à 500 francs, et 8 1/2 p. o/o pour celles dont l'émission a eu lieu à 600 francs.

Ce chiffre de 51 fr. 45 cent. dépasse de 6 fr. 35 cent. le dividende de l'année 1860-1861, et de 4 fr. 95 cent. celui de l'année 1859-1860, qui avait été le plus élevé de tous depuis la fondation de la Banque. Les progrès de cet établissement sont également démontrés par ce fait que le dernier semestre donne sur le premier une différence en plus de 3 fr. 95 cent. et de 6 fr. 60 cent. sur le semestre correspondant de l'année 1860-1861.

La succursale de Constantine, qui n'existe que depuis 1857, prend tous les jours un développement plus marqué; ses escomptes de l'année ont dépassé 15 millions, et sont supérieurs à ceux de l'année précédente de près de 3 millions.

La succursale d'Oran, malgré les difficultés de la situation de la province, frappée depuis quatre années consécutives par un manque de récolte presque absolu, n'a rien perdu du chiffre de ses escomptes.

Le fonds de réserve, à l'expiration du présent exercice, s'élevait à................... 1,143,189ᶠ 08ᶜ

Les prélévements opérés sur les
bénéfices nets en faveur de ce fonds,
conformément au décret du 30 mars
1861, se sont élevés, pour le pre-
mier semestre, au 30 avril, à.....   35,055 15

Pour le second, au 31 octobre, à.   50,869 05

A quoi il y a lieu d'ajouter l'excédant du produit de l'agio, porté ex-
ceptionnellement à 7 p. o/o pendant
quelques jours seulement, du 1ᵉʳ au
14 novembre 1861; il s'est élevé à.   4,007 47

La réserve se trouve donc portée
aujourd'hui à................... 1,233,120 75

représentant près de 31 p. o/o du capital réalisé, et
une plus-value de 154 fr. 14 cent. pour chaque action.

La Banque et ses succursales n'ont éprouvé aucune
perte pendant l'année.

Les effets en souffrance figuraient au dernier exercice pour 40,622 fr. 90 cent.

Cette somme se trouve réduite aujourd'hui, par les
rentrées successives qui ont eu lieu au crédit de ce
compte, à 24,511 fr. 62 cent.

Des prévisions sérieuses autorisent la presque certitude que ce reliquat sera prochainement recouvré.

Le tableau D donne la balance générale au 31 octobre 1862.

TABLEAU A.

BANQUE DE L'ALGÉRIE

EFFETS ESCOMPTÉS §

PROVINCES.	SEMESTRES.	FRANCE.		ALGER ET SA PROVINCE.		CONSTANTINE ET SA	
		Nombre.	Sommes.	Nombre.	Sommes.	Nombre.	Somm
							EXER
Alger.......	1er semestre...	425	439,537f 65c	21,917	13,956,086f 83c	1,856	795,6
	2e semestre....	592	501,762 09	26,633	17,488,426 79	2,312	908,
Oran	1er semestre...	103	185,887 85	10	14,008 85	6,779	0,987,78
	2e semestre....	273	521,516 71	11	26,572 65	7,424	7,434,3
Constantine..	1er semestre...	333	197,842 75	6	6,177 15	»	
	2e semestre....	302	238,116 70	6	" 13,600 00	1	3,
	Totaux..........	2,028	2,084,663 75	48,583	31,504,872 27	18,372	16,219,72

TABLEAU B.

EFFETS REM

EFFETS A ENCAISSE

PROVINCES.	SEMESTRES.	FRANCE.		ALGER ET SA PROVINCE.		CONSTANTINE ET SA	
		Nombre.	Sommes.	Nombre.	Sommes.	Nombre.	Som
							EXER
Alger.......	1er semestre...	178	218,483f 48c	10,485	5,653,916f 58c	3,045	1,267,32
	2e semestre....	223	322,523 18	9,462	4,812,402 02	2,836	1,128,9
Oran	1er semestre...	24	56,126 00	3	885 90	453	290,49
	2e semestre....	11	38,386 72	1	126 95	420	321,6
Constantine..	1er semestre...	29	17,585 75	9	2,259 00	8	1,2
	2e semestre....	57	46,320 65	13	10,257 55	5	1,11
	Totaux........	522	699,425 78	19,973	10,479,848 00	6,707	3,010,79

TABLEAU C.

ÉTAT DU MOUVEMENT

PROVINCES.	SEMESTRES.	RECETTES			EN BIL
		EN BILLETS.	EN NUMÉRAIRE.	TOTAL.	
					EXER
Alger.......	1er semestre...	16,217,900f	11,531,684f 38c	59,123,412f 40c	19,153,
	2e semestre....	18,195,900	13,177,928 02		21,691,
Oran	1er semestre...	4,065,950	7,839,540 11	22,358,196 67	4,083
	2e semestre....	3,590,250	6,862,456 56		5,617,1
Constantine..	1er semestre...	8,941,200	4,919,243 33	26,540,887 40	9,399,
	2e semestre....	9,081,850	3,598,594 16		9,496,
	Totaux........	60,093,050	47,929,446 56	108,022,496 56	70,341,

S REMIS À L'ESCOMPTE.

IT SA PROVINCE.	TOTAL DES ESCOMPTES par établissement.		TOTAUX RÉUNIS DES ESCOMPTES PAR LA BANQUE et ses succursales.		AGIOS PERÇUS par établissement.	TOTAUX des AGIOS.
Sommes.	Nombre.	Sommes.	Nombre.	Sommes.		
876,962f 17c	25,744	16,068,204f 90c	57,028	35,905,355f 30c	123,882f 60c	291,953f 41c
848,037 38	31,284	19,837,150 40			168,070 81	
100 00	6,893	7,187,778 97	14,601	15,170,267 61	72,888 05	151,382 10
"	7,708	7,982,488 64			78,494 05	
8,183,350 12	13,211	8,387,370 02	27,559	17,289.452 77	61,005 00	133,169 80
8,047.366 05	14,348	8,902,082 75			72,164 80	
18,555,815 72	99,188	68,365,075 68	99,188	68,365,075 68	576,505 31	576,505 31

AISSEMENT.

IT SA PROVINCE.	TOTAL DES EFFETS par établissement.		TOTAUX RÉUNIS DES EFFETS DE LA BANQUE et des succursales.		TRAITES DU TRÉSOR REÇUES DES CORRESPONDANTS et prises au Trésor.	
Sommes.	Nombre.	Sommes.	Nombre.	Sommes.	Nombre.	Sommes.
1.020,670f 82c	16,845	8,160,400f 43c	32,282	15,446,467f 23c	4,924	12,529,300f 00c
1,022,201 31	15,437	7,286,066 80				
"	480	347,508 37	913	707,735 77	1,984	8,228,600 00
31 50	433	360,227 40				
426,265 98	1,107	447,350 03	2,219	863,375 23	2,313	9,815,300 00
358,336 00	1,112	416,025 20				
2,827,505 61	35,414	17,017,578 23	35,414	17,017,578 23	9,221	30,573,200 00

ES ET DES BILLETS.

INTS.	TOTAL.	ÉCHANGE DES BILLETS.		BILLETS DE BANQUE MOYENNE PAR JOUR.	
NUMÉRAIRE.		ENTRÉES.	SORTIES.	en émission.	en circulation.
,671f 15c	59,028,991 66	3,127,650	416,650	3,512,250 f	2,830,850f
,320 51		3,711,950	461,600		
,067 40	22,553,743 54	1,117,800	552,050	1,292,300	916,400
,326 14		2,465,850	506,700		
,931 11	26,493,188 25	565,450	236,400	1,673,300	921,050
,157 14		551,050	109,950		
,473 45	108,075,923 45	11,539,750	2,283,350	6,477,850	4,668,300

Tableau D.   *Balance au 31 octobre 1862.*

		ACTIF.	PASSIF.
Capital.......................		"	10,000,000ᶠ00ᶜ
Actions à émettre...............		6,000,000ᶠ00ᶜ	"
Billets en émission	à Alger..............	"	3,750,000 00
	à Constantine..........	"	1,500,000 00
	à Oran...............	"	1,700,000 00
Succursale de Constantine s/c..............		3,841,903 23	"
Succursale d'Oran s/c....................		3,084,508 18	"
Banque de l'Algérie,....	à Constantine..........	"	3,792,947 70
	à Oran...............	"	3,134,890 31
Avances sur matières d'or et d'argent..........	à Alger...............	1,700 00	"
	à Oran...............	1,350 00	"
Avances sur warants....	à Alger...............	13,440 00	"
Bordereaux à payer.,.,.	à Alger..............	"	2,254 05
	à Constantine.........	"	247 95
	à Oran,.,.,..........	"	414 05
Caisse...............	à Alger.............	2,641,372 00	"
	à Constantine.........	948,787 76	"
	à Oran...............	1,086,348 97	"
Comptes extérieurs.....	à Alger.............	"	726,238 50
	à Constantine........	179,969 97	"
	à Oran..............	83,698 08	"
Comptes courants sur place..............	à Alger.............	"	1,070,972 76
	à Constantine........	"	183,558 05
	à Oran..............	"	196,132 44
Dépenses de premier établissement..........	à Alger..............	50,546 05	"
	à Constantine........	3,273 74	"
	à Oran..............	3,145 10	"
Effets escomptés.......	à Alger	4,112,688 15	"
	à Constantine........	2,697,800 35	"
	à Oran..............	2,065,754 62	"
Effets à l'encaissement..	à Alger.............	261,661 79	"
	à Constantine........	13,523 75	"
	à Oran..............	11,869 70	"
Effets remis par les succursales............	de Constantine........	5,000 00	"
	d'Oran..............	45,920 50	"
Traites du Trésor......	de Constantine........	5,000 00	"
	d'Oran..............	3,000 00	"
Effets remis par la Banque	à Constantine........	99,949 20	"
	à Oran..............	49,874 20	"
Effets à la caisse.......	à Alger.............	539,662 50	"
	à Constantine........	81,066 81	"
	à Oran..............	60,876 53	"
A reporter...........		27,993,701 89	26,057,655 81

		ACTIF.	PASSIF.
	Report............	27,993,701ᶠ89ᶜ	26,057,655ᶠ81ᶜ
Effets à rendre........	à Alger...............	265 90	"
	à Constantine.........	3,233 50	"
	à Oran...............	3,128 75	"
Hôtels de la Banque....	à Alger	24,486 91	"
	à Constantine.........	142,690 65	"
	à Oran........	40,953 48	"
Effets en souffrance..........		24,511 62	"
Mandats à payer	à Alger...............	"	4,264 55
	à Constantine.........	"	445 50
	à Oran...............	"	756 20
Mandats sur divers........................		"	190 00
Recouvrements à effectuer	à Alger...............	"	128,375 65
	à Constantine.........	"	32,191 25
	à Oran...............	"	21,226 95
Récépissés à vue........	à Alger...............	"	446,725 00
	à Constantine.........	"	2,500 00
	à Oran...............	"	3,567 00
Réescomptes..........	à Alger	"	25,387 25
	à Constantine.........	"	20,714 60
	à Oran...............	"	12,069 00
Dividendes à payer...........................		"	22,045 10
Profits et pertes............................		"	272,607 14
Réserve..................................		"	1,182,251 70
		28,232,972 70	28,232,972 70

Réserve ci-dessus.. 1,182,251ᶠ70ᶜ

Versement du semestre..................................... 50,869 05

TOTAL de la réserve......... 1,233,120 75

CRÉDIT FONCIER.

Le privilége accordé au crédit foncier de France est étendu au territoire de l'Algérie.

Les prêts faits aux propriétaires d'immeubles situés en Algérie ne peuvent dépasser 5 p. o/o de la totalité des prêts effectués sur le territoire continental de la France. Ces prêts sont réalisés en numéraire; ils sont remboursables par annuités, comprenant : 1° l'intérêt;

2° la somme nécessaire pour amortir la dette dans le délai de trente ans au plus; 3° les frais d'administration. Le taux ou l'intérêt ne peut dépasser 8 p. o/o, et l'allocation pour frais d'administration est fixée à 1 fr. 20 cent. — Pour les emprunts d'une durée moindre de trente ans, l'annuité est établie sur les mêmes bases que ci-dessus.

Voici la situation arrêtée au 30 décembre 1862.

PRÊTS AUX PARTICULIERS.

Prêts autorisés...................	1,611,500^f
A l'état de contrat conditionnel.....	233,600^f
Réalisés........................	976,000
	1,209,600^f

PRÊTS AUX COMMUNES.

d'Alger [1].....................	2,000,000
de Bouffarik....................	80,000
	2,080,000^f

Total des prêts réalisés, ou à l'état de contrat conditionnel.

Aux particuliers.................	1,209,600^f
Aux communes...................	2,080,000
	3,289,600^f

MONT-DE-PIÉTÉ D'ALGER.

Nombre d'articles engagés............	47,748
Total des sommes prêtées......	947,958 francs

[1] Le prêt de 1 million qui avait été consenti par le crédit foncier à la ville d'Alger, a été converti en un nouveau prêt de 2,000,000 de francs.

Catégories d'emprunteurs :

Européens. 24,189
Arabes. 18,219
Juifs. 5,340

47,748

Moyenne des sommes prêtées :

Aux Européens. . . . . 19^f 03^c
Aux Arabes. 17 94
Aux Juifs. 30 72

INSTRUCTION PUBLIQUE.

Européens et Israélites. — On compte actuellement en Algérie :

Pour l'enseignement supérieur : 1 école de médecine et de pharmacie (Alger) et 3 cours publics d'arabe (1 par province). Nombre des étudiants, 86.

Pour l'enseignement secondaire, 1 lycée impérial (Alger), 5 colléges communaux (Bône, Constantine, Philippeville, Oran et Tlemcen), et une école privée (Notre-Dame, à Oran). Nombre des élèves, 1098.

Enfin, pour l'enseignement primaire, il existe 470 établissements, savoir :

Écoles de garçons. 228
——— de filles. 154
Salles d'asile. 88

Soit. 470

Sur ces 470 établissements, 403 sont spéciaux aux Catholiques, 18 aux Protestants, 38 aux Israélites; 11 sont communs à plusieurs cultes.

L'enseignement primaire est réparti comme suit dans les provinces :

Alger.............	7,582 garçons et	7,141 filles, soit	14,723
Oran.............	4,735	4,577	9,312
Constantine.......	4,555	4,475	9,030
	16,872 garçons et	16,193 filles, soit	33,065

Soit 33,065 enfants des deux sexes.

Sur les 16,872 garçons qui fréquentent les écoles primaires ou les salles d'asile, 9,816 sont instruits par des laïques et 7,056 par des congréganistes.

Sur les 16,193 filles qui fréquentent les mêmes établissements, 4,478 sont élevées par des laïques et 11,715 par des congréganistes.

D'où il résulte que l'enseignement primaire est ainsi réparti entre les enfants des deux sexes :

Enseignement laïque.........	14,294 élèves
—————————— congréganiste...	18,771
Au total	33,065

Le rapport du nombre des étudiants et élèves au chiffre de la population européenne et israélite est de 1 pour 6, 7 habitants. On comptait, en 1861, 446 établissements (instruction primaire) et 30,362 élèves.

Différence en plus, pour 1862, 24 établissements et 2,203 élèves.

INSTRUCTION PUBLIQUE CHEZ LES MUSULMANS.

Les établissements affectés au service de l'instruction publique chez les Musulmans comprennent :

1° Le collége impérial arabe-français. Il a été créé spécialement pour les Indigènes : un certain nombre d'élèves internes y sont entretenus, soit aux frais des familles, soit aux frais du budget de l'État, des budgets provinciaux ou de celui des centimes additionnels. Les bourses et demi-bourses sont accordées par le Gouverneur général aux fils d'officiers, chefs et agents indigènes ayant servi ou servant encore la France, et aux fils de sous-officiers indigènes tués ou blessés à notre service. — Le collége reçoit, en outre, des externes eruopéens ou indigènes, un certain nombre de ces élèves à titre gratuit, les autres moyennant une très-faible rétribution mensuelle.

L'instruction doit comprendre :

Un cours élémentaire et supérieur de langue française ;

Un cours élémentaire et supérieur de langue arabe ;

Un cours élémentaire et supérieur de géographie et d'histoire ;

Des cours de mathématiques, — de sciences physiques, — d'histoire naturelle et de dessin.

Le nombre des élèves, en 1862, était de 152, dont 82 internes et 70 externes.

2° Trois médersa, ou écoles supérieures musulmanes, établies : à Alger, à Tlemcen et à Constantine.

On y forme des candidats aux emplois dépendants des services du culte, de la justice et de l'instruction publique indigène. — L'enseignement est gratuit; il comprend : un cours de grammaire et de littérature ; un cours de droit et de jurisprudence; un cours de théologie. Ces écoles, qui font une utile concurrence aux zaouïas que dirigent les marabouts, sont placées sous la surveillance des officiers généraux commandant les divisions. Cette surveillance s'exerce par l'intermédiaire des bureaux arabes.

Le nombre total des élèves qui ont suivi les cours est de 140, savoir :

Médersa d'Alger, 32 ; de Tlemcen, 68 ; de Constantine, 40.

3° Des écoles dites *écoles arabes-françaises* sont ouvertes dans les principales villes et dans les principaux centres pour le double enseignement de l'arabe et du français : elles sont essentiellement primaires; l'enseignement y est gratuit. Le personnel de chaque école de garçons se compose d'un directeur français et d'un maître adjoint musulman. Pour les écoles de filles, le personnel se compose d'une directrice française et d'une sous-maîtresse musulmane.

En territoire militaire, on comptait, en 1862 :

Dans la division d'Alger, 8 écoles, 2 instituteurs civils, 6 professeurs indigènes suppléants, 10 moniteurs pris parmi les sous-officiers, les caporaux et les soldats; 167 élèves.

Dans la division de Constantine, 4 écoles, 3 instituteurs civils et 1 instituteur militaire (sous-officier), 4 professeurs indigènes suppléants, 167 élèves, dont 27 européens, 130 musulmans et 3 israélites.

Il n'y a point d'école arabe-française dans la division d'Oran.

On enseigne aux élèves la lecture et l'écriture française, la numération et les quatre règles fondamentales de l'arithmétique; la grammaire française, les éléments de géographie, la lecture et l'écriture arabe.

Écoles primaires musulmanes. — Dans les tribus, l'instruction est donnée par les tolbas, qui enseignent aux élèves la lecture et l'écriture, le calcul et les commentaires du coran. Elle est placée sous la haute surveillance du Gouverneur général. Nul Musulman ne peut ouvrir une école sans une permission spéciale, délivrée, en territoire militaire, par les généraux commandant les divisions, et, en territoire civil, par les préfets des départements. Les chefs des bureaux arabes, militaires ou civils, selon le territoire, sont les inspecteurs naturels de ces écoles.

Lors du dernier recensement (1861), on comptait dans les tribus soumises à l'administration militaire 2,140 écoles, 2,313 professeurs et 26,499 élèves indigènes.

CULTES.

Culte catholique. — Le diocèse d'Alger embrasse les trois provinces; il comprend 168 paroisses de 1re et 2e classe et 41 vicariats.

Culte protestant. — Le service des cultes protestants est ainsi réparti :

Dans la province d'Alger, 4 paroisses et 5 pasteurs; — dans la province d'Oran, 2 paroisses et 2 pasteurs; — dans la province de Constantine, 5 paroisses et cinq pasteurs.

JUSTICE.

L'organisation judiciaire comprend :

1° Une cour impériale siégeant à Alger et dont le ressort embrasse la totalité de l'Algérie, sauf le territoire exclusivement réservé, en tant que juridiction, à l'autorité militaire;

2° Des tribunaux de première instance, au nombre de neuf;

3° Des tribunaux de commerce, au nombre de trois;

4° Des justices de paix, au nombre de trente-six.

Les tribunaux français connaissent, entre toutes personnes, de toutes les affaires civiles et commerciales, à l'exception de celles dans lesquelles des Musulmans sont seuls parties, et qui sont portées devant les tribunaux indigènes.

TRIBUNAUX DE PREMIÈRE INSTANCE.

Les tribunaux civils de première instance ont eu à juger 5,251 affaires, ainsi divisées :

Affaires ordinaires. . .   2,224
————— sommaires. . .   3,027 } 5,251

1,691 affaires ont été portées devant les tribunaux sans avoir été inscrites sur le rôle général.

Sur les 5,251 affaires inscrites au rôle, 4,232 ont été terminées dans l'année, 1,019 restaient à juger le 31 décembre 1862, 102 jugements avaient été rendus par défaut. Parmi les affaires restant à juger, 14 étaient inscrites au rôle depuis plus de 2 ans, 41 depuis 1 an et plus, 157 depuis plus de 6 mois.

Le nombre des ventes judiciaires faites dans les divers arrondissements a été de 404, savoir : 400 à la barre des tribunaux, 4 devant notaires. Sur le nombre total, 251 ventes ont été faites sur saisie immobilière, 20 proviennent de biens de faillites.

AFFAIRES COMMERCIALES.

Il est institué trois tribunaux de commerce : à Alger, à Oran et à Constantine ; les tribunaux de première instance de Blidah, Mostaganem, Tlemcen, Bône, Philippeville et Sétif jugent commercialement.

Les tribunaux de commerce et les tribunaux civils ont eu à juger 9,322 affaires contentieuses, dont 512 anciennes et 8,810 nouvelles.

Sur le chiffre total de ces affaires, 8,962 ont été terminées dans l'année, 360 restaient à juger.

Les mêmes tribunaux avaient à régler 373 faillites, dont 219 qui restaient à régler de l'année précédente et 154 ouvertes en 1862.

Sur le nombre total, 149 faillites ont été terminées

dans l'année, 224 restaient à régler au 31 décembre 1862.

COURS D'ASSISES.

Aux termes du décret du 19 août 1854, les cours d'assises de l'Algérie connaissent de tous les faits qualifiés crimes par la loi. Elles jugent sans l'assistance des jurés. Leur tenue a lieu tous les quatre mois dans chacun des chefs-lieux d'arrondissement où est établi un tribunal de première instance. Elles se composent : à Alger, de cinq conseillers de la cour impériale, dont l'un remplit les fonctions de président; dans les autres arrondissements, de trois conseillers à la cour impériale, dont un remplit les fonctions de président, et de deux magistrats pris parmi les présidents ou jurés composant le tribunal de première instance dans la circonscription duquel siége la cour d'assises.

Crimes contre les personnes.

132 accusations,

184 accusés,

160 condamnations,

24 acquittements.

Condamnations :

A mort, exécutées	3 dont	3 Arabes ;
———, non exécutées.....	6	6 Arabes ;
Travaux forcés à perpétuité.	19	16 Arabes et 1 juif ;
————— à temps....	27	24 Arabes ;
A la réclusion..........	21	16 Arabes ;
A l'emprisonnement......	83	57 Arabes et 4 juifs.
A la détention dans une maison de détention.......	1	

Crimes contre les propriétés.

235 accusations,

346 accusés,

295 condamnations,

51 acquittements.

Condamnations :

Aux travaux forcés à perpétuité.	1 dont	*n* Arabe ;
——————————— à temps....	17	12 Arabes et 1 juif ;
A la réclusion	100	71 Arabes et 3 juifs ;
A l'emprisonnement.........	171	118 Arabes et 4 juifs.
A la détention dans une maison de correction............	6	

TRIBUNAUX CORRECTIONNELS.

Les tribunaux correctionnels ont eu à juger 3,181 affaires et 4,066 prévenus, dont 3,845 hommes et 222 femmes.

Sur le nombre :

302 individus ont été condamnés à l'emprisonnement d'un an et plus ;

2,117, à l'emprisonnement de moins d'un an ;

867, à l'amende seulement ;

Enfin 737 ont été acquittés.

TRIBUNAUX DE SIMPLE POLICE.

On compte en Algérie 35 tribunaux de simple police ; il a été rendu par ces tribunaux 11,637 jugements, savoir : 11,238 à la requête du ministère public et 399 à la requête de parties civiles.

Le nombre total des inculpés (Européens et Indigènes) est de 13,333, dont 1,250 ont été acquittés.

11,454 ont été condamnés à l'amende ; 519 à l'emprisonnement.

17 jugements ont été frappés d'appel ; enfin les tribunaux se sont déclarés incompétents à l'égard de 50 inculpés.

SUICIDÉS.

Européens	79	dont	73 hommes	et	6 femmes
Indigènes.	11		9		2
	90		82		8

TRIBUNAUX INDIGÈNES.

La loi musulmane régit les conventions et toutes les contestations civiles et commerciales entre Indigènes musulmans, ainsi que les questions d'état (questions de famille). Toutefois la déclaration faite dans un acte, par les Musulmans, qu'ils entendent contracter sous l'empire de la loi française, entraîne l'application de cette loi et la compétence des tribunaux français.

Pour l'administration de la justice musulmane, les provinces sont divisées en circonscriptions judiciaires, ainsi réparties :

> 102 dans la province d'Alger,
> 86 dans la province d'Oran,
> 129 dans celle de Constantine.

Soit... 317 circonscriptions.

Les appels sont portés, suivant les cas, devant les tribunaux de première instance ou devant la cour impériale.

Nous reproduisons ci-après le tableau des jugements des cadis auprès des tribunaux français.

État récapitulatif des appels des jugements des cadis portés devant les tribunaux français.

| DÉSIGNATION des TRIBUNAUX. | NOMBRE des appels. | PROVENANCE DES APPELS. PROVINCES. | | | | | | NOMBRE DES ARRÊTS RENDUS. | | | | NOMBRE des affaires restant à juger. |
| | | Alger. | | Constantine. | | Oran. | | | | | | |
		Terri- toire civil.	Terri- toire mi- litaire.	Terri- toire civil.	Terri- toire mi- litaire.	Terri- toire civil.	Terri- toire mi- litaire.	Juge- ments con- firmés.	Juge- ments in- firmés.	Juge- ments d'in- compé- tence.	TOTAL.	
Cour impériale d'Alger............	265	78	77	68	23	14	5	155	39	»	104	71
Tribunal d'Alger.................	156	41	115	»	»	»	»	27	73	»	100	56
———— de Blidah	101	27	74	»	»	»	»	48	28	»	76	25
———— de Constantine	90	»	»	70	20	»	»	34	17	»	51	30
———— de Bône.................	11	»	»	10	1	»	»	7	3	»	10	1
———— de Philippeville..........	5	»	»	4	1	»	»	4	»	»	4	1
———— de Sétif.................	22	»	»	5	17	»	»	12	7	»	19	3
———— d'Oran..................	6	»	»	»	»	2	4	4	2	»	6	»
———— de Mostaganem...........	63	»	»	»	»	13	50	55	4	»	59	4
———— de Tlemcen..............	99	»	»	»	»	85	14	67	15	»	82	17
TOTAUX............	818	146	266	157	62	114	73	413	188	»	601	217

Le nombre des appels entre Musulmans, en matière civile ou commerciale, portés devant les tribunaux français, s'est notablement accru en 1862 : ainsi, devant les tribunaux civils des trois provinces, les appels se sont élevés au nombre de 818. En 1861, ils n'atteignaient que le chiffre de 463. Devant la cour impériale d'Alger ces appels ont été au nombre de 265 ; il n'y en avait que 132 en 1861.

COLONISATION.

Centres créés. — Huit centres ont été créés ou régularisés : 1 dans la province d'Alger, 3 dans celle d'Oran, 4 dans celle de Constantine.

Ces 8 villages comptent ensemble 470 feux et embrassent une superficie de 14,975 hectares.

Concessions. — Il a été délivré ou régularisé 1,133 concessions, dont 976 aux Européens et 157 aux Indigènes. L'ensemble de ces concessions embrasse une superficie de 19,526 hectares.

En 1861, on avait concédé 16,556 hectares entre 1,255 colons et Indigènes ; il a donc été fait, dans ces deux dernières années, 2,388 concessions, et la superficie des terrains concédés dépasse 36,000 hectares.

Déchéances de concessionnaires. — Pendant le cours de l'année 1862, 127 concessionnaires ont été frappés de déchéance : 43 dans la province d'Alger, 73 dans celle d'Oran, et 11 dans celle de Constantine. L'ensemble des concessions ainsi reprises embrasse une superficie de 2,277 hectares.

Relevé général des concessions de terres effectuées depuis l'origine de la conquête jusqu'au 31 décembre 1862.

INDICATION DE LA PROVINCE et du territoire.		CONCESSIONS AFFRANCHIES de la clause résolutoire.		CONCESSIONS NON ENCORE AFFRANCHIES de la clause résolutoire.		CONCESSIONS FRAPPÉES DE DÉCHÉANCE.		TOTAL GÉNÉRAL DES CONCESSIONS.	
		Nombre.	Superficie.	Nombre.	Superficie.	Nombre.	Superficie.	Nombre.	Superficie.
			hect. a. c.		hect. a. c.		hect. a. c.		hect. a. c.
Alger...	Territoire civil....	6,089	78,961 37 93	1,509	12,641 12 32	146	1,623 18 12	7,834	93,225 08 37
	Territoire militaire.	247	2,943 86 06	229	4,456 72 76	29	647 03 49	505	8,047 62 31
Oran...	Territoire civil....	2,816	39,472 96 68	5,353	68,495 07 11	90	6,080 46 85	8,270	114,048 50 04
	Territoire militaire.	1,164	24,867 00 00	727	15,589 00 00	53	1,353 00 00	1,944	41,809 00 00
Constantine.	Territoire civil....	4,612	80,469 00 00	3,431	69,687 00 00	264	8,496 00 00	8,307	158,652 00 00
	Territoire militaire.	45	2,673 17 50	127	6,936 51 41	"	"	172	9,608 68 91
Totaux............		14,975	229,387 38 17	11,466	177,804 43 60	591	18,199 68 46	27,032	425,391 50 23

ENSEMENCEMENTS ET RÉCOLTES.

CÉRÉALES.

DÉSIGNATION.	CULTURES EUROPÉENNES.	RENDEMENT.	CULTURES INDIGÈNES.	RENDEMENT.
	hectares.	hectol.	hectares.	hectol.
Blé tendre.........	36,175	279,379	"	"
Blé dur.	67,474	473,755	761,696	3,776,665
Seigle.............	463	4,024	"	"
Orge..............	53,127	383,354	1,088,558	6,493,922
Avoine............	3,343	48,468	"	"
Maïs..............	1,737	19,296	11,115	140,301
Fèves.............	4,852	30,163	37,652	216,090
Sorgho............	"	"	13,420	226,777

En résumé :

Les Européens ont ensemencé, en céréales, 167,171 hectares, qui ont produit 1,238,439 hectolitres;

Les Indigènes ont ensemencé 1,912,441 hectares, qui ont produit 10,853,755 hectolitres;

Soit, au total : Ensemencements, 2,079,612 hectares; récoltes, 12,092,194 hectolitres.

CULTURES INDUSTRIELLES.

Tabacs. — On comptait, en 1862, 2,151 planteurs européens: 1,290 dans la province d'Alger, 168 dans la province d'Oran, et 693 dans celle de Constantine. Les Européens ont cultivé 3,328 hectares, et les Indigènes 1,400 environ; soit, au total, 4,728 hectares. La récolte a donné 3,605,911 kilogrammes aux Européens, et 1,125,600 kilogrammes aux Indigènes; soit, au total, 4,731,511 kilogrammes de feuilles.

La superficie cultivée en 1861 était de 2,326 hectares; différence en plus, pour 1862, 2,402 hectares.

Dans un rapport spécial au Gouverneur général, le Directeur du service des tabacs en Algérie donne, sur la campagne de 1862 et sur l'avenir réservé à la culture des tabacs, les renseignements qui suivent :

« Le directeur du service des tabacs se croit autorisé à penser, que les 4,735,570 kilog. auxquels se sont élevés les produits [1], ont dû se répartir par qualité de la manière suivante :

Surchoix...............	à 160ᶠ 00ᶜ 1 p. o/oᵏ		47,355ᵏ	75,768ᶠ 00ᵉ
1ʳᵉ qualité...............	à 150 00	9	426,202	639,303 00
2ᵉ qualité...............	à 120 00	20	947,114	1,136,536 80
3ᵉ qualité...............	à 90 00	30	1,420,671	1,278,603 90
Non marchands.......	à 50 00	40	1,894,228	947,114 00
Total. ...	à 86 10		4,735,570	4,077,325 70

« Mais il n'a été livré dans les magasins de la régie que 3,378,361 kilog. qui représentent à peine les 7/10ᵉˢ de la production générale, et dont l'expertise a déterminé le classement ci-après :

Surchoix...............	à 160ᶠ 00ᶜ p. o/oᵏ		13,055ᵏ	20,888ᶠ 00ᵉ
1ʳᵉ qualité...............	à 150 00		150,054	225,081 00
2ᵉ qualité...............	à 120 00		575,843	691,011 60
3ᵉ qualité...............	à 90 00		1,223,813	1,101,431 70
Non marchands.........	à 52 90		1,415,496	748,817 40
Total......	à 82 50		3,378,161	2,787,229 70

« Il n'est donc pas douteux que le commerce se soit emparé des quantités qui forment la différence entre le chiffre des achats effectués pour compte des manufactures impériales et celui de

[1] Les états fournis par l'Administration accusent 4,731,511 kilog. différence en moins, 4,059.

la production effective. Mais ce qui est surtout à remarquer, c'est que ces quantités ont été prélevées par les négociants sérieux sur les meilleures portions de la récolte, qui seules conviennent à une fabrication intelligente et loyale, en même temps qu'une autre classe d'industriels a offert un débouché à toutes les basses matières refusées dans les magasins de la régie comme trop défectueuses, et qui ont trouvé ainsi emploi dans la consommation locale.

« Ainsi, la part de la spéculation privée doit être représentée par 1,357,309 kilog. qui, comparativement à la classification générale de la masse, se subdivisent par catégories comme suit :

Surchoix	à 160ᶠ 00ᶜ p. o/oᵏ	34,300ᵏ	54,880ᶠ 00ᶜ
1ʳᵉ qualité	à 150 00	276,148	411,222 00
2ᵉ qualité	à 120 00	371,271	445,525 20
3ᵉ qualité	à 90 00	196,858	177,172 20
Non marchands	à 41 42	478,732	198,296 60
Total	à 95 04	1,357,309	1,290,096 00

« Il résulte de l'examen de ces tableaux, que le commerce refuse d'une manière absolue, ou qu'il déprécie jusqu'à la dernière limite tous les tabacs qui, par leur défaut de finesse et de combustibilité, ne lui paraissent pas susceptibles d'entrer dans ses fabrications, de même qu'il recherche avec empressement, et dans la mesure de ses besoins, qui peuvent grandir encore, les feuilles fines et légères; mais il en résulte aussi que c'est dans les établissement de la régie que les planteurs viennent chercher le placement de la totalité de leurs tabacs communs et corsés, dont l'abondance était encore grande cette année, à cause de la persistance avec laquelle un trop grand nombre ont persévéré dans le mauvais choix des graines employées, dans le système de plantations tardives et à grandes distances, dans l'usage immodéré des irrigations.

« Les intérêts de l'administration des tabacs sont cependant identiques avec ceux du commerce, et ils font un devoir aux

agents de la régie de professer les mêmes principes et de montrer les mêmes exigences; c'est pourquoi l'on se ferait illusion
si l'on pensait que la régie put accepter plus longtemps la position qui lui est faite par cette nécessité où on la met d'accueillir
ces masses énormes de matières impropres, que les autres re-
jettent ou ne veulent accepter qu'à vil prix. On parle ici de ces
tabacs à mérite équivoque, auxquels l'influence favorable de
notre climat assure presque toujours un aspect avantageux, mais
qui manquent en réalité des qualités les plus essentielles, qui
ne peuvent être rangés ni dans la première classe, ni dans la
deuxième, et que l'on a trop longtemps hésité, dans les magasins de la régie, à reléguer dans les non marchands, à cause de
leur bonne apparence.

« L'application judicieuse mais sévère des prescriptions minis-
térielles au sujet de ces tabacs ne peut donc plus être ajournée;
car il faut respecter les convenances des consommateurs de la
métropole et ménager les intérêts menacés de l'impôt. Aussi les
colons feront-ils sagement, à l'avenir, de renoncer à la production de ces matières communes et bâtardes, et de ne plus compter sur une indulgence qui compromettrait de la manière la
plus fâcheuse la réputation des tabacs de l'Algérie, que rien
n'empêche de se relever et de grandir.

« Non-seulement il ne serait pas honorable pour la colonie de
contribuer à produire dans une proportion de 70 p. o/o des
tabacs qui ne peuvent convenir à personne; mais encore il est
de la dernière évidence que les planteurs seront victimes eux-
mêmes de leur obstination, aussitôt que l'Administration usant
de ses droits et fidèle à remplir ses devoirs, traitera ces produits avec la même sévérité que le commerce, en les refu-
sant; ou bien si elle les accepte, en ne leur attribuant, comme
celui-ci, qu'une valeur de 55 fr. 57 cent. pour 100 kilog. au
lieu de 70 fr. 10 cent.

« Il importe que les planteurs le sachent bien : l'Administration
sera dans la nécessité de se montrer plus sévère à l'avenir, et,

pour les tabacs de 1863, elle devra se conformer à la décision ministérielle, qui prescrit de n'admettre dans les qualités marchandes que des tabacs fins, légers et combustibles, et de rejeter tous les autres dans les classes non-marchandes.

« Il suffit, pour cela, d'abandonner résolument la culture de toutes ces espèces d'origine douteuse, introduites dans la colonie dans le but unique d'augmenter le poids des récoltes, sans se préoccuper de leur qualité, et que des croisements fortuits ont encore fait dégénérer de la façon la plus déplorable.

« L'Algérie possède des variétés précieuses, qui sont propres à son climat, et que les bons procédés de repiquage et de dessiccation ne peuvent manquer d'améliorer encore. C'est à ces races qu'il convient, jusqu'à présent, de donner la préférence ; et si, dans un but louable de progrès ou de perfectionnement, il est bon de se livrer à de nouveaux essais, on ne doit le faire, néanmoins, qu'avec la plus grande circonspection, dans la crainte de compromettre la qualité des récoltes.

« La régie, d'ailleurs, qui recherche avec sollicitude tous les moyens d'améliorer la culture algérienne, fait exécuter à ses frais, par des cultivateurs choisis, des expériences qui ont pour but l'introduction et l'acclimatation des espèces qui ont le plus de réputation, et, cette année même, on a eu la satisfaction d'obtenir, avec des graines de la Havane, des résultats satisfaisants sous le rapport de la finesse du tissu, de la délicatesse des côtes et nervures, et de l'élasticité du parenchyme, qui sont des qualités essentielles pour les tabacs destinés à la fabrication des cigares. Mais, quelques espérances qu'il soit déjà permis de concevoir, l'expérience n'est pas encore assez complète pour qu'il soit prudent de se prononcer, ni surtout de donner à cette culture un développement considérable. Il faut attendre que ces produits aient été mis en œuvre par les fabricants, et que l'on ait pu se faire une opinion exacte de leur valeur. Ce n'est qu'après cet examen que l'Administration pourra chercher, s'il y a lieu, les moyens d'encourager cette culture. »

Chaque année, de 1856 à 1861, les colons ont réduit leurs plantations de tabac. La campagne de 1862
accuse une augmentation sensible sur la campagne précédente : il semble donc que cette culture reprenne faveur en Algérie. Quoiqu'il en soit, on ne saurait trop
le répéter : de l'ameublement du terrain , du choix des
graines , et, surtout, des opérations relatives au mano-
quage et au séchage des feuilles, dépend la valeur des
produits.

Cotons. — Nombre de planteurs, 311.

Superficies cultivées :

Longue soie, 1,477 hectares 94 ares; courte soie,
8 hectares 10 ares.

Récolte après égrenage :

Longue soie, 117,202 kilogrammes ; courte soie,
2,215 kilogrammes.

Quantités exportées :

Longue soie, 117,083 kilogrammes; courte soie,
1,329 kilogrammes.

On comptait, en 1861, 356 planteurs, soit 45 de
plus qu'en 1862 ; les cultures couvraient 1,209 hectares, soit 276 hectares de moins qu'en 1862 ; la récolte, après égrenage, était de 159,652 kilogrammes,
soit 40,235 kilogrammes de plus qu'en 1862.

D'où il résulte qu'il y a eu, en 1862, plus de cultures et moins de récolte qu'en 1861.

Cette différence dans le chiffre de la production

s'explique par les ravages qu'à causés aux récoltes cotonnières un ver qui a fait son apparition un peu avant l'époque de la cueillette, et s'est activement propagé sous l'action de la sécheresse persistante de l'été.

Production de la soie. — Nombre d'éducateurs, 181.

Quantités de graines mises en éclosion, 12 kilog. 123 gr.

Total de la récolte, 4,722 kilog. 365 gr.

On avait récolté, en 1861, 4,206 kilog. 870 gr. Différence en plus, au profit de 1862, 515 kilog. 495 gr.

Culture du lin. — Nombre de planteurs, 51.

Superficies ensemencées, 95 hectares.

Quantités de graines employées, 730 kilogrammes.

Rendement de la récolte :

En graines, 58 kilogrammes;

En tiges, 231,876 kilogrammes.

C'est la première année que les colons s'adonnent à cette culture.

Vignes.

Superficies plantées, 6,503 hectares.

Récolte en vins, 43,000 hectolitres.

Récolte en grappes, 9 millions de kilogrammes.

Différence en plus, sur 1861 : 6,000 hectolitres de vins et 5 millions de kilogrammes de raisins.

Oliviers. — Nombre de moulins à huile, 5,386.

Nombre d'oliviers greffés, 1,696,173, dont 56,261 en 1862.

Quantités d'olives récoltées, 18,385,705 kilogrammes.

Population rurale. —La population rurale européenne est évaluée approximativement à 109,808 individus, savoir :

Hommes, 40,182; femmes, 27,559; enfants, 42,067.

Nombre de maisons, 20,322.

Sont compris dans ces chiffres tous les habitants des villages agricoles sans distinction, ainsi que ceux des banlieues des villes, à l'exception des localités formant faubourgs, et de celles qui doivent être considérées comme lieux de plaisance, telles que l'Agha et Saint-Eugène, auprès d'Alger, par exemple.

Dans ces localités, comme dans l'intérieur des villes de tout ordre, on s'est borné à recenser les personnes exerçant des professions se rattachant directement à l'agriculture, tels que les charrons, forgerons; minotiers, filateurs, fabricants ou marchands d'engrais, de graines, d'instruments aratoires, etc. etc. enfin, les familles qui, bien que résidant dans ces agglomérations, n'en font pas moins valoir directement des biens ruraux dépourvus de maisons d'habitation.

On compte, en matériel agricole et en bestiaux :

MATÉRIEL AGRICOLE.

Charrues.............. 15,874
Herses............... 7,302
Rouleaux............. 3,694
Chariots et charrettes..... 10,637
Moissonneuses......... 43
Batteuses............. 129

37,679

BESTIAUX.

Bœufs................ 50,807
Vaches............... 19,251
Chevaux............. 11,960
Mulets et ânes......... 7,945
Moutons.............. 99,723
Chèvres.............. 23,976
Porcs............... 29,991

243,653

CHEVAUX.

La population chevaline, asine et mulassière, dans les trois provinces, est évaluée approximativement comme suit :

LOCALITÉS.	CHEVAUX.	JUMENTS.	MULETS.	ÂNES et ânesses.	TOTAL.
Province d'Alger............	19 425	26 906	30 109	62 910	139 350
——— d'Oran............	12 184	18 963	8 877	56 195	96 219
——— de Constantine......	41 094	46 830	78 178	74 562	240 664
Totaux............	72 703	92 699	117 164	193 667	476 233

Ces ressources suffisent non-seulement à pourvoir à la remonte des régiments de cavalerie français et indigènes de l'armée d'Afrique; mais elles permettent encore de subvenir à celle d'un certain nombre de régiments qui, après un temps donné, quittent l'Algérie pour rentrer en France.

Le service de la remonte a dans la colonie la même
organisation que dans la métropole. Il y existe trois
dépôts : l'un à Blidah, pour la province d'Alger; — le
second à Mostanagem, pour la province d'Oran; — le
troisième à Constantine, pour cette dernière province.
Un chef d'escadron est placé à la tête de chaque dépôt;
il est secondé par un certain nombre de capitaines qui
sont chargés des achats. Une *Compagnie de remonte* est
attachée à chaque dépôt pour le service de conduite
des chevaux, et pour les soins à leur donner dans les
écuries du dépôt, jusqu'à livraison aux corps de troupe
et aux officiers à monter.

Le service est centralisé à Alger, sous la haute direction du Gouverneur général, entre les mains d'un
général de division, commandant la cavalerie régulière
et les établissements hippiques de l'Algérie.

En outre des achats de chevaux pour le service de
l'armée, les remontes sont chargées des *étalons impériaux*, que le Gouvernement entretient pour le perfectionnement de la race chevaline. Il existe, aujourd'hui,
183 étalons impériaux et 5 beaudets-étalons impériaux.

Ces géniteurs seraient insuffisants pour satisfaire
dans de bonnes conditions aux besoins de la remonte;
aussi leur a-t-on adjoint des étalons dits *étalons des
tribus*, achetés et entretenus sur les fonds du budget des
centimes additionnels. Il existe en ce moment 536 étalons et 82 baudets de tribus.

Au moment de la monte, ces différents géniteurs

sont conduits dans un certain nombre de stations, ou les éleveurs européens et indigènes sont admis gratuitement à leur offrir la saillie de leurs juments.

Mortalité du bétail. — 1,591 propriétaires ont subi des pertes, dont le montant est évalué, mais très-approximativement, à 408,000 francs. Les pertes constatées sont les suivantes :

Race chevaline. . . . .   562 têtes.

——— bovine.   3,441

——— ovine.   10,865

Au total. . . .   14,868

La mortalité a, presque partout, eu pour cause le manque d'abris et de nourriture pendant l'hiver : elle a surtout frappé les troupeaux indigènes.

COMMERCE.

Le mouvement commercial de l'Algérie a été moins actif en 1862 que dans les années précédentes. Les tableaux des importations et des exportations accusent, en effet, dans l'expédition des marchandises, une diminution sensible : nous dirons plus loin sur quels articles porte cette différence ; mais avant de reproduire les chiffres relevés par le service des douanes, nous croyons devoir rapporter les explications que nous avons déjà fournies sur la manière dont les marchandises sont classées dans les états de commerce, ainsi que sur le sens de certaines expressions depuis longtemps consacrées.

La distinction *commerce général, commerce spécial,* s'applique à l'importation comme à l'exportation.

A *l'importation,* le *commerce général* embrasse tout ce qui arrive de l'étranger, par terre et par mer, sans égard ni à l'origine première des marchandises, ni à leur destination ultérieure, soit pour la consommation, soit pour l'entrepôt, le transit ou la réexportation. — Le *commerce spécial* ne comprend que ce qui entre dans la consommation intérieure du pays.

A *l'exportation,* le *commerce général* se compose de toutes les marchandises qui passent à l'étranger, sans distinction de leur origine. — Le *commerce spécial* comprend seulement les marchandises nationales et celles qui, après avoir été nationalisées par le payement des droits d'entrée ou autrement, sont exportées.

Les tableaux de douane présentent deux sortes de valeurs : les *valeurs officielles* et les *valeurs réelles* ou *actuelles.* Ces deux indications ont chacune un but distinct.

Les *valeurs officielles* reposent sur les bases déterminées en 1826, à la suite d'enquête, et représentent des valeurs moyennes qui ont été approuvées par une ordonnance de 1827. Elles servent à ramener toutes les marchandises à une unité commune, ce qui permet de totaliser et de comparer, sur une base uniforme, fixe, invariable, les résultats obtenus à différentes époques. On comprend que ce tarif de *valeurs officielles*, suivi depuis son origine, sans interruption ni modification, doive demeurer permanent; en effet, les marchandises comprises dans les états de commerce y figurent nécessairement d'après les classifications mêmes du tarif, c'est-à-dire les unes au poids, les autres au nombre, à la mesure ou à la valeur; d'où il suit qu'elles ne peuvent être totalisées et comparées, dans l'ensemble, pour des périodes plus ou moins étendues, qu'en convertissant les quantités en valeurs.

Les *valeurs actuelles* sont, au contraire, essentiellement variables, comme le cours des produits auxquels elles s'appliquent, et ressentent nécessairement l'influence des fluctuations défavorables ou prospères du commerce et de l'industrie. Établies, avec l'aide des chambres de commerce, par les soins d'une Commission instituée à titre permanent par le Département de l'agriculture, du commerce et des travaux publics, elles ont pour objet de déterminer, aussi exactement que possible, le prix moyen de chaque espèce ou de chaque groupe de marchandises pour l'année à laquelle se rapporte la publication du Tableau dans lequel elles figurent; elles constituent ainsi un chiffre représentatif réel des échanges faits.

Telles sont les bases sur lesquelles reposent les calculs établis, en France, par le service des douanes.

En Algérie, où il n'existe point encore de commission spéciale chargée de reviser annuellement le prix moyen des marchandises, les valeurs *actuelles* sont cotées d'après le tarif primitivement arrêté, or, les marchandises ayant, depuis cette époque, plus ou moins changé de prix, la valeur qu'on leur assigne dans le Tableau du commerce algérien ne représente plus leur valeur *réelle*, et c'est afin d'éviter au public toute méprise que, dans le travail d'ensemble publié en 1861 et dans celui que nous publions aujourd'hui, on a simplement indiqué les valeurs *officielles*.

Les relevés de la douane *algérienne* constataient pour l'année 1861 les résultats suivants (*commerce général*) :

VALEURS OFFICIELLES.			VALEURS ACTUELLES.		
IMPORTATION.	EXPORTATION.	TOTAL.	IMPORTATION.	EXPORTATION.	TOTAL.
116,600,095ᶠ	49,094,120ᶠ	165,694,215ᶠ	188,551,003ᶠ	59,388,783ᶠ	247,939,786ᶠ

Les relevés établis par les douanes *françaises* et d'après leurs tarifs particuliers, donnaient, pour le commerce effectué entre l'Algérie et la France, les résultats ci-après :

VALEURS OFFICIELLES.			VALEURS ACTUELLES.		
IMPORTATION.	EXPORTATION.	TOTAL.	IMPORTATION.	EXPORTATION.	TOTAL.
171,507,771ᶠ	47,819,813ᶠ	219,327,584ᶠ	137,793,284ᶠ	63,256,841ᶠ	201,050,125ᶠ

Entre les chiffres donnés par la douane algérienne et ceux donnés par la douane française, la différence est grande; mais, ainsi qu'il résulte des explications précédentes, ainsi, encore, qu'il a été dit et expliqué dans un précédent volume [1], il ne peut y avoir entre ces chiffres aucun rapprochement, aucune comparaison, « les valeurs attribuées aux marchandises par la douane algérienne reposant sur d'autres bases que la valeur attribuée aux mêmes marchandises par la douane française. — Cette non similitude s'explique par le fait du déplacement des marchandises et par le jeu des opérations du commerce, aussi bien que par l'effet des primes de sortie délivrées par la douane métropolitaine pour les tissus, les sucres raffinés et les autres produits de l'industrie nationale expédiés en Algérie [2]. »

Voici, pour l'année 1862, le tableau des importations et des exportations. Ces tableaux résument le *commerce général;* la valeur attribuée aux marchandises est, nous le repétons, la valeur *officielle.*

[1] Citons un exemple : la valeur *actuelle* des laines exportées d'Algérie est cotée par la douane algérienne suivant le tarif de l'Algérie; à leur entrée en France, ces mêmes laines reçoivent de la douane française la valeur *actuelle* que leur attribue le tarif francais; l'écart est, relativement, considérable.

[2] Tableau des établissements français en Algérie (1856-1858), p. 1094.

IMPORTATIONS.

ÉTAT DES PRINCIPALES MARCHANDISES IMPORTÉES.

(Commerce général. — Valeurs officielles.)

DÉSIGNATION DES MARCHANDISES.	UNITÉS.	EXERCICE 1861.		EXERCICE 1862.	
		TOTAL.	VALEURS en francs.	TOTAL.	VALEURS en francs.
			francs.		francs.
Viandes salées...............	Kilog ..	479,191	479,191	514,322	514,322
Graisses, saindoux...........	Idem...	480,844	384,675	630,539	504,431
Fromages...................	Idem...	832,595	1,248,892	839,414	1,259,121
Poissons...................	Idem...	413,785	124,135	443,014	132,904
Farines de froment...........	Idem...	3,885,151	1,165,545	2,727,040	818,112
Pommes de terre.............	Idem...	5,185,328	518,533	6,256,863	625,686
Légumes secs, leurs farines...	Idem...	1,276,502	319,125	1,455,450	363,862
Riz.......................	Idem...	1,258,158	503,263	1,177,545	471,018
Fruits... { frais.............	Idem...	3,271,912	774,381	4,115,682	930,099
secs ou tapés......	Idem...	543,544	433,249	682,415	409,258
oléagineux........	Idem...	655,642	389,353	692,383	424,287
Sucres... { bruts et terrés.....	Idem...	812,900	487,740	920,396	552,237
raffinés	Idem...	5,350,687	5,350,687	5,342,464	5,342,464
Cafés.....................	Idem...	2,046,898	2,046,898	1,695,062	1,695,062
Piment commun.............	Idem...	56,917	91,067	45,279	72,446
Tabacs... { en feuilles ou côtes.	Idem...	867,711	1,128,024	771,527	1,002,983
fabriqués.........	Idem...	63,533	317,665	61,125	305,625
Huiles ... { d'olive...........	Idem..:	288,248	288,248	286,492	286,492
de graines grasses..	Idem...	1,478,727	1,626,600	1,425,081	1,567,588
Bois à construire de toutes sortes { bruts ou équarris à la hache.......	Stère...	12,523	313,075	33,113	814,414
sciés, ayant moins de 80ᵐᵐ d'épais'.	Mètre ..	1,756,228	790,303	2,520,315	1,259,664
Matériaux	Valeur..	1,125,444	1,125,444	2,063,470	2,063,470
Houille	Quintal.	347,886	1,043,658	436,919	1,310,757
Fonte, fer et acier	Kilog ..	2,770,791	1,275,341	9,600,919	3,964,810
Savon ordinaire.............	Idem...	2,794,096	1,955,867	2,571,142	1,799,798
Acide stéarique ouvré	Idem...	363,495	1,090,485	293,630	880,890
Vins de toutes sortes	Hectol..	347,288	8,066,269	341,261	7,330,151
Eaux-de-vie.... .... } Esprit de vin et autres........	Hectol. d'alcool. }	21,089	2,288,571	20,588	2,194,251
Poterie de terre grossière......	Kilog.	1,028,453	934,780	761,050	228,325
Faïence, porcelaine et grès commun....................	Idem...	1,149,976	345,322	1,089,629	833,102
Verres et cristaux...........	Valeur..	861,339	861,339	784,775	784,775
Tissus ... { de coton..........	Idem...	21,347,904	21,347,904	15,115,750	15,115,750
de chanvre.......	Idem...	3,465,533	3,465,533	2,116,269	2,116,269
de laine..........	Idem...	5,414,367	5,414,367	5,027,833	5,027,833
de soie..........	Idem...	4,395,405	4,395,405	3,695,243	3,695,243
Papiers et cartons, livres et lithographies..................	Kilog ..	909,070	1,169,464	832,046	1,386,129
Peaux préparées et ouvrages en peaux....................	Valeur..	4,338,189	4,338,189	4,278,311	4,278,311
Ouvrages en métaux	Idem...	2,444,484	2,444,484	3,609,213	3,609,213
Mercerie commune...........	Kilog ..	390,656	2,343,936	410,866	2,465,196
Meubles...................	Valeur .	716,908	716,908	760,719	760,719
Autres articles.............	Idem...	....	33,166,180	....	24,818,409
TOTAUX des valeurs....	....	....	116.600,095	....	104,015,476

EXPORTATIONS.

ÉTAT DES PRINCIPALES MARCHANDISES EXPORTÉES.

(Commerce général. — Valeurs officielles.)

DÉSIGNATION DES MARCHANDISES.	UNITÉS.	EXERCICE 1861.		EXERCICE 1862.	
		TOTAL.	VALEUR en francs.	TOTAL.	VALEUR en francs.
			francs.		francs.
Chevaux..................	Tête...	821	410,500	1,266	633,000
Bêtes bovines.............	Idem...	13,289	2,653,370	9,286	1,741,470
Bêtes à laine	Idem...	92,398	1,110,204	44,710	536,520
Sangsues	Mille...	1,032	51,600	918	45,900
Peaux brutes.............	Kilog ..	2,098,242	2,675,005	1,391,274	1,858,812
Laines en masse...........	Idem...	4,767,505	4,767,505	3,674,752	3,674,752
Soies	Idem...	2,395	53,306	2,640	85,485
Cire brute................	Idem...	75,348	150,696	49,368	98,736
Graisse. (Suif brut.)	Idem...	546,726	328,036	338,385	203,031
Poisson de mer de toute sorte..	Idem...	413,047	123,914	479,416	143,825
Corail brut...............	Idem...	37,118	1,855,900	29,538	1,476,900
Os, sabots et cornes de bétail..	Idem...	1,396,815	139,682	1,230,947	123,095
Céréales.. — Blé	Hectol..	319,582	4,793,730	169,849	2,547,735
Céréales.. — Orge...........	Idem...	386,581	2,706,067	51,331	359,317
Céréales.. — Maïs...........	Idem...	180	1,260	4,037	28,259
Céréales.. — Avoine.........	Idem...	30,576	397,647	14,458	86,748
Céréales.. — Farines........	Kilog ..	1,954,453	586,336	714,587	214,376
Pain et biscuit.............	Idem...	556,740	167,022	358,245	107,473
Légumes secs.............	Idem...	4,226,534	1,056,634	812,848	203,212
Légumes verts ou salés......	Idem...	140,993	28,199	301,552	60,310
Fruits... — frais	Idem...	672,974	132,660	879,043	146,290
Fruits... — tapés...........	Idem...	920,028	550,799	872,335	523,400
Tabacs... — en feuilles ou en côte.........	Idem...	4,382,857	4,527,714	1,976,560	2,569,528
Tabacs... — fabriqués........	Idem...	239,282	1,196,410	249,797	1,248,985
Huile d'olive	Idem...	1,742,923	1,742,923	3,437,463	3,437,463
Fourrages.................	Idem...	1,588,590	127,087	627,757	49,144
Drilles...................	Valeur..	403,965	403,965	337,923	337,923
Minerais.. — de fer..........	Kilog ..	13,992,780	699,639	22,755,330	1,137,766
Minerais.. — de cuivre........	Idem...	616,431	64,643	650,558	65,056
Minerais.. — de plomb........	Idem...	4,516,203	1,354,861	1,967,196	590,159
Minerais.. — d'antimoine......	Idem...	24,349	9,740	"	"
Joncs et roseaux...........	Idem...	1,336,953	1,336,953	448,126	448,126
Coton....................	Idem...	297,135	445,702	126,884	100,326
Feuilles de palmier nain......	Idem...	91,723	9,172	82,927	8,293
Crin végétal..............	Idem...	1,616,279	1,616,279	1,481,506	1,481,506
Objets de collection..........	Valeur..	74,427	74,427	45,243	45,243
Autres articles.............	Idem...	"	10,173,177	"	8,780,099
Liége brut................	Idem...	952,260	571,356	107,773	64,664
Totaux des valeurs...	....	....	40,094,120	....	35,358,927

Le mouvement commercial de l'Algérie, durant ces deux dernières années, se résume donc comme suit :

Importations...... { 1861 .... 116,600,095^f
                    { 1862 104,015,476

Différence en moins pour 1862........ 12,584,619

Exportations...... { 1861 49,094,120
                    { 1862 35,358,927

Différence en moins pour 1862........ 13,735,193

Soit, au total :

Différence en moins sur 1861. { Importations. 12,584,619
                               { Exportations. 13,735,193

                                                26,319,812

A l'importation. Les différences les plus sensibles portent : 1° sur les tissus de coton [1], de chanvre, de laine, de soie (différence en moins 8,668,114 francs); 2° sur les vins de toutes sortes, eaux-de-vie et esprits (différence en moins, 880,435 francs); 3° sur les cafés (351,836 francs); 4° sur les farines (347,433 francs); 5° sur le savon ordinaire (156,069 francs); 6° sur les tabacs en feuilles et fabriqués (137,081 francs). — Or, nous rappellerons que l'effectif de l'armée, porté, en 1861, à 69,569 hommes (officiers et troupes), n'était plus, en 1862, que de 62,306 (différence en moins, 7,263); on doit tenir compte de cette différence dans le nombre des consommateurs.

Il est, d'ailleurs, à remarquer que certains produits ont été l'objet de commandes plus considérables que par le passé; c'est ainsi que nous citerons : 1° les ma-

[1] La guerre d'Amérique explique suffisamment cette diminution.

tériaux de construction (différence en plus 938,029 fr.);
2° les fontes, fer et acier (2,739,469 francs); 3° les
bois bruts et sciés (970,700 francs); 4° la houille
(267,099 fr.); 5° les ouvrages en métaux (1,164,726 fr.),
tout ce qui, en un mot, se rattache aux diverses constructions.

A l'exportation. Les différences les plus sensibles
portent : 1° sur les céréales (différence en moins,
5,275,604 fr.); 2° les laines en masse (1,092,753 fr.);
3° les bêtes bovines et à laine (1,485,584 francs);
4° les minerais d'antimoine et de plomb (774,442 fr.);
5° les tabacs en feuilles (1,958,186 francs), tous produits qui ont été consommés ou utilisés sur place.

INDUSTRIE.

Par une circulaire en date du 1er août 1862, le Gouverneur général de l'Algérie prescrivit aux préfets et aux
généraux commandant les divisions d'ouvrir dans les
trois provinces une enquête administrative « sur la situation des industries de toute nature exercées dans
les différents centres de population. »

Cette enquête n'est point encore terminée; mais il
résulte des documents parvenus à l'Administration,
qu'il existe dans le département d'Alger 813 usines,
fabriques et ateliers occupant un personnel de 1,698
individus, savoir: 1,393 hommes, 191 femmes, 14
enfants. Ces 313 usines, fabriques et ateliers représentent une valeur de 9,238,300 francs.

Nous donnerons dans un prochain volume l'état détaillé des différentes industries exercées dans chaque province par les Européens et par les Indigènes. Nous nous bornerons, pour aujourd'hui, à indiquer les salaires industriels dans le chef-lieu de chaque département.

Salaires industriels dans la ville chef-lieu du département. (1862.)

INDUSTRIES.	SALAIRE JOURNALIER DE L'OUVRIER. (non nourri.)			OBSERVATIONS.
	Alger.	Oran.	Constantine.	
	fr. c.	fr. c.	fr. c.	
I.				
SALAIRES DANS LA PETITE INDUSTRIE.				
Bijoutiers et orfévres..............	3 00	3 00	5 00	Dans la province d'Alger et dans celle de Constantine, il n'y a pas de couvreurs proprement dits. Ce sont les maçons qui couvrent les bâtiments.
Blanchisseuses...................	2 00	2 00	2 00	
Bouchers (*par mois*)...............	100 00	90 00	120 00	
Boulangers.....................	5 00	4 50	5 00	
Brasseurs (*par mois*)...............	100 00	100 00	100 00	Dans la province d'Alger, les vitriers travaillent à forfait.
Briquetiers et tuiliers..............	3 50	2 50	5 00	
Brodeuses......................	2 00	2 00	//	
Carriers	3 75	3 00	5 00	Dans la province d'Oran, où il existe plusieurs usines importantes, les salaires dits *Salaires dans les grandes industries* (filature et tissage des cotons, laines, soies et fils), les salaires moyens sont, pour les hommes, 2 fr. 5o cent. pour les femmes, 2 francs.
Carossiers.....................	4 00	3 50	//	
Charbonniers	2 75	2 50	//	
Charcutiers....................	3 00	2 50	//	
Chapeliers.....................	3 75	2 50	6 00	
Charpentiers	4 50	2 50	6 00	
Charrons	4 00	2 50	5 00	
Chaudronniers	4 00	2 50	4 00	
Compositeurs typographes..........	6 00	4 50	6 00	Dans la province de Constantine, les ouvriers charbonniers ne travaillent pas moyennant un salaire journalier; ils prennent des engagements avec des patrons pour faire du charbon aux prix de 4 fr. 5o cent. à 5 francs le quintal. — Ces ouvriers ne travaillent jamais isolément, ils sont toujours par compagnie de 2 à 6; leur gain dépend de leur talent en carbonisation.
Chaufourniers..................	3 50	2 00	3 50	
Cordiers......................	3 00	2 50	5 00	
Cordonniers	3 00	3 50	3 50	
Corsetières	2 50	2 00	//	
Couteliers.....................	2 50	2 00	3 50	
Couturières en robes..............	2 00	2 00	//	
Couvreurs.....................	//	2 50	//	
Culotières.....................	1 50	2 50	//	
Dentelières....................	//	2 00	//	

INDUSTRIES.		SALAIRE JOURNALIER DE L'OUVRIER (non nourri).			OBSERVATIONS.
		Alger.	Oran.	Constantine.	
		fr. c.	fr. c.	fr. c.	
Domestiques. Hommes... (par mois.)	Attachés au service de la personne...	30 00	40 00	50 00	Ceux qui font le bois propre à être mis aux charbonnières reçoivent de 1 fr. 50 cent. à 2 fr. par stère. On peut, à peu près, fixer la moyenne du gain journalier de 4 francs à 4 fr. 50 cent.
	Attachés à un service spécial de la maison, cochers, palefreniers, etc...	35 00	40 00	70 00	
Femmes... (par mois.)	Attachées aux personnes.........	25 00	35 00	20 00	
	Cuisinières.......	40 00	45 00	40 00	
	Faisant les deux services...........	40 00	45 00	40 00	
Ébénistes....................		3 00	2 50	4 00	
Ferblantiers.................		4 50	2 50	4 00	
Fleuristes...................		1 50	2 50	"	
Forgerons...................		4 00	3 00	4 00	
Giletières		2 75	2 00	"	
Horlogers...................		5 00	2 50	5 00	
Imprimeurs lithographes...........		4 00	4 50	5 00	
Jardiniers...................		2 00	2 50	1 50	
Lingères....................		1 75	2 00	"	
Maçons.....................		4 00	3 50	5 00	
Maréchaux-ferrants		3 50	3 00	2 00	
Mécaniciens.................		4 00	3 50	"	
Menuisiers		3 75	2 50	5 00	
Modistes....................		1 75	2 00	"	
Pâtissiers (par mois).............		40 00	45 00	90 00	
Peintres en bâtiments.............		4 00	2 50	4 50	
Perruquiers (par mois).............		80 00	70 00	50 00	
Poêliers....................		4 00	3 00	"	
Potiers.....................		4 00	2 50	"	
Relieurs....................		3 50	3 00	5 00	
Scieurs de long		4 50	3 50	4 00	
Sculpteurs (ouvriers).............		6 00	3 00	"	
Selliers....................		3 50	3 50	4 00	
Serruriers...................		3 50	4 00	4 00	
Tailleurs d'habits...............		3 50	3 00	4 00	
Tailleurs de pierres.............		5 00	4 00	7 00	
Tanneurs		3 50	3 00	6 00	
Tapissiers...................		4 00	3 00	6 00	
Teinturiers..................		2 59	2 50	"	
Terrassiers		2 00	2 50	"	
Tisserands		"	2 50	"	
Tonneliers...................		3 50	3 00	3 00	
Tourneurs sur bois..............		3 00	3 50	4 00	
Tourneurs sur métaux............		3 50	3 50	4 00	
Vitriers....................		"	3 00	4 50	

TRAVAUX PUBLICS.

CHEMINS DE FER.

Le 8 avril 1857, sur le rapport du Ministre secrétaire d'État au département de la guerre, l'Empereur décréta ce qui suit :

Il sera créé en Algérie un réseau de chemins de fer embrassant les trois provinces :

Ce réseau se compose :

1° D'une ligne parallèle à la mer, suivant, à l'est, le parcours entre Alger et Constantine, et passant par ou près Aumale et Sétif; à l'ouest, le parcours entre Alger et Oran, et passant par ou près Blidah, Amourah, Orléansville, Saint-Denis-du-Sig et Sainte-Barbe :

2° De lignes partant des principaux ports et aboutissant à la ligne parallèle à la mer, savoir : à l'est de Philippeville ou Stora à Constantine, de Bougie à Sétif, de Bône à Constantine en passant par Guelma; à l'ouest, de Ténès à Orléansville, d'Arzew et Mostaganem à Relizane, et d'Oran à Tlemcen en passant par Sainte-Barbe et Sidi-Bel-Abbès [1].

Le Maréchal Randon, alors Gouverneur général de l'Algérie, fit aussitôt commencer les travaux du chemin de fer qui relie Alger à Blidah.

Ces travaux ont été exécutés sous la direction du service du génie, pour la section entre Mustapha et Bouffarick, en vertu d'une décision de M. le Ministre

[1] *Moniteur* du 9 avril 1857.

de. la guerre du 1ᵉʳ mai 1858, par les troupes de la division active, par des détachements de troupes du génie et par des ateliers de condamnés pour les terrassements, et par des entrepreneurs de travaux publics pour les maçonneries, en vertu d'un marché qui a reçu l'approbation de M. le Ministre de la guerre le 1ᵉʳ mai 1858, et celle de M. le Ministre de l'Algérie le 11 septembre de la même année.

Les travaux d'art ont été dirigés par le service du génie et celui des ponts et chaussées. Sur 69 aqueducs, ponts et ponceaux, le génie en a exécuté 54; les 15 autres ont été construits par le service des ponts et chaussées.

Quant au matériel, il a été acheté et confectionné par le service du génie sur les fonds du chemin de fer, et en vertu des prescriptions d'une dépêche de M. le Ministre de l'Algérie et des colonies, en date du 29 octobre 1859; il en a été fait remise au service des ponts et chaussées pour continuer la section du chemin de fer entre Bouffarick et Blidah; cette remise a été constatée par un procès-verbal établi entre les deux services à la date du 16 décembre 1859.

Les dépenses faites par le génie militaire pour les travaux dont il avait la direction se décomposent comme suit :

Terrassements. 961,650ᶠ
Travaux d'art.   474,520
Confection de matériel.   157,650
Au total   1,593,820

Une loi, en date du 20 juin 1860, autorisa le Ministre de l'Algérie et des colonies à subventionner la compagnie qui exécuterait une partie déterminée du réseau. Cette loi portait en substance :

Art. 1er. Le Ministre de l'Algérie et des colonies est autorisé à s'engager, au nom de l'État, au payement d'une subvention de *six millions* de francs pour l'exécution des chemins ci-après désignés :

1º De la mer à Constantine ;

2º D'Alger, à partir de l'enceinte fortifiée à Blidah ;

3º De Saint-Denis-du-Sig à Oran.

Lesdits chemins faisant partie du réseau des chemins de fer algériens, tel qu'il est défini par le décret du 8 avril 1857.

Le montant de ladite subvention se compose : 1º pour un million cinq cent mille francs (1,500,000f) de la valeur des travaux exécutés, en 1858, sur les fonds de l'État, entre Alger et Blidah ; 2º pour le surplus, de trois annuités de un million cinq cent mille francs (1,500,000f) chacune, payables à partir du 1er janvier 1862.

Art. 2. Le Ministre de l'Algérie et des colonies est autorisé, en outre, à garantir au nom de l'Etat, jusqu'à l'expiration d'une période de soixante et quinze ans, un intérêt de cinq pour cent (5 p. o/o), amortissement compris, sur le capital à employer pour l'établissement des chemins de fer ci-dessus désignés.

Le capital garanti pour l'ensemble de ces chemins de fer ne pourra excéder la somme de cinquante-cinq millions de francs (55,000,000^f).

En conséquence, l'intérêt garanti annuellement par l'État ne pourra excéder deux millions sept cent cinquante mille francs (2,750,000^f).

La garantie d'intérêt s'exercera sur l'ensemble des lignes concédées, à partir du 1er janvier de l'année qui suivra l'époque de la mise en exploitation de la totalité desdites lignes [1].

Le 7 juillet 1860, le Ministre de l'Algérie et des colonies concéda à M. Rostand et Cie [2], la concession des chemins ci-dessus dénommés, s'engageant, au nom de l'État, à payer aux concessionnaires la subvention consentie par le Corps législatif.

De leur côté, les concessionnaires s'engageaient à exécuter les chemins à eux concédés à leurs frais, risques et périls, et dans les délais ci-après, savoir :

1° Le chemin de la mer à Constantine, quatre ans;

2° Le chemin d'Alger à Blidah, un an:

3° Le chemin de Saint-Denis-du-Sig à Oran, trois ans;

Ces délais devant courir à partir de la promulgation du décret approbatif de cette convention.

La convention fut approuvée par décret en date du 11 juillet 1860.

[1] *Moniteur* du 30 juin 1860.

[2] *Moniteur* du 14 juillet 1860.

Bientôt, cependant, on acquit la certitude que les travaux ne pourraient point être terminés dans les délais prescrits, et que les obligations imposées aux concessionnaires par le cahier des charges était incontestablement trop lourdes. La Compagnie réclama donc du Gouvernement la révision de son contrat primitif. Les faits justifièrent ses prévisions. Le chemin de fer d'Alger à Blidah, qui devait être achevé le 11 juillet 1861, n'a été livré à la circulation que le 9 septembre 1862, et cette ligne, dont le produit n'était pas évalué à moins de 35,000 francs par kilomètre, n'a donné réellement, pendant les dix mois qu'a duré son exploitation, que 10 à 12,000 francs de produit brut par kilomètre. En face de pareils résultats, la Compagnie concessionnaire s'est déclarée impuissante à remplir sa tâche. — Appelé à décider la question, le Gouvernement a pensé que l'intérêt de la Compagnie réclamait aussi impérieusement que l'intérêt public la rétrocession à une grande Compagnie des droits et obligations résultant du contrat du 7 juillet 1860.

Cette rétrocession, conséquence des dispositions nouvelles adoptées par le Corps législatif, dans sa séance du 6 mai 1863, pour la construction et l'exploitation du réseau des chemin de fer algériens, a été réalisée par un traité en vertu duquel la Compagnie de la Méditerranée transforme en obligations la portion de capital déjà versée par les actionnaires et affectée à la construction du chemin de fer d'Alger à Blidah. Cette portion, qui suffira pour la liquidation des traités passés par l'ancienne Compagnie pour l'exécution des travaux, s'élève à la somme d'environ 13,500,000 francs : la Compagnie de la Méditerranée reçoit donc ainsi la concession des chemins de fer algériens, libre de tout engagement antérieur ; mais, indépendamment de cette concession, elle accepte celle du chemin de Blidah à Saint-Denis-du-Sig, qui doit compléter la ligne d'Alger à Oran.

La longueur totale des chemins ainsi concédés s'élève à 543 kilomètres, savoir :

Sur la ligne de Philppeville à Constantine..   85 kil.
Sur la ligne d'Alger à Blidah...........   51
Sur la ligne de Saint-Denis-du-Sig à Oran.   59
Sur la ligne de Blidah à Saint-Denis-du-Sig.   348

TOTAL......... 543

En tenant compte des deux traversées de l'Atlas qui s'exécuteront sur la ligne de Blidah à Amourah, et sur celle de Philippeville à Constantine, et qui exigeront de nombreux souterrains, on doit évaluer à 300,000 fr. par kilomètre la dépense moyenne de construction des chemins algériens, y compris l'intérêt et l'amortissement à servir pendant l'exécution des travaux.

La dépense totale peut donc être fixée approximativement, en nombre rond, à 160 millions ; le Gouvernement alloue à la Compagnie une subvention de 80 millions, et le capital de 80 millions qui représente la part de dépense à la charge de la Compagnie, jouit d'une garantie d'intérêt de 5 p. o/o, amortissement compris, pendant une période de soixante et quinze ans, à partir du 1ᵉʳ janvier de l'année qui suivra la mise en exploitation de l'ensemble des lignes concédées.

En outre, de même que le plus grand nombre des travaux qui existent aujourd'hui en Algérie, notamment les routes et les terrassements du chemin de fer d'Alger à Blidah, ont été exécutés par l'armée, le Gouvernement se réserve de recourir encore au dévouement de nos soldats, dans le cas où la main-d'œuvre viendrait à faire défaut. Les troupes pourront, dans ces circonstances exceptionnelles, être employées, sous la direction des officiers du génie, à l'exécution des travaux de terrassement, et le montant de la valeur de ces travaux, déterminée de concert entre le Gouverneur général et la Compagnie, sera versé par cette dernière et distribué à qui de droit par les soins de l'autorité militaire.

C'est ainsi que l'armée, après avoir conquis l'Algérie et relevé les ruines que la guerre avait accumulées, se trouve associée chaque jour aux progrès de la colonisation dont elle a jeté les premiers jalons.

Dans le but de faire rentrer dans le droit commun la concession des chemins de fer algériens, il est stipulé que, lorsque les produits nets de l'ensemble des différentes lignes concédées excéderont 8 p. o/o du capital dépensé, le Gouvernement aura le droit de reviser le tarif des taxes à percevoir, et dès que ces tarifs auront été abaissés au niveau de ceux fixés par le cahier des charges des chemins de Paris à Lyon et à la Méditerranée; si les produits excèdent 8 p. o/o, l'excédant sera partagé entre l'État et la Compagnie.

Enfin, la durée de la concession a été fixée à quatre-vingt-douze ans, afin de donner à l'expiration de cette concession la même date qu'à celle de la concession générale faite dans la métropole à la Compagnie de la Méditerrannée [1].

BOULEVARD DE L'IMPÉRATRICE.

Les travaux du boulevard de l'Impératrice sont exécutés en vertu d'un traité intervenu entre l'État et la ville d'Alger, et rendu exécutoire par le décret impérial du 12 mai 1860, qui a pour titre :

« Décret impérial relatif à l'exécution des travaux né-
« cessaires pour la construction des fronts de mer de
« la ville d'Alger, pour l'établissement des magasins et
« rampes d'accès vers les quais, et pour la création d'un
« boulevard supérieur qui portera le nom de boule-
« vard de l'Impératrice-Eugénie. »

L'article 2 du décret stipule : que les travaux seront exécutés à forfait par la ville d'Alger..... qui est en outre autorisée à rétrocéder, avec l'approbation du Ministre de l'Algérie et des colonies, soit de gré à gré, soit par adjudication, tout ou partie de ses droits et obligations.

Par délibération du conseil municipal du 4 mars 1860, la ville d'Alger, usant de la faculté que lui lais-

____

[1] Voyez à la première partie, page 327, l'exposé des motifs.

sait l'article 2 du décret, autorisa le Ministre de l'Algérie et des colonies à entrer en arrangement avec
sir Morton Peto, et à signer avec cet entrepreneur la
convention du 11 avril 1860, par laquelle ce dernier
s'est engagé à prendre le lieu et place de la ville
pour la concession des travaux énumérés au décret
du 12 mai 1860, à l'exception des travaux de voirie
à exécuter pour les rues adjacentes au boulevard de
l'Impératrice.

Les travaux sont exécutés sous la surveillance et le
contrôle spécial du service du génie. Ces travaux, qui
font tous partie intégrante des fortifications, et qui,
outre les ouvrages de défense proprement dits, comprennent aussi l'organisation de la rue du Rempart,
des rampes et escaliers destinés à assurer la communication du quai avec la ville, sont, par conséquent,
des travaux mixtes, entièrement situés dans la zone
des fortifications; c'est pourquoi le service du génie
en a la responsabilité. Conformément à l'article 25 du
décret du 16 août 1858, le concessionnaire est considéré comme entrepreneur de travaux ordinaires militaires, et doit opérer sous la direction du service du
génie. Le service des ponts et chaussées exerce également un contrôle et est appelé à donner son avis, au
point de vue des intérêts civils, dans toutes les questions qui touchent à ces mêmes intérêts.

Les travaux exécutés comprennent la construction
des fronts de mer de la place d'Alger, depuis et y
compris le bastion 17 jusqu'au bastion 21 exclusive-

ment, et doivent donner lieu à une dépense de 6 millions de francs environ.

Les ouvrages entrepris jusqu'à la date du 3o juin 1863 comprennent la construction du bastion central 18, de la courtine 18-19, du bastion 19, renfermant un escalier monumental dit *de la pêcherie,* et d'une partie de la courtine 19-20. Ces travaux commencés au mois de septembre 1860, immédiatement après la pose de la première pierre par S. M. l'Impératrice, ont été conduits, dans le principe, avec une lenteur telle qu'on avait lieu de craindre qu'après le délai de cinq ans accordé au concessionnaire, il ne lui restât encore la plus grande partie des ouvrages à terminer. Mais ces appréhensions se sont dissipées : les travaux avancent sur tous les points d'une manière très-satisfaisante. La portion des travaux en cours d'exécution en ce moment sera entièrement terminée vers la fin de 1863; l'une des deux rampes donne un accès facile aux voitures pour se rendre des quais dans l'intérieur de la ville, et le concessionnaire pourra reporter alors tous ses moyens d'action sur les parties du boulevard non encore commencées.

PONTS ET CHAUSSÉES.

Les dépenses faites par le service des ponts et chaussées, aux titres « voies de communication, cours d'eau, « voirie urbaine, service des eaux, création de cen- « tres, usines, ports et fanaux, » ont atteint, en 1862, le chiffre de 9,031,632 francs, savoir :

Département d'Alger . . . .   2,514,873^f
——————— d'Oran.   2,616,600
——————— de Constantine.   3,900,159

Au total   9,031,632

Dépenses faites pendant les quatre dernières années :

1859 . . . .   6,211,466^f
1860   7,946,294
1861   9,484,537
1862   9,031,632

32,673,929

De 1859 à 1862, il a donc été dépensé en travaux publics, par le service des ponts et chaussées, la somme de 32,673,929 francs.

BÂTIMENTS CIVILS.

Les dépenses faites par le service des bâtiments civils, aux titres « bâtiments d'administration publique, « instruction publique, sûreté publique, justice, édi-« fices communaux et cultes, » ont atteint, en 1862, le chiffre de 1,805,523 francs, savoir :

Département d'Alger . . . .   636,449^f
——————— d'Oran.   631,404
——————— de Constantine   537,670

Au total   1,805,523

Dépenses faites pendant les quatre dernières années :

$$1859............... 1,213,003^f$$
$$1860............... 1,464,712$$
$$1861............... 1,860,437$$
$$1862............... 1,805,523$$

$$6,343,675$$

Il a donc été dépensé, de 1859 à 1862, par le service des bâtiments civils, 6,343,675 francs.

MINES.

4 mines sont en exploitation.

Dans la province d'Oran :

1° La mine de Gar-Rouban (plomb sulfuré, cuivre sulfuré et carbonaté ; le plomb seul est exploité).

Il a été extrait dans la dernière campagne 27,291 quintaux, d'une valeur de 495,766 francs.

285 ouvriers, dont 201 Européens et 84 Indigènes, ont été employés aux travaux. L'usine possède 2 appareils à vapeur de la force de 27 chevaux.

Dans la province de Constantine :

2° La mine de Karezas (minerai de fer).

En 1862, il a été extrait 172,624 quintaux, d'une valeur de 184,707 francs.

68 ouvriers, dont 44 Européens 22 Indigènes, ont été employés. L'usine possède un appareil à vapeur de la force de 3 chevaux.

3° La mine de Ras-el-Mah (sulfure de mercure).

Quantités extraites, 3,500 quintaux.

23 ouvriers, dont 16 Européens et 7 Indigènes.

4° Mine de Kef-oum-Theboul (plomb).

Quantités extraites, 26,834 quintaux, d'une valeur de 275,276 francs.

Ouvriers employés, 150, dont 84 Européens et 66 Indigènes, 2 appareils à vapeur d'une force de 42 chevaux.

Il a donc été extrait, dans l'année, 230,249 quintaux métriques de minerai. Les travaux ont occupé 528 ouvriers, dont 179 Indigènes.

N. B. Aucune des mines concédées dans la province d'Alger n'est exploitée.

En 1862 il a été accordé ou renouvelé 18 permis d'exploration : 2 dans la province d'Alger, 8 dans celle d'Oran et 8 dans celle de Constantine.

BOIS ET FORÊTS.

Les principaux massifs reconnus en Algérie couvrent un espace de un million, huit cent un mille, huit cent cinq hectares ainsi répartis :

Province d'Alger......	260,000	hectares.
——— d'Oran	450,805	id.
——— de Constantine.	1,091,000	id.
Ensemble........	1,801,805	hectares.

Les concessions définitives et provisoires de forêts de chênes-liége portaient, au 1ᵉʳ janvier 1862, sur une superficie de 101,684 hectares, et il restait à concéder dans les trois provinces 223,274 hectares environ.

Aux termes du nouveau cahier des charges (28 mai 1861), les forêts de chênes-liége sont concédées pour une durée de 90 années consécutives. La concession est expressément consentie, à charge par le concessionnaire « d'améliorer le domaine forestier, de mettre, tenir et rendre, quand le moment sera venu, la forêt dans le meilleur état d'entretien, d'exploitation et de rapport. » En outre, le concessionnaire paye à l'État une redevance annuelle et fixe, par hectare, et une redevance proportionnelle sur les bois d'œuvre. —La redevance par hectare est due à partir seulement du 1ᵉʳ janvier de la dixième année du bail, et court jusqu'à la dernière année, inclusivement, soit pendant une période de 80 ans; elle est fixée d'après le tarif suivant :

NOMBRE D'ARBRES.	PENDANT LES PÉRIODES							
	de 11 à 20.	de 21 à 30.	de 31 à 40.	de 41 à 50.	de 51 à 60.	de 61 à 70.	de 71 à 80.	de 81 à 90.
Au-dessous de 100 arbres...	0 75	1 25	1 75	2 25	2 75	3 25	3 75	4 25
De 101 à 150.......... ..	1 00	1 50	2 00	2 56	3 00	3 50	4 00	4 50
De 151 à 200.............	1 25	1 75	2 25	2 75	3 25	3 75	4 25	4 75
De 201 à 250.............	1 50	2 00	2 50	3 00	3 50	4 00	4 50	5 00
De 251 à 300.............	1 75	2 25	2 75	3 25	3 75	4 25	4 75	5 25
De 301 et au-dessus.......	2 00	2 50	3 00	3 50	4 00	4 50	5 00	5 50

La longue durée des concessions est motivée par cette double considération qu'il faut, d'une part, beaucoup de temps pour la régénération des forêts, et qu'il est juste, d'autre part, de laisser aux fermiers un temps de jouissance assez long pour qu'ils puissent profiter des travaux par eux effectués.

119,487 hectares de chênes-liége ont été concédés par décret;

17,590 hectares, concédés antérieurement pour quarante années, ont été régularisés;

13,961 hectares ont été l'objet de mise en possession provisoire et doivent être prochainement régularisés.

ENREGISTREMENT ET DOMAINES.

Produits de l'enregistrement et des domaines :

1862	5,839,002^f 65^c
1861	5,369,235 70
Différence en plus pour 1862 . . .	469,766^f 95^c

Nombre des actes de toute nature enregistrés et transcriptions consignées :

Actes soumis à l'enregistrement.

1862	379,503
1861	357,377
Différence en plus pour 1862	22,126

Il convient de remarquer que les actes concernant les indigènes du territoire militaire ne sont enregistrés que lorsqu'il en est fait usage par acte public, en justice ou devant une autorité (art. 56, décret du 31 décembre 1859).

Formalités hypothécaires.

1862 21,299

1861 21,164

Différence en plus pour 1862. . .   135

Actes rédigés par les diverses autorités (administration), notaires, cadis, rabbins.

1862 36,604

1861 34,482

Différence en plus pour 1862. .   2,122

Ventes immobilières, urbaines et rurales entre particuliers :

	VENTES.	PRIX EN CAPITAL.	PRIX EN RENTES.
1862....	5,376	18,020,704[f]	296,681[f]
1861....	4,684	15,999,020	359,138
En plus...	692	En plus... 2,021,684[f]	En moins... 62 457

Immeubles domaniaux vendus aux enchères publiques :

		SUPERFICIE TOTALE.	PRIX DE VENTE.
Lots urbains...	60	$2^h 06^a 67^c$	$138,415^f$
—— ruraux...	55	126 73 74	42,743
Soit...	115	$128^h 80^a 41^c$	$190,158^f$

Immeubles domaniaux vendus de gré à gré :

		SUPERFICIE TOTALE.	PRIX.
Lots urbains...	123	$2^h 17^a 80^c$	$72 950^f$
—— ruraux...	115	2,397 40 71	117,962
Soit...	238	$2,399^h 58^a 51^c$	$190,912^f$

SITUATION DU DOMAINE DE L'ÉTAT AU 31 DÉCEMBRE 1862.

Immeubles non affectés à des services publics et administrés par le service des domaines :

9,085 immeubles.

Contenance totale, 859,000 hectares.

Valeur approximative, 24 millions.

Immeubles affectés à des services publics :

4,783 immeubles.

Contenance, 33,443 hectares.

Valeur, 59 millions.

Immeubles séquestrés qui n'ont été ni affectés à des services publics, ni réunis au domaine de l'État :

41 immeubles.

Contenance, 51 hectares.

Soit, au total, 13,909 immeubles, d'une contenance de 892,616 hectares et d'une valeur approximative de 82 millions.

POSTES.

Nombre de dépêches expédiées : 123,480,
Soit 5,715 de plus qu'en 1861.

Nombre d'objets de correspondance manipulés : 4,726,926.
Soit 65,304 de plus qu'en 1861.

Recettes de toutes nature effectuées dans les bureaux : 884,109 fr. 48 cent. soit 11,961 fr. 50 cent. de plus qu'en 1861.

Articles d'argent reçus.

Nombre de mandats : 60,784.
Sommes versées : 2,095,012 fr. 25 cent.
Moyenne des dépôts : 34 fr. 47 cent.

Articles d'argent payés.

Nombre de mandats : 113,022.
Sommes payées : 2,687,831 fr. 51 cent.

Soit :

Payé : 2,687,831 fr. 51 cent.
Versé : 2,095,012 fr. 25 cent.

Différence :   592,819 fr. 26 cent.

Les bureaux de l'Algérie ont donc soldé 592,819 fr. 26 cent. de plus qu'ils n'ont reçus pour expédier en Europe.

Lettres chargées renfermant des valeurs.

Nombre : 14,824,

Soit : 1924 de plus qu'en 1861.

Sommes déclarées : 9,060,972 francs,

Soit : 979,844 fr. 95 cent. de plus qu'en 1861.

TÉLÉGRAPHIE.

Recettes effectuées :

En 1862................ 338,660^f 68^c
En 1861................ 278,443 28

Différence en plus pour 1862. 60,217 40

Nombre de dépêches privées de départ :

En 1862................... 168,168^f
En 1861................... 161,196

Augmentation en 1862........ 6,972

Nombre de dépêches officielles de départ :

En 1862...... .... 52,756^f
En 1861................... 49,173

Augmentation en 1862........ 3,583

COMMUNICATION ENTRE LA FRANCE ET L'ALGÉRIE.

Le service des passagers et des correspondances est confié à deux Compagnies :

1° A la Compagnie des services maritimes des Messageries impériales ;

2° A la Compagnie de navigation mixte.

COMPAGNIE DES MESSAGERIES IMPÉRIALES.

Trois services sont organisés :

1° De Marseille à Alger, et *vice versâ* ;

2° De Marseille à Stora, Philippeville et Bône, et *vice versâ* ;

3° De Marseille à Oran, par Valence (Espagne), et *vice versâ*.

Ligne d'Alger.

DÉPARTS DE MARSEILLE chaque semaine.	ARRIVÉES À ALGER chaque semaine.	DÉPARTS D'ALGER chaque semaine.	ARRIVÉES À MARSEILLE chaque semaine.
Mardi, 2 h. soir....	Jeudi, 2 h. soir....	Mardi, à midi......	Jeudi, 2 h. soir.
Samedi, 2 h. soir....	Lundi, 2 h. soir....	Samedi, à midi.....	Lundi, 2 h. soir.

PRIX DES PLACES : 1re classe, 95 fr. — 2e classe, 71 fr. — 3e classe, 20 fr.

Ligne de Stora et Bône.

(Un départ par semaine.)

ALLER.			RETOUR.		
Stations.	Arrivées.	Départs.	Stations.	Arrivées.	Départs.
Marseille.....	"	Vend. 2 h. soir	Bône.......	"	Lundi 6 h. soir
Stora.......	Dim. 2 h. soir.	Mardi 6 h. soir	Stora.......	Mardi 1 h. m..	Merc. midi.
Bône.......	Merc. 1 h. m..	"	Marseille....	Vend. 4 h. soir	"

De Marseille à Stora.

PRIX DES PLACES : 1re classe, 118 fr. — 2e classe, 98 fr. — 3e classe, 50 fr. 32 cent.

De Marseille à Bône.

PRIX DES PLACES : 1re classe, 133 fr. — 2e classe, 103 fr. — 3e classe, 37 fr.

Ligne d'Oran, par Valence,

ALLER.			RETOUR.		
Stations.	Arrivées.	Départs.	Stations.	Arrivées.	Départs.
Marseille....	"	Merc. 4 h. soir.	Oran.......	"	Merc. 10 h. m.
Valence.....	Vend. 7 h. m..	Vend. 10 h. m.	Valence.....	Jeudi 2 h. soir.	Jeudi 5 h. soir.
Oran.......	Sam. 2 h. soir.	"	Marseille....	Sam. 8 h. m..	"

De Marseille à Oran et vice versâ.

PRIX DES PLACES : 1re classe, 143 fr. — 2e classe, 113 fr. — 3e classe, 52 fr.

NOTA. — Les passagers de 1re et de 2e classe ont droit à la nourriture, quelle que soit la durée de la traversée ; les passagers de 3e classe se nourissent à leurs frais. — Les frais d'omnibus, d'embarquement et de débarquement à Marseille sont compris dans les frais de passage. — Dans les différents ports de la colonie les voyageurs payent, suivant le tarif fixé par l'autorité, le prix de transport de leurs bagages.

COMPAGNIE DE NAVIGATION MIXTE.

Départs d'Alger pour Marseille, tous les jeudis.

Arrivée à Marseille, le samedi (48 heures) et *vice versâ.*

Prix des places (nourriture comprise).

1re classe, 79 francs. — 2e classe, 59 francs. — 3e classe, 20 francs.

La franchise du poids des bagages et le prix des excédants sont les mêmes que pour les messageries.

Départs d'Oran pour Marseille, et *vice versâ,* touchant à Valence et à Cette, le mardi, tous les quinze jours. Des compagnies particulières font, à prix réduit, le transport des voyageurs et des marchandises.

MERCURIALES.

Comme dernier renseignement, nous croyons devoir reproduire ici la mercuriale de la province d'Alger, mercuriale dont les chiffres donnent, en moyenne, le prix des denrées dans la colonie :

MERCURIALES DE LA PROVINCE D'ALGER.

Prix moyen des céréales par quintal. — (1862).

Blé dur, 20 francs. — Blé tendre, 25 francs. — Orge, 1re qualité, 15 francs. — Orge, 2e qualité, 14 francs. — Fèves, 15 francs. — Maïs, 16 francs. — Farines de blé dur, 36 francs.

Prix moyen du bétail. — (1862.)

Bœufs, 90 francs. — Vaches, 55 francs. — Veaux de lait, 80 francs le quintal. — Moutons, 15 francs. — Agneaux maigres, 3 fr. 50 cent. — Boucs et chèvres, 8 à 10 francs. — Porcs gras, 90 francs le quintal.

Prix moyen de la volaille et du gibier (par tête). — (1862.).

Coqs ordinaires, 1 fr. 25 cent. — Poules ordinaires, 1 franc. — Canard, 1 fr. 50 cent. — Dindons, 4 francs. — Oies, 3 francs. — Pigeons, 1 franc. — Lapins, 1 franc. — Lièvres, 2 francs. — Perdrix, 75 centimes. — Cailles, 45 centimes. — Bécassines, 45 centimes. — Vanneaux, 45 centimes. — Pluviers, 45 centimes. — Merles, 20 centimes. — Étourneaux 3 centimes. — Canards sauvages, 1 fr. 50 cent.

Produits divers. — (1862.)

Lait, (le litre), 40 centimes. — Beurre, (le kilo-

gramme), 2 fr. 25 cent. — OEufs (la douzaine),
50 centimes. — Graisse de porc (le kilogramme),
2 francs.

Ces chiffres, qui varient suivant les époques, ne
sont jamais sensiblement modifiés. Il est donc peu de
villes en France où les denrées alimentaires coûtent
moins cher qu'en Algérie.

ARMÉE DE TERRE.

L'effectif de l'armée d'Afrique, pendant la campagne
de 1862, a été de 62,306 hommes (officiers et troupes) et de 15,313 chevaux.

En voici le tableau :

Tableau de l'effectif des troupes employées en Algérie. (1862.)

DÉSIGNATION DES CORPS.	EFFECTIF.					
	HOMMES.			CHEVAUX		
	Offi-ciers.	Troupe.	TOTAL.	d'offi-ciers.	de troupe et de trait.	TOTAL.
États-majors....................	370	222	592	652	"	652
Gendarmerie....................	20	601	621	38	387	425
Infanterie.....................	746	29,594	30,340	204	216	420
Cavalerie.	384	7,507	7,891	877	4,065	4,942
Artillerie.....................	120	3,544	3,664	262	1,169	1,431
Génie....................	37	1,426	1,463	58	536	594
Troupes d'administration...........	135	4,006	4,141	273	2,680	2,953
Services administratifs.............	570	1,791	2,361	60	"	60
TOTAUX des troupes françaises.	2,382	48,691	51,073	2,424	9,053	11,477
Légion étrangère. (Oran.)........	88	2,140	2,228	27	56	83
Troupes indigènes................	436	8,569	9,005	509	3,244	3,753
TOTAL GÉNÉRAL des troupes employées.	2,906	59,400	62,306	2,960	12,353	15,313

L'armée d'Afrique a fourni au corps expéditionnaire du Mexique et de Cochinchine 317 officiers, 10,439 sous-officiers et soldats et 1,770 chevaux ou mulets.

RÉSUMÉ COMPARATIF.

	OFFICIERS.	TROUPE.	CHEVAUX ET MULETS.
1861	3,120	66,449	16,733
1862	2,906	59,400	15,313
DIFFÉRENCE en moins pour 1852.	214	7,049	1,420

Il est attaché aux différents corps et aux hôpitaux militaires, dans chaque division, un certain nombre d'aumôniers; on en compte 32 en Algérie.

Le corps de santé de l'armée de terre est réparti comme suit :

Tableau de la situation numérique du corps de santé de l'armée de terre en Algérie, au 31 décembre 1862.

GRADES.		EFFECTIF au 31 décembre 1862.	MONTANT de LA DÉPENSE d'après l'effectif.
Médecins et pharmaciens principaux.	de 1re classe	6	38,892ᶠ
	de 2e classe	6	36,088
Médecins et pharmaciens-majors	de 1re classe	44	251,019
	de 2e classe	35	154,398
Médecins et pharmaciens aides-majors.	de 1re classe	47	128,781
	de 2e classe	71	167,512
Médecins et pharmaciens sous-aides		8	21,038
Médecins civils requis		1	766
TOTAUX		218	798,494
Infirmiers	majors (sergents et caporaux)	321	105,333
	soldats (1re et 2e classe)	1,225	229,826
		1,556	335,159
SOIT :			
Corps de santé		218	798,494
Infirmiers		1,556	335,159
AU TOTAL		1,806	1,133,653

HÔPITAUX ET AMBULANCES MILITAIRES.

Les hôpitaux et ambulances des divisions reçoivent, outre les malades militaires, les malades civils, qui sont traités, soit à leurs frais, soit aux frais de l'Administration civile.

Les états fournis par l'intendance militaire accusent, pour 1862, la situation suivante :

Tableau des malades militaires et civils traités dans les hôpitaux militaires de l'Algérie.

PROVINCES.	RESTANT le 1er janvier 1862.	NOMBRE DE MALADES				MORTS.	RESTANT le 31 décembre 1862.
		ENTRÉS		SORTIS			
		par billet.	par évacuation.	par billet.	par évacuation.		
Malades militaires. Alger.............	891	11,608	181	11,657	192	261	570
Oran.............	623	8,921	418	8,900	422	205	435
Constantine........	518	10,242	99	10,129	110	179	441
Total des malades militaires.	2,032	30,771	698	30,686	724	645	1,446
Malades civils. Alger.............	448	5,920	"	5,698	2	348	320
Oran.............	261	4,545	5	4,293	6	295	217
Constantine........	487	11,786	36	11,106	39	528	636
Total des malades civils....	1,196	22,251	41	21,097	47	1,171	1,173
Total des malades militaires.	2,032	30,771	698	30,686	724	645	1,446
Total général......	3,228	53,022	739	51,783	771	1,816	2,619

Il a donc été traité, en 1862, dans les hôpitaux militaires, 33,501 militaires; il en est mort 645, soit 1,92 p. o/o.

Il a été traité, en outre, dans les hôpitaux civils, 586 militaires; il en est mort 10, soit 1,70 p. o/o.

L'examen comparatif de la situation des hôpitaux

militaires, pendant les quatre dernières années, donne les résultats suivants :

MALADES MILITAIRES.

1859. 75,380 malades sur un effectif de 83,970 hommes; soit 89 p. o/o.
1860. 46,544 _____________ 65,455 _________ 71,11 _____
1861. 42,836 _____________ 69,471 _________ 61,66 _____
1862. 33,501 _____________ 62,306 _________ 53,76 _____

L'état sanitaire, on le voit, laisse toujours à désirer; mais il convient de dire que les maladies sont généralement peu graves, ce que prouvent et la proportion des décès et la durée moyenne du séjour dans les hôpitaux, durée qui n'excède pas vingt jours.

En 1862, il a été admis dans les hôpitaux et ambulances militaires, 23,488 malades civils. Le nombre total des malades traités dans ces hôpitaux s'élève donc à 56,989, ainsi répartis : fiévreux, 59,69 p. o/o; blessés, 27,58 p. o/o; vénériens, 12,49 p. o/o; galeux, 0,24 p. o/o.

JUSTICE MILITAIRE.

Il est institué, en Algérie, quatre conseils de guerre : à Alger, à Oran, à Constantine et à Bône.

Voici le tableau des opérations de ces conseils pendant l'année 1862 :

1,782 individus, dont 270 indigènes, ont été mis en jugement;

46 accusés ont été condamnés à mort;

169, aux travaux forcés;

119, à la reclusion;

164, aux travaux publics;

9 3 1, à la prison;

1 1, à l'amende;

8 ont été renvoyés devant les tribunaux ordinaires;

334 ont été acquittés.

DÉFENSES DES PLACES. —— FORTIFICATIONS.

Les travaux de défense et de fortification sont poursuivis sur toute l'étendue du territoire algérien, aussi bien dans les villes de l'intérieur que sur les points du littoral. Ces travaux consistent en construction et réparation des forts, des batteries, des rampes et des enceintes, des magasins de bornage; tracé, construction et empierrement des voies carrossables, levers et nivellements, plantations, etc. etc.

Les travaux neufs et d'entretien, ainsi que les acquisitions de terrains ou d'immeubles appropriés au service du génie, ont occasionné les dépenses suivantes :

En 1859	1,399,690^f
1860	1,466,340
1861	1,203,765
1862	1,317,714
Soit, pour ces quatre dernières années,	5,389,509

TRAVAUX SPÉCIAUX. —— PONTONNIERS.

Deux compagnies du 6e régiment d'artillerie (pontonniers) sont stationnées à Alger. Elles sont d'un effectif de 132 hommes chacune. M. le Gouverneur Général a autorisé l'administration civile à utiliser leur concours pour le service du passage des rivières qui traversent les principales routes de l'Algérie, en divers points où ces routes ne sont pas encore pourvues de ponts fixes.

Les pontonniers assurent ces passages, dans les trois provinces, tant en territoire civil qu'en territoire militaire, par des trailles de un ou plusieurs bateaux et par des ponts d'équipage militaire.

Les piétons et quelques bagages peuvent seuls être passés par les bacs, les chevaux ou, à la rigueur, les bêtes de somme et bestiaux à la nage, tenus et conduits par des hommes qui passent le bateau.

Les voitures à deux roues, chargées de 3,000 kilogrammes au plus; celles à quatre roues, chargées de 5oo kilogrammes au plus; les chevaux, bestiaux, bagages, jusqu'à concurrence d'un poids total de 6 à 7,000 kilogrammes, sont transbordés par les trailles de deux bateaux et passés par les ponts de bateaux et de chevalets.

Les pontonniers fournissent à cet effet, pour ces divers établissements, des détachements respectifs de 4, 10, 12, 16, 3o, 5o pontonniers, selon l'importance des services locaux : en tout, 22o hommes.

De plus, les pontonniers construisent ou réparent dans les arsenaux, sous les ordres des colonels directeurs ou des commandants de l'artillerie (mais principalement à l'arsenal d'Alger), des bateaux, nacelles, chevalets, agrès, etc. pour le compte de l'Administration, qui se trouve ainsi s'enrichir, tous les ans, d'une certaine quantité de matériel. De sorte que les provinces seront un jour à même de se suffire avec leurs propres ressources, et même, ayant formé des pontonniers civils, pourront n'avoir plus besoin des services des pontonniers de l'artillerie.

En 1861 et 1862, les pontonniers ont construit à l'arsenal d'Alger : 23 bateaux, 16 chevalets, 2 nacelles et tous les agrès qui doivent servir au pont du Chélif, à Orléansville; de plus, pour le service général, 27 bateaux, 5 nacelles, 8 chevalets, agrès, engins, etc.

Ils ont réparé : 35 bateaux, 10 nacelles, 2 windlings (petites embarcations), agrès, engins, outils, etc.

TRAVAUX EXÉCUTÉS DANS LES TRIBUS.

Les travaux d'utilité publique exécutés dans les tribus en territoire militaire sont soldés sur le budget des centimes additionnels à l'impôt arabe : la quotité de ces centimes a été fixée, dans ces dernières années, à dix-huit centimes pour un franc d'impôt *achour* et *zekkat*.

Les dépenses doivent toutes présenter essentiellement un caractère d'utilité publique; c'est ainsi que les travaux exécutés dans les tribus comprennent :

La construction et l'entretien des routes, des caravansérails, des mosquées, des écoles; la construction de barrages et de puits, la recherche d'eaux, etc.

Les dépenses ainsi faites en 1862 ont été réparties comme suit dans les trois divisions :

Division d'Alger...................... 151,103^f

Division d'Oran...................... 137,563

Division de Constantine. 363,594

Soit, au total, 652,260 francs pour les trois divisions.

L'état récapitulatif des quatre dernières années donne :

    1859. . . . . 1,400,049^f
    1860. 1,319,939
    1861.   716,205
    1862.   652,260
                                                       —————————
                                                       4,088,453

De 1859 à 1862, on a donc dépensé en travaux d'utilité publique, exclusifs aux tribus du territoire militaire, une somme de quatre millions quatre-vingt-huit mille quatre cent cinquante-trois francs. L'importance des travaux exécutés témoignerait, s'il était besoin de preuves, de la sollicitude de l'Administration pour l'intérêt des Indigènes.

MARINE [1].

La marine impériale en Algérie est placée sous les ordres d'un officier général de la marine.

La station navale se compose ordinairement :

D'une frégate à vapeur mise entièrement à la disposition du Gouverneur Général ;

[1] Extrait d'un rapport adressé, par le Commandant de la station, à S. Exc. le Maréchal Pelissier, duc de Malakoff, Gouverneur Général de l'Algérie.

D'une corvette de charge servant de stationnaire à Alger et d'école des mousses des Indigènes;

D'un brick servant d'annexe à l'école des mousses, et sur lequel les enfants vont s'exercer à la manœuvre sous voiles;

De cinq bâtiments à vapeur qui font un transport régulier, six fois par mois, des passagers militaires et civils, du matériel appartenant aux différents services de la colonie et des malles de la poste.

Ces mêmes bâtiments, indépendamment du service régulier auquel ils sont ainsi affectés, transportent sur tous les points de la côte les troupes, les chevaux et le matériel que réclament les expéditions de guerre;

Et de deux balancelles affectées au service de la sur-veillance de la pêche du corail.

Le port d'Alger est le lieu où réside l'officier géné-ral qui dirige l'ensemble du service de la marine en Algérie.

Il a près de lui pour le seconder dans son ser-vice :

Un capitaine de frégate, premier adjudant, qui prend le titre de chef d'état-major;

Un lieutenant de vaisseau, sous-adjudant, faisant fonctions d'aide de camp;

Un officier supérieur du commissariat, chef du ser-vice administratif de la marine;

Des officiers et employés du commissariat, du corps des comptables et du service administratif des direc-tions de travaux;

Un chirurgien de la marine;

Un inspecteur de la marine.

Ce personnel, ainsi que celui des directions de port dont il sera ultérieurement question, est, de même que les états-majors et les équipages des bâtiments de la station, soldé pour la plus grande partie sur les fonds du budget du département de la marine.

Un arsenal maritime existe à Alger; il comporte :

Un atelier de mécaniciens,

Un atelier de charpentage,

Un atelier de forges,

Un chantier dit des mouvements généraux,

Un magasin général du service des approvisionnements généraux de la flotte,

Un magasin des subsistances,

Des parcs à charbon.

Les ateliers et le chantier des mouvements généraux sont dirigés par un capitaine de frégate, qui prend le titre de directeur de port.

Il a sous ses ordres un personnel de maîtres, de contre-maîtres, d'ouvriers, d'apprentis, de journaliers et de condamnés militaires, ainsi que des marins français et des marins maures, qui sont rétribués par le Département de la marine ou par le budget de l'Algérie, selon les travaux qu'ils sont appelés à exécuter.

Les ateliers pourvoient aux réparations des bâtiments de la marine impériale qui composent la station ou qui passent accidentellement en Algérie.

Ils construisent et réparent les pontons, chalands, citernes, embarcations, etc. nécessaires au service du port d'Alger et à celui de toutes les autres directions de port de la côte.

Enfin ils travaillent, chaque fois que leur concours est réclamé, pour les différents services publics de la colonie, et même pour le commerce, lorsque l'on doit faire des opérations pour lesquelles les ressources locales du commerce sont insuffisantes.

Les marins français et les marins maures sont employés sous les ordres des maîtres de port, qui sont chargés du pilotage des bâtiments de la marine impériale, de tous les mouvements de port et de rade que nécessite le service de l'arsenal, du chargement et du déchargement des courriers et des autres bâtiments de la marine impériale qui viennent à Alger pour opérer des mouvements de troupes, de chevaux et de matériel.

Le magasin général, le magasin des subsistances et les parcs à charbon sont placés sous la direction du chef du service administratif de la marine; le service de ces magasins nécessite l'emploi de quelques magasiniers, distributeurs et journaliers, rétribués par le département de la marine; le budget de l'Algérie solde seulement les condamnés militaires qui sont affectés plus spécialement aux mouvements d'embarquement et de débarquement du charbon pour bâtiments à vapeur, mouvements dont l'importance a été de 27,000 tonnes à Alger pendant les années 1861 et 1862.

La marine entretient aussi des dépôts de charbon à Bône, à Stora, à Bougie et à Mers-el-Kébir. L'importance des mouvements sur ce dernier point s'est élevée pour les deux années précitées à 9,000 tonnes environ.

Le magasin des vivres fournit toutes les denrées nécessaires à la nourriture des équipages des bâtiments de la marine impériale et des passagers qu'ils transportent, ainsi qu'au personnel des marins français employés dans les directions de port à Alger et sur le littoral de l'Algérie.

Le magasin général pourvoit aux besoins de ces mêmes bâtiments et directions en matières et objets de toutes sortes qui leur sont nécessaires pour leur ravitaillement et leur entretien.

Il fournit les matières et objets dont les ateliers ont besoin pour les travaux journaliers qu'ils exécutent au compte du budget de l'Algérie, et accidentellement pour d'autres services ou pour le commerce.

Ces matières et objets, qu'on se procurerait très-difficilement dans la colonie, même à des prix très-élevés, et dont la qualité est garantie par les épreuves auxquelles ils ont été soumis lors de leur réception, sont cédés aux services publics aux prix officiels de la marine en France.

Les cessions ainsi faites par la marine aux services maritimes de l'Algérie seulement s'élèvent moyennement à la somme de 80,000 francs par an.

INSCRIPTION MARITIME.

POLICE DE LA NAVIGATION, FRANCISATION, PÊCHE CÔTIÈRE, PÊCHE DU CORAIL.

L'inscription maritime n'a pas été établie jusqu'ici en Algérie; cependant, dans le but de se rendre compte des ressources en marins que possède la colonie, des matricules ont été ouvertes à Alger et dans les autres ports de la côte.

Elles ont été divisées en quatre parties, savoir :

Matricule des capitaines et patrons,
Matricule des marins indigènes,
Matricule des mousses,
Matricule des marins français et étrangers.

Cette dernière seule a quelque importance; car, il faut malheureusement le reconnaître, le cabotage et la pêche sur le littoral de l'Algérie sont presque exclusivement entre les mains de marins étrangers qui naviguent sous pavillon français, après avoir accompli les obligations imposées par le décret du 7 septembre 1856 pour la francisation.

Les indigènes, en raison de leurs usages et de leur religion, ne concourent pas à former des équipages mixtes, et ils ne font qu'un nombre extrêmement restreint d'armements, composés exclusivement d'Indigènes.

Les bénéfices auxquels le cabotage a donné lieu sur

les côtes de l'Algérie ont jusqu'ici été trop faibles pour attirer les marins français, qui réclament des salaires plus élevés et une nourriture meilleure que ceux dont se contentent les marins étrangers.

Quant à la pêche du poisson français, qui, sous le climat de l'Afrique, est beaucoup moins pénible que sur les côtes de l'Océan, elle est faite, comme nous l'avons dit plus haut, presque exclusivement par des étrangers. On se rend difficilement compte, au premier coup d'œil, des causes auxquelles ce fait doit être attribué ; mais, en y réfléchissant bien, on en pourrait peut-être trouver la raison dans ces armements importants de pêche, dite *au bœuf,* qui se faisaient en Italie pour exploiter le littoral de l'Algérie, et qui faisaient une concurrence ruineuse à la pêche faite par des petits bateaux et d'autres procédés. Des Français ont essayé, il y a quelques années, de faire cette même pêche au bœuf ; mais, connaissant moins bien les fonds sur lesquels ils traînaient leurs filets, ils en ont perdu un grand nombre, et ils ont été écrasés surtout par la concurrence que leur faisait l'association des pêcheurs étrangers qui pratiquaient cette même pêche.

La pêche au bœuf, qui est extrêmement nuisible à la reproduction, qui empêche les développements de la pêche qui se fait avec d'autres engins moins destructeurs et avec de petits bateaux, a été défendue par un arrêté de M. le Gouverneur général dans les quartiers d'Alger et de Stora, là où le nombre des petits pêcheurs a paru suffisant pour assurer l'alimentation publique; il faut espérer que cette mesure aura de bons effets dans l'avenir, et qu'elle préviendra la pénurie du poisson et l'élévation des prix que l'on remarque sur les côtes de la Méditerranée, en France. Quant aux pêcheurs indigènes, ils ne font guère que la pêche à la ligne ou à la canne; les patrons qui ont essayé de pratiquer d'autres modes de pêche plus fatigants n'ont pas réussi à former des équipages.

La police de la navigation, le service des bris et naufrages s'exercent comme en France; la loi sur la pêche côtière, les décrets sur le rôle d'équipage et les indications des navires de commerce, etc. ont été rendus exécutoires en Algérie, et un arrêté réglementaire dispose pour ce qui concerne les modes et procédés de pêche. Mais, en raison de l'espèce de population maritime qui se trouve en Algérie, la police de la navigation et celle des pêches y deviennent nécessairement plus difficiles.

La pêche du corail est également faite par des étrangers, qui font le plus grand nombre de leurs armements à l'étranger, et en apportent tout ce qui est nécessaire à leur industrie, même les vivres.

Une commission a été chargée de rechercher les moyens de faire profiter la colonie des produits de cette industrie, qui lui échappent presque en totalité; mais elle doit attendre, pour remplir la mission qui lui a été donnée, que le traité de commerce entre la France et l'Italie soit promulgué.

Deux balancelles surveillent cette pêche pendant

l'été; elles font la police parmi les pêcheurs, et s'assurent qu'ils ne font pas usage d'engins prohibés.

DIRECTIONS DE PORT.

Des directions de port ont été établies dans les ports que desservent les courriers de l'État.

Ce sont, à l'est d'Alger :

Dellys,

Bougie,

Djidjeli,

Stora,

Et Bône.

Les courriers touchent aussi à Collo et à la Calle, depuis quelque temps; mais aucun service maritime n'a encore été établi sur ces deux points.

Les ports à l'ouest d'Alger sont :

Cherchell,

Ténès,

Mostaganem,

Arzew,

Mers-el-Kébir,

Et Nemours.

Le personnel de ces directions de port se compose :

D'un lieutenant de vaisseau, directeur, et de treize à vingt et un officiers-mariniers et marins français ou indigènes, selon l'importance du service dans ces directions.

La solde et les vivres de ce personnel sont payés par le Département de la marine. Le budget de l'Algérie ne supporte que les dépenses de casernement et quelques minimes suppléments qui leur sont alloués.

Les officiers directeurs, outre leurs fonctions de directeurs de port, remplissent aussi celles de capitaines des ports de commerce et celles de commissaires de l'inscription maritime, sauf à Bône et à Mers-el-Kébir. De ce dernier point, le service de l'inscription maritime a été transporté à Oran, où vont la plus grande partie des navires du commerce et les bateaux de pêche.

Le matériel des directions de port est entretenu aux frais du budget de l'Algérie; il a été constitué en vue de pourvoir aux nécessités du service de chargement et de déchargement des courriers; il peut au besoin porter des secours efficaces au commerce.

Les tableaux suivants résument la situation actuelle du service maritime en Algérie :

Service de la marine à terre en Algérie.

NOMBRE.	GRADES ET EMPLOIS.	OBSERVATIONS.
1	Contre-amiral............ Commandant de la marine en Algérie.	
1	Capitaine de frégate..... Chef d'état-major.	
1	Enseigne de vaisseau..... Aide de camp.	
1	Capitaine de frégate..... Directeur du port à Alger.	
11	Lieutenants de vaisseau.. Directeurs de port sur la côte.	
1	Commissaire de la marine. Chef du service administratif en Algérie.	
2	Sous-commissaires........ dont 1 à Bône.	
4	Aides-commissaires...... dont 1 à Oran.	
1	Inspecteur adjoint.	
1	Sous-agent administratif.	
1	Sous-agent comptable.	
2	Chirurgiens de 2° classe... dont 1 à Mers-el-Kébir.	

Service maritime dans les différents ports. (Effectif au 31 décembre 1862.)

DÉSIGNATION des directions de port et des ateliers.	MAÎTRES.	CONTRE-MAÎTRES.	OUVRIERS et apprentis.		JOURNALIERS.		MARINS.		CON-DAMNÉS militaires.	TOTAL des ouvriers et marins.	OBSERVATIONS.
			Euro-péens.	Indi-gènes.	Euro-péens.	Indi-gènes.	Euro-péens.	Indi-gènes.			
Directions de port............	"	4	12	"	"	"	144	70	"	230	Les ateliers et le chantier des mouvements généraux sont dirigés par un capitaine de frégate qui prend le titre de directeur du port.
ATELIERS À ALGER :											
Des mécaniciens.............	1	2	24	7	"	"	"	"	"	34	
De la voilerie...............	1	"	2	"	"	"	"	"	"	3	
Du charpentage.............	1	6	20	2	2	11	"	"	"	51	
Des forges.................	1	1	12	2	"	"	"	"	"	16	
Chantier des mouvements généraux.................	"	"	"	"	2	"	29	46	30	107	
Totaux........	4	13	79	11	4	11	173	116	30	441	

	MAGASI-NIERS.	DISTRIBU-TEURS.	JOURNALIERS.		CONDAMNÉS militaires.	TOTAL des employés et ouvriers.	OBSERVATIONS.
			Européens.	Indigènes.			
MAGASINS :							
Des approvisionnements généraux.................	(a) 3	1	"	2	"	4	(a) Un à Bône, un à Alger, un à Mers-el-Kébir.
Des subsistances.............	1	"	2	3	"	6	Le magasin général, le magasin des subsistances et les parcs à charbon sont placés sous la direction du chef du service administratif de la marine.
Des parcs à charbon.........	"	1	3	1	40	45	
Totaux........	4	2	5	6	40	55	

INSCRIPTION MARITIME EN ALGÉRIE.

État des patrons, marins et mousses inscrits sur les matricules tenues dans les ports du littoral.

INSCRITS.		NOMBRE.	OBSERVATIONS.
Patrons	français. . . .	5	Ces chiffres représentent exactement le nombre des marins portés sur les matricules; mais il y a lieu de faire observer qu'ils comprennent beaucoup d'hommes et de mousses qui ne naviguent pas en ce moment ou dont on n'a pas eu de nouvelles depuis longtemps.
	indigènes...	33	
	étrangers...	193	
Marins..	français. . . .	60	
	indigènes. ..	431	
	étrangers. ..	2,161	
Mousses	français. . . .	49	
	indigènes...	6	
	étrangers. ..	237	
Total......		3,175	

MARINE INDIGÈNE.

École des mousses indigènes.

Cette école a été créée en 1855 dans le but de former une marine indigène. Elle est établie à bord de la corvette de charge *l'Allier.*

Les enfants qui y sont reçus y séjournent un certain temps; ils y reçoivent les premières notions du métier de marin, apprennent à lire, à écrire et un peu à parler français, puis ils passent sur les bâtiments de la station, où ils remplissent toutes les fonctions qui sont attribuées aux mousses français. On espère, si cette institution réussit, que ce sera un nouveau moyen d'assimilation et de rapprochement des indigènes, qui pourront se livrer à l'industrie de la pêche et au cabotage sur le littoral algérien, aujourd'hui exploité presque exclusivement par des étrangers espagnols et italiens, et peut-être même un jour fournir des marins à la marine impériale.

Jusqu'ici l'institution a subi des phases diverses; le recrutement des mousses ne s'est pas toujours opéré; cependant, depuis quelque temps, on a réussi à compléter le nombre des mousses fixé à soixante.

Les autres sources de recrutement de marins indigènes n'ont pas donné jusqu'ici de résultats bien satisfaisants. Les hommes faits, sur lesquels les mœurs et les habitudes ont plus d'empire que sur les enfants, se plient difficilement aux usages et à la discipline de nos bâtiments. Le métier de la mer leur semble bien rude; aussi la plupart d'entre eux demandent leur congédiement après un court séjour à bord. Dans ces derniers temps, le nombre des indigènes embarqués sur les bâtiments de la station a beaucoup diminué.

TABLE DES MATIÈRES.

DISCUSSIONS RELATIVES A L'ALGÉRIE.

SÉNAT.

ENQUÊTE
SUR LE COMMERCE ET LA NAVIGATION DE L'ALGÉRIE.

ÉTAT ACTUEL DE L'ALGÉRIE.

ADMINISTRATION CIVILE.

ARMÉE ET MARINE.